高等职业教育园林工程类"十二五"规划教材
省级示范性高等职业院校"优质课程"建设成果

园林规划与景观设计

主　编　周沁沁　王占锋

西南交通大学出版社
·成都·

图书在版编目（CIP）数据

园林规划与景观设计/周沁沁，王占锋主编．—成都：西南交通大学出版社，2014.4（2017.7 重印）

高等职业教育园林工程类"十二五"规划教材

ISBN 978-7-5643-2985-3

Ⅰ．①园… Ⅱ．①周… ②王… Ⅲ．①园林－规划－高等职业教育－教材②景观设计－高等职业教育－教材 Ⅳ．①TU986

中国版本图书馆 CIP 数据核字（2014）第 048476 号

高等职业教育园林工程类"十二五"规划教材

园林规划与景观设计

主编　周沁沁　王占锋

责任编辑	杨　勇
封面设计	墨创文化
出版发行	西南交通大学出版社 （四川省成都市二环路北一段 111 号 西南交通大学创新大厦 21 楼）
发行部电话	028-87600564　028-87600533
邮政编码	610031
网　　址	http://www.xnjdcbs.com
印　　刷	四川玖艺呈现印刷有限公司
成品尺寸	185 mm×260 mm
印　　张	16
字　　数	398 千字
版　　次	2014 年 4 月第 1 版
印　　次	2017 年 7 月第 2 次
书　　号	ISBN 978-7-5643-2985-3
定　　价	59.50 元

图书如有印装质量问题　本社负责退换

版权所有　盗版必究　举报电话：028-87600562

省级示范性高等职业院校"优质课程"建设委员会

主　任　刘智慧

副主任　龙　旭　徐大胜

委　员　邓继辉　阳　淑　冯光荣　王志林　张忠明
　　　　　邹承俊　罗泽林　叶少平　刘　增　易志清
　　　　　敬光红　雷文全　史　伟　徐　君　万　群
　　　　　王占锋　晏志谦　王　竹　张　霞

序

随着我国改革开放的不断深入和经济建设的高速发展,我国高等职业教育也取得了长足的发展,特别是近十年来在党和国家的高度重视下,高等职业教育改革成效显著,发展前景广阔。早在2006年,教育部连续出台了《教育部、财政部关于实施国家示范性高等职业院校建设计划,加快高等职业教育改革与发展的意见》(教高〔2006〕14号)、《关于全面提高高等职业教育教学质量的若干意见》(教高〔2006〕16号)文件以及近年来陆续出台了《关于充分发挥职业教育行业指导作用的意见》(教职成〔2011〕6号)、《关于推进高等职业教育改革创新引领职业教育科学发展的若干意见》(教职成〔2011〕12号)、《关于全面提高高等教育质量的若干意见》(教高〔2012〕4号)等文件,这标志着我国高等职业教育在质量得以全面提高的基础上,已经进入体制创新和努力助推各产业发展的新阶段。

近日,教育部、国家发展改革委、财政部《关于印发〈中西部高等教育振兴计划(2012—2020年)〉的通知》(教高〔2013〕2号)明确要求,专业设置、课程开发须以社会和经济需求为导向,从劳动力市场分析和职业岗位分析入手,科学合理地进行。按照现代职业教育体系建设目标,根据技术技能人才成长规律和系统培养要求,坚持德育为先、能力为重、全面发展,以就业为导向,加强学生职业技能、就业创业和继续学习能力的培养。大力推进工学结合、校企合作、顶岗实习,围绕区域支柱产业、特色产业,引入行业、企业新技术、新工艺,校企合办专业,共建实训基地,共同开发专业课程和教学资源。推动高职教育与产业、学校与企业、专业与职业、课程内容与职业标准、教学过程与生产服务有机融合。因此,树立校企合作共同育人、共同办学的理念,确立以能力为本位的教学指导思想显得尤为重要,要切实提高教学质量,以课程为核心的改革与建设是根本。

成都农业科技职业学院经过11年的改革发展和3年的省级示范性建设,在课程改革和教材建设上取得了可喜成绩,在省级示范院校建设过程中已经完成近40门优质课程的物化成果——教材,现已结稿付梓。

本系列教材基于强化学生职业能力培养这一主线,力求突出与中等职业教育的层次区别,借鉴国内外先进经验,引入能力本位观念,利用基于工作过程的课程开发手段,强化行动导向教学方法。在课程开发与教材编写过程中,大量企业精英全程参与,共同以工作过程为导向，以典型工作任务和生产项目为载体，立足行业岗位要求，参照相关的职业资格标准和行业企业技术标准，遵循高职学生成长规律、高职教育规律和行业生产规律进行开发建设。按照项目导向、任务驱动教学模式的要求，构建学习任务单元，在内容选取上注重学生可持续发展能力和创新创业能力的培养，具有典型的工学结合特征。

本系列教材的正式出版，是成都农业科技职业学院不断深化教学改革的结果，更是省级示范院校建设的一项重要成果，其中凝聚了各位编审人员的大量心血与智慧，也凝聚了众多行业、企业专家的智慧。该系列教材在编写过程中得到了有关兄弟院校的大力支持，在此一并表示诚挚感谢！希望该系列教材的出版能有助于促进高职高专相关专业人才培养质量的提高，能为农业高职院校的教材建设起到积极的引领和示范作用。

诚然，由于该系列教材涉及专业面广，加之编者对现代职业教育理念的认知不一，书中难免存在不妥之处，恳请专家、同行不吝赐教，以便我们不断改进和提高。

龙 旭

2013 年 5 月

前 言

本书适用于高职高专园林专业，是园林规划与景观设计课程的参考教材，适用于园林、景观、景观建筑、环境艺术的学生学习。本书根据项目化教学进行篇章的安排，根据项目的工作过程编排教学内容。根据工作过程的发展，将知识要点分散融入工作中，做到理论和实践的融合。以培养学生的自主思考能力、设计能力为主，教授知识为辅，训练学生自主能动的学习方式。

本书的项目分为：园林构成要素设计、园林布局设计、居住小区设计、公园设计、单位附属绿地设计以及庭院设计。每个项目，从承接项目任务书开始，到完成方案设计图纸。项目教学中，有丰富的图片及案例，适合学生借鉴模仿。项目教学完成后，有相应的技能训练项目，供学生举一反三，练习学习。

园林项目种类繁多、形式不一，编者对项目进行精心筛选，希望以不同的项目达到不同能力的训练目标。在项目的前后安排上，以学生能力的发展安排，层层递进。

项目一：园林构成要素设计。介绍园林设计要素地形、水体、园路、植物、建筑等的设计要点。以广场设计为项目载体，运用要素对其进行改造。

项目二：园林布局设计。介绍园林布局的三种方式：自然式、规则式及混合式。同时介绍园林造景的手法。以园林史论的经典案例为项目载体，让学生体会园林布局与造景的特点及运用，汲取精华。

项目三：居住小区设计。是全书重要的项目。以居住小区为项目载体，介绍从城市规划的总体角度对居住小区进行定位，建立规划级别、道路系统、绿地系统的概念。介绍完整的景观设计活动：承接项目任务书—场地分析—功能分区—方案设计—方案扩初—施工图设计。让学生建立起正确、科学的设计思维方式，养成发现问题、分析问题、解决问题的设计习惯。

项目四：公园设计。在已经建立起的设计思维方式基础上，以公园为项目载体，深入训练学生对功能分区的理解，培养学生对于设计立意的创作，训练学生功能、主题、形式的高度统一的设计能力，创作更为深刻的设计。

项目五：单位附属绿地设计。以校园设计为载体，拓展设计以工厂景观为载体，训练学生对于不同环境对象，设计上的不同思考方向。

项目六：庭院设计。以庭院为项目载体，了解小尺度空间设计及屋顶绿化生态设计需要注意的问题。

书中的部分案例由四川省远景建筑园林设计研究院、三邑园林公司、盛邦咨询有限公司天津分公司、成都乐道景观设计公司提供。感谢在编写工作中给予的支持。

由于编写时间紧，有纰漏的地方，欢迎指出。

编　者
2013 年 10 月 6 日于成都

目 录

项目一 园林要素设计 ·· 1
 项目阶段 景观要素运用及设计 ··· 1
 基本技能训练一 广场空间景观小品设计 ··· 45

项目二 景观布局、造景手法及图纸抄绘 ·· 47
 基本技能训练二 景观设计图布局分析与抄绘图纸 ····································· 70

项目三 居住小区规划与景观设计 ·· 72
 项目阶段一 居住小区景观方案设计 ··· 72
 基本技能训练三-1 居住区景观设计 ··· 125
 项目阶段二 局部详细设计阶段 ··· 128
 基本技能训练三-2 居住小区景观扩初设计 ·· 141
 项目阶段三 居住小区景观施工图设计 ·· 142
 基本技能训练三-3 居住小区景观施工图设计 ··· 174

项目四 公园景观设计 ··· 176
 项目阶段 公园方案设计 ·· 176
 基本技能训练四 公园设计 ·· 207

项目五 单位附属绿地设计 ·· 210
 项目阶段 学校绿地方案设计 ·· 210
 基本技能训练五 单位绿地景观设计 ··· 224

项目六 庭院景观设计 ··· 226
 项目阶段 庭院景观方案设计 ·· 226
 基本技能训练六 庭院景观方案设计 ··· 239

参考文献 ·· 246

项目一　园林要素设计

　　虽然不同类型的园林景观外形差异很大，但是组成空间环境的物质要素是比较一致的。构成园林要素可以分为：自然景观要素、人文要素、框架性要素。自然景观要素包括自然山岳景观、自然水域景观、天文和气象景观、自然的植被和动物景观。人文景观涵盖了千百年保留下来的物质和非物质文化景观要素，包括哲学、书法、绘画、雕刻、民间艺术等。中国的传统园林即为文人园，具有深厚的文化底蕴。框架性要素是直接构成园林景观的实体要素，包括地形、水体、道路、广场、建筑物、小品、园林植物，等等。所有的景观设计，就是运用变化的要素组成万千不同的环境。

项目阶段　景观要素运用及设计

任务：某广场的景观要素设计

教学目标：

（1）掌握常用的景观要素的种类。
（2）掌握景观要素的设计方法。
（3）掌握景观要素之间相互配合的综合设计。

技能要求：

（1）能够对场地空间环境有一定认识。
（2）能够完成景观要素的设计。
（3）能够运用设计软件或者手绘画出设计表现图纸。

任务目标：

某商业广场空间，完成景观要素设计平面图（A3×1）、透视效果图（A3×1）。

完成任务的要点：

（1）对场地进行分析，确定主要活动区的位置，种植区域，园路走向，设置的小品。
（2）在景观要素造型上提出新颖富有创新的设计方式，参考借鉴现代的景观设计手法和景观设计师的设计理念。

(3)手绘或者电脑绘制完成景观要素的彩色平面图设计。

工作情景：

工作地点：综合设计工作室

工作场景：采用学生设计操作、教师引导的学生主体、工学一体化教学方式。教师以广场景观要素设计为例，把设计任务完成过程进行逐步演示示范，学生根据教师演示操作和教材涉及步骤进行逐步设计操作。完成本次设计任务工作内容后，教师对学生设计过程和成果进行评价和总结，并布置与本次任务相关的实践训练进行拓展和巩固。

设计实践操作：任务设计过程与设计要点分析

第一步：承接项目任务书

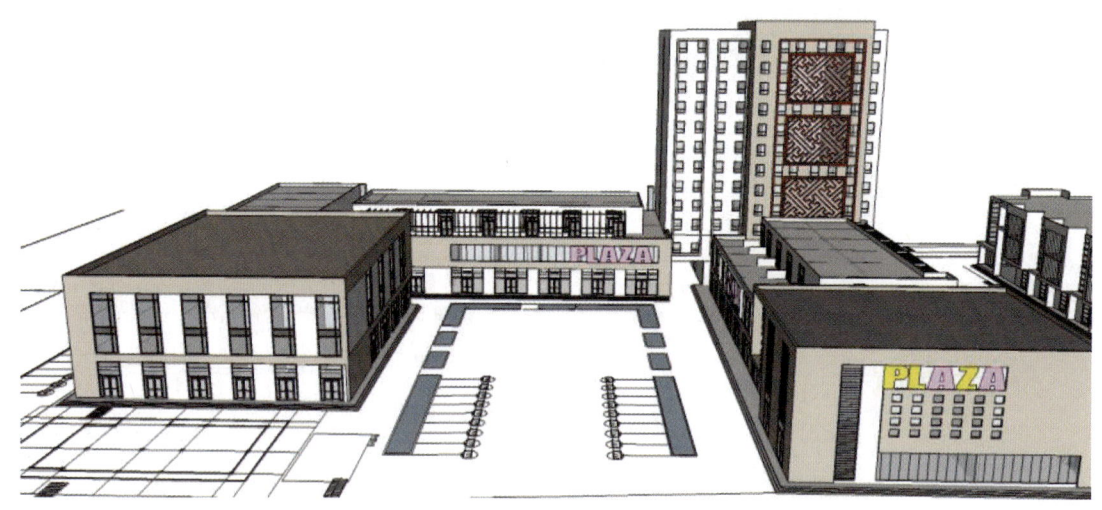

图中为商业空间场地，中间围合的广场为需要进行设计的空间

此场地为某商业广场空间，需要在前广场运用园林要素进行装点设计，带动商业气氛，吸引人流汇聚。设计要符合周边商业建筑的特点，符合商业活动的要求。

运用的要素可以为单一要素，例如设置喷泉、设置中心雕塑小品。也可以为多要素的综合设计，自定。

要素的设计应该和周围建筑的风格、装饰颜色相适应。

第二步：了解园林设计要素知识要点

一、园林地形的设计

地形是地表面高低起伏变化的表现特征，包括土丘、台地、斜坡、平地或因台阶和坡道所引起的水面变化的地形，这类地形统称为小地形。起伏最小的地形称作微地形。

地形是外部环境的地表因素，地形设计是园林规划设计中最先行的内容，是整个设计的基础，是其他要素的载体，是关系到整个园林绿地竖向景观优美与否的关键。

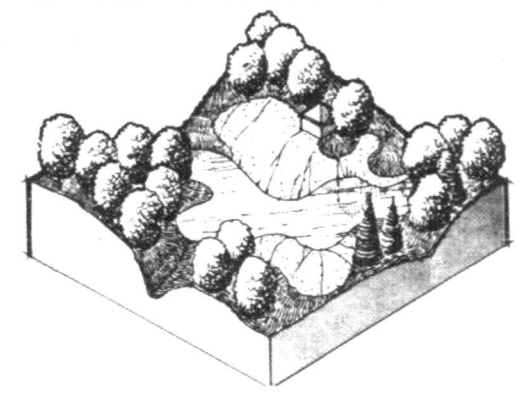
英国的自然式园林，利用高低起伏变化，创造出优美的环境

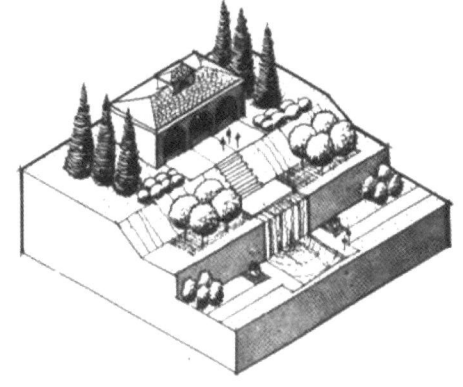
意大利台地式园林，平衡土方改造原有的坡地

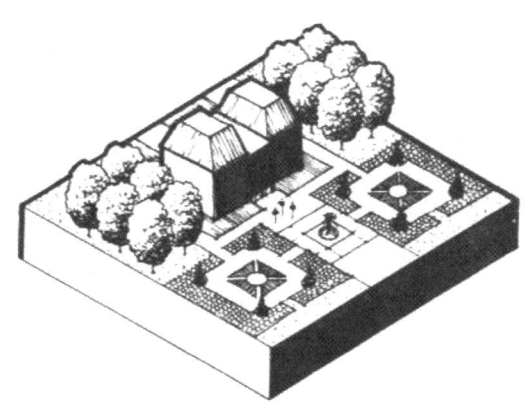
法国平地园林，创造大尺度对称式的景观

1. 园林设计中地形的表示方法

1）等高线表示法

等高线就是一组垂直间距相等、平行于水面的假想面，与自然地貌相交所得到的交线在平面上的投影。

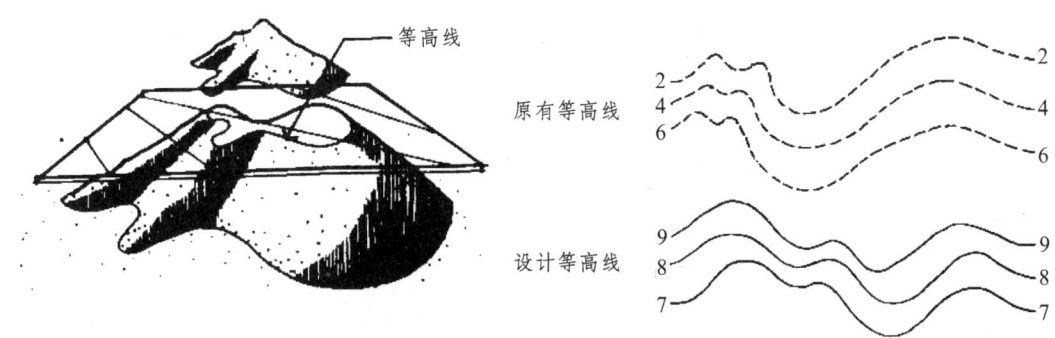

一个假想水平面与山体相切，切出面的投影线，即为等高线　　原有等高线用虚线表示，设计等高线用实线表示

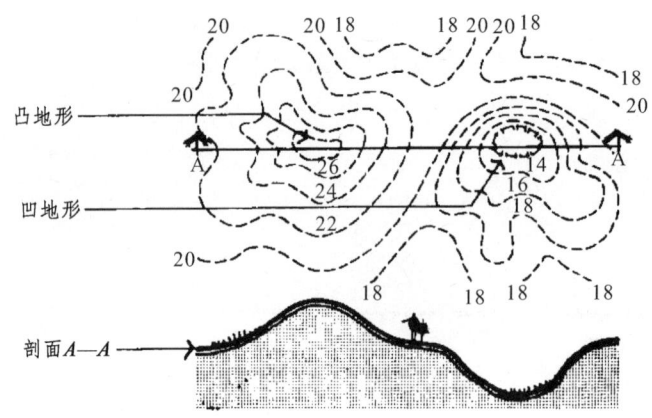

用等高线表示地形的起伏变化

2）标高点表示法

标高点就是指高于或低于水平参考面的某一特定点的高程。

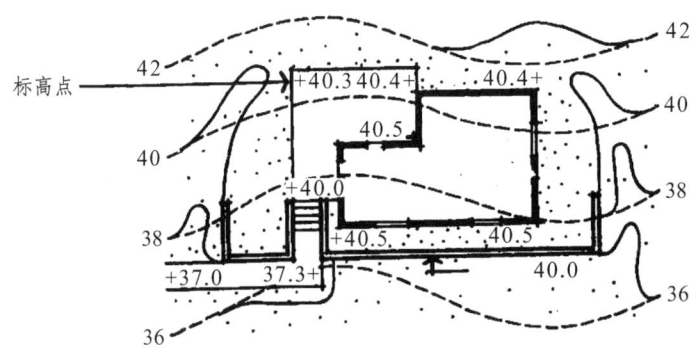

在建筑的转角和特殊高程的地方标明标高点

3）蓑状线表示法

在相邻两条等高线之间划出的与等高线垂直的短线，蓑状线是互不相连的。

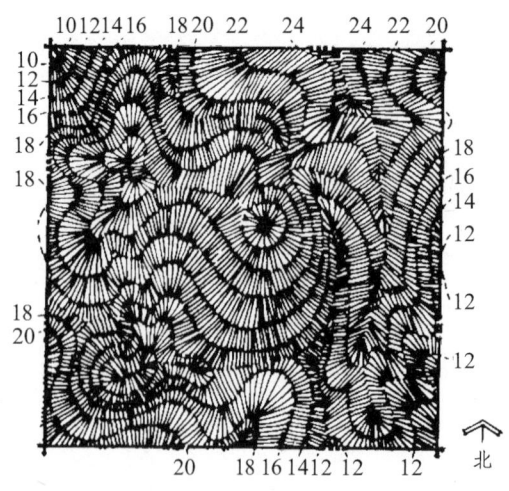

蓑状线密的地方高程变化强，蓑状线稀疏的地方高程变化平缓

4）模型表示法

用胶合板、木棍、泡沫等材料制作的与设计地形特征相符的表现形式。

沙盘地形，直观地表现地形的高低起伏

2. 地形的作用

1）分隔空间

地形可以以不同的方式创造和分隔外部空间。平坦地形是一种缺乏垂直景观的平面因素，视觉上缺乏空间限制。而斜坡的地面较高点则占据了垂直面的一部分，并且能够限制和封闭空间。

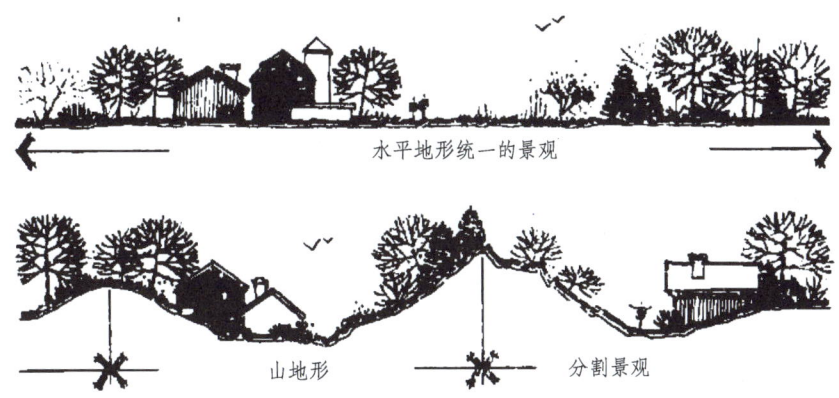

利用地形对空间的分割和围合

地形除了能限制空间外，还能影响一个空间的气氛。平坦、起伏平缓的地形能给人美的享受和轻松感；而陡峭、崎岖的地形极易在一个空间中造成兴奋、局促的感觉。四周高低的园林空间可以进行相对安静或独立特点的活动项目。

2）引导视线

地形能在景观中将视线导向某一特定点或某一区域，影响某一固定点或区域的可视景物和可见范围，形成连续观赏或景观序列。

地形可以完全封闭通向不悦景物的视线，起到障景的作用。

3）影响游览线路和速度

在园林设计中，可用地形的高低变化、坡度的陡缓以及道路的宽窄、曲直变化等来影响和控制游人的游览线路和速度。在平坦的土地上，人们的步伐稳健持续，无需花费什么力气。而在变化的地形上，随着地面坡度的增加或障碍物的出现，游览发生困难。人们就必须使出更多的力气，时间也就更长，中途停顿休息也就逐渐增多。

利用地形引导视线

4）改善小气候

地形的高低变化能创造不同的小环境，可影响园林某一区域的光照、温度、风速和湿度等。凸面地形、脊地或土丘等，可以阻挡刮向某一场所的冬季寒风。地形可以被用来收集和引导夏季风，创造凉爽的环境。夏季风可以被引导穿过两高地之间形成的谷底或洼地、马鞍形的空间。

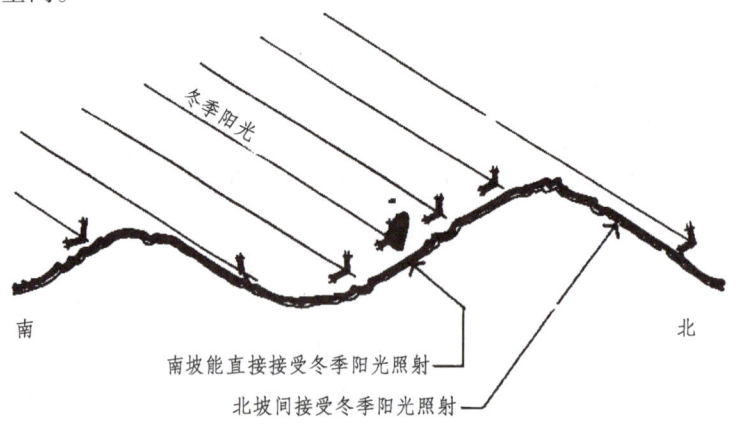

地形的北坡受不到阳光照射，冬季寒冷

南坡受到阳光照射，冬季相对温暖，植物生长效果较好

5）造景作用

地面的立面变化能丰富人的视觉景观，是园林规划设计的基础面，它的起伏变化能给人带来无限的想象空间。

6）使用功能

地形设计要满足不同活动内容和景观特点的要求，不同的地形有不同的活动空间和不同的活动形式。如有的可进行剧烈活动，也有的可进行悠闲活动，也有的可以进行表演活动等项目。

高尔夫球场场地，利用地形的变换，创造出运动的挑战和乐趣

3. 地形的形式

1）平坦地形

园林中坡度比较平缓的用地统称为平地。平地可作为休闲广场、集散广场、交通广场、草地、建筑等方面的用地。平地在视觉上空旷、宽阔、视线遥远，景物不被遮挡，具有强烈的视觉连续性。

在使用平坦地形时要注意以下几点：

（1）排水。如果没有采取明沟或地下排水措施，为避免造成平地积水，要求平地一般要有1%~7%的坡度。

（2）与水面交接处的地形应有一定面积的平地，作为缓冲过渡地带，徐徐伸入水中，创造成冲积平原的景观。一方面为了游人的安全，另一方面为了创造人与水体接近的机会。

（3）为了避免平地景观的单调乏味，可挖湖堆山，利用植物做分隔障景等手法。

某居住小区的平地景观，挖湖打破单一的格局，利用植物进行分割障景，划分小空间

2）微地形

和平地比较有一定的起伏变化，景观效果比平地有了层次变化。

3）凸地形

凸地形的表现形式有土丘、丘陵、山峦以及小山峰等。

自然的丘陵凸地形

4）山　脊

脊地总体上呈线形，是深化的凸地形。脊地可被用来转换视线在一系列空间中的位置，充当分隔物，如一道墙将各个空间分隔开来。

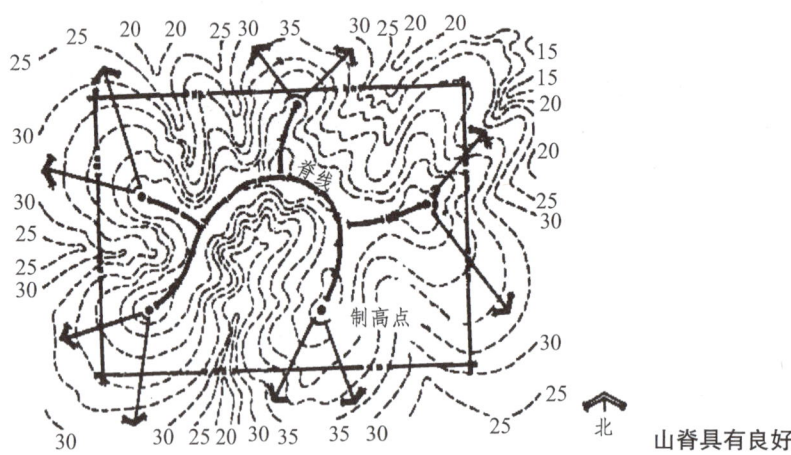

山脊具有良好的视线

5）凹地形

凹地形形成一个围合的空间，是一个具有内向性和不受外界干扰的空间。给人一种分割感、封闭感和私密感。凹面地形可以形成一个湖泊、水池，是雨水汇集之地。

4. 地形的利用和改造

1）巧借地形

利用环抱的土山或人工土丘挡风，创造向阳盆地和局部的小气候，阻挡常年有害风雪侵袭。
"障景"——适当加大高差至超过人的视线高度。
"隔景"——利用地形"围而不障"。

2）巧改地形

建造平台园地或在坡地上修筑道路或建造房屋时，采用半挖半填进行改造。

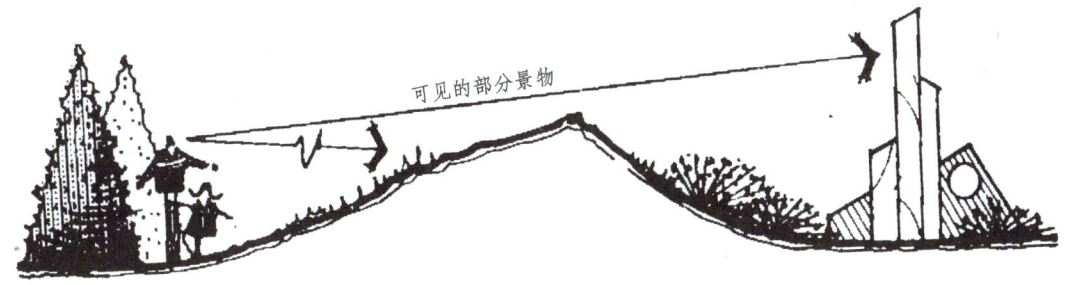

地形可以屏蔽不想看见的,将视线引导至希望游人看见的

利用土方对场地进行平整,半挖半填形成台地

3)土方的平整与园林造景相结合

尽可能就地平衡土方,挖池与堆山结合,开湖与造堤配合,使土方就近平衡,相得益彰。

4)安排与地形风向有关的旅游服务设施等有特殊要求的用地

利用地形安排符合地形的活动。例如攀岩、山地自行车等

二、园林水体的设计

"智者乐水，仁者乐山"，水是非常重要的景观要素之一。水具有流动性，并发出不同的声音，形成丰富多彩的倒影等优点；同时，水还能丰富景观，改善小气候，丰富空间变化。

1. 水体的设计方式

水体按照动静，可分为动水和静水。动水明快、活泼、形声兼备，增加环境的生机；静水平静、幽静，具有倒影的作用。

静水可以具有倒影的作用，动水可以增加环境的生机

水按照轮廓形态可以分为自然式、规则式和混合式。自然的水体是模仿自然界的水体形态，如江河湖泊、泉、涧、瀑等，通常具有自然形式的驳岸，例如置石、缓坡驳岸。规则的水体多用于人工痕迹重的环境或者规则布局的环境，包括水池、水渠、几何喷泉等。混合水体是两种形式的结合。

2. 水的形式

1）湖

湖在园林中面积比较大，视野开阔，在构图起着主要作用。静态湖面，多放置堤、岛屿、桥等，目的是划分水面，增加水面的层次与景深。

堪培拉人工湖

2）池

水池的形态类型众多。按形态可分为严谨的几何式和自由活泼的自然式。也可以根据水深分为浅盆式（水深<600 mm）深水式（水深>1 000 mm）。

曲线感强的几何形状水池。水池底贴有蓝色马赛克，体现水的颜色和通透

水池的美化，可以在池底或池壁运用嵌画、隐雕、水下彩灯的手法进行装饰。水景也可以与雕塑小品，植物相结合。

水池与种植池相结合

3）瀑布、跌水

瀑布和跌水是根据水势高差形成的一种动态水景观，其承载物的势态决定了瀑布、跌水的气势。

瀑布的类型有：挂瀑、帘瀑、叠瀑、飞瀑。

落水的类型有：直落、分落、断落、滑落。

跌　水　　　　　　　　　　　　瀑　布

4）喷　泉

常用于城市广场、公园、公共建筑等。它与水池、雕塑同时设计，结合为一体，起装饰和点缀远景的作用。

喷泉作为动水的一种，丰富环境氛围

形式有：涌泉形、直射形、雪松形、牵牛花形、扶桑花形、蒲公英形、雕塑形。

各种喷泉的形态

5）溪　涧

溪涧是自然山涧中的一种流水形式。在园中小河两岸砌石嶙峋，河中少水并纵横交织，疏密有致地置大小石块，在两岸土石间，栽植一些耐湿的蔓木和花草。

溪水能创造出声响，具有自然野趣

6）河　流

一般在园林绿地中水量较大时，采用河流造景手法。一方面可以使水动起来，另一方面又可以造景，同时又能起到划分空间的作用。

3. 水体安全设计

水体的常水位与池岸顶边的高差宜为 0.3 m，不宜超过 0.5 m。栽植水生植物以及营造人工湿地时，水深宜为 0.1～1.2 m。城市开放绿地内，水体岸边 2 m 范围内的水深不得大于 0.7 m。当达不到此要求时，必须设置安全防护措施。

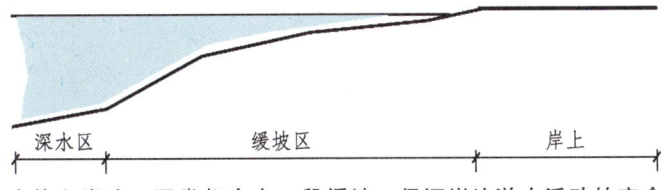

水体和岸边，通常都会有一段缓坡，保证岸边游人活动的安全

三、园路及广场

园路是布置在整个园区中的交通网络，是联系各个组团空间、景区的交通线路，是组成风景造景的重要要素。

1. 园路的作用

1）组织空间，引导游览

园林的空间序列一般由道路进行组织连接，形成游人游览的指引线路。各个功能区域靠园路组织联系形成一个完整的游览整体。"步移景移"，依靠园路的布置，将景色依次展开，丰富游览的乐趣。

2）组织交通，构成园景

园路对游客的集散、疏导有重要作用，承担安全、防护等疏散要求。为了满足园务管理的需要，除游人游览路线，还要设置园务管理道路和专用出入口。

同时，园路线条优美，铺装样式丰富，和周围山体、建筑、花草、树木、石景结合也形成一个美景。

园路的铺砖多种多样，形成一个美景

2. 园路的分类

园路按照功能可以分外主干道、次干道和游憩小路。

图为某公园道路系统分级

1）主干道

游人行走的主要路线。可以通行车辆。

14

2）次干道

通过主干道到达各个景区景点的道路。

3）游步道

引导游人深入景点，以及各个角落的小路。

3. 园路的设计

1）平面线性设计

道路需要分级，不同级别的道路宽度不一样。主要道路的尺寸如下：

大型园林的主干道：考虑通行大卡车、大型客车。路面宽度为 6～8 m。

一般公园主干道：消防通道，路面宽度 4 m。

次干道：一般宽度 1.5～2.5 m。

游步道：1.0～1.5 m。不应小于 0.8 m。

2）纵断面设计

道路根据造景的需要，随地形变化而变化。道路需要和地形相结合，不可太陡。

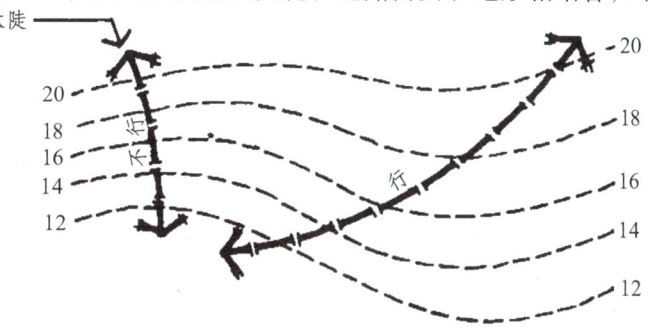

道路一般不垂直等高线布置，坡度过陡

在游步道上，道路的起伏可大一些，一般在 12% 以下为舒适的坡道，超过 18% 时行走较费力，应设台阶。

坡度过陡，需要增设踏步，同时考虑无障碍通道

园路应配合园内地面水的排除，并与各种地下管线密切配合。并且一般路面应有 8%以下纵坡和 1%～4%的横坡，以保证路面的排水。

园路排水口设计

4. 园路的铺装

根据不同的景观效果，园路具有多种多样的形态和花纹图案。路面铺装的图案、材质应根据用途和创造意境情况而定，做到美观大方并且有好的使用功能。

1）松软铺装材料，如砂砾

砾石的优点：其一是能使地面流水渗入到下面土壤中。这种透水性能补充地下水以及为植物提供所需的水分，具有生态意义。另外，就排水设备而言，砾石路面流水少，排水花费比混凝土路面少。

砾石的缺点：砾石是松散的，因而需要其他因素加以控制，如金属边、木材等。

砂砾的铺装

2）块料铺装材料，如石砖、瓷砖或条石

石材：自然的昂贵的铺地材料之一，不仅材料本身贵，在铺设施工上花的劳动强度也大。

砖：人工烧结制造的。砖的颜色多样，具有固定模式，适合于直线和折线形状的铺地。

烧结砖铺装

3）黏性铺装，如水泥或沥青

混凝土作为铺地材料一般有两种方式，第一是现浇，第二是预制。混凝土适合使用在无固定形状的铺地中，初凝的混凝土则容许各种图案印在其表面上。混凝土的造价低于石料或砖料。缩缝对于一个大面积的铺装地面来说是绝对必要的。

压花水泥地坪

5．特殊的园路形式

1）园　桥

园桥，是架空的通道，样式多样。在不通游船的情况下，其体量大多情况下都不大，小巧玲珑。

（1）平桥：贴近水面，便于观赏水中倒影。
（2）曲桥：迂回曲折，为游客提供各种不同角度的观赏点。
（3）拱桥：将桥面抬高，做成玉带。造型优美。
（4）屋桥：以石桥为基础在上面建有亭、廊。
（5）亭桥：架在水上的亭，处于较大的水面上，易于四周观景。
（6）吊桥：用绳索两头连接，用木板或其他材料铺设，动感强烈，有很大的刺激性。

园林桥体量小巧轻盈，园林中的位置多样

平 桥　　　　　　　　　　　　　　拱 桥

曲 桥

2）汀　步

水景的布置除桥外，也常用汀步。汀步宜用于浅水河滩、平静水池、山林溪涧等地段。在汀步设计的时候需要注意汀步的步长，一般以人的步长为宜。

草汀步　　　　　　　　　　　　　水 汀

6. 广　场

广场是扩大的园路形式，比园路的铺装面积大。园路是行进的方向，广场是园路停留的地方。

广场是道路节点，扩大的道路

广场空间一般较大而且地势平整，一般可以依靠广场的铺装形式，划分广场空间。

广场的分类：

1）集散广场

园林出入口的位置一般要设计内外广场，这是主要人流集散地起止点。在设计时，要处理好车辆的通行及停放、游人的出入停留。对于出入口的集散广场可采用先抑后扬，设计障景。

铺装可以划分广场空间，打破单调

出入口集散广场

2）休闲广场

根据功能及景观要求进行设计，做到实用美观，以适应不同游人的需求。散步休闲，应安排在比较安静，离出入口较远，景色优美的区域。体育活动，则要布置在场地开阔、阳光充足的区域。

休闲广场

3）生产管理广场

生产管理广场一般与专用出入口相连，主要方便职工进行日常生产及活动。

四、园林植物配置设计

植物是园林中必不可少的要素。具有装饰、点缀园林空间，弱化人工痕迹边界，视觉审美的功能，同时兼具生态功能。园林植物的搭配，既讲究科学，又具有艺术性。

园林植物配植与环境效果图

园林植物按照形态特征和生长习性可以分为：草本植物（一二年生或多年生花卉等）、木本植物（乔木、灌木、竹类等）、水生植物（湿生植物、挺水植物、浮叶植物和浮水植物等）、藤本植物（缠绕、吸附、攀援等）和草坪植物（冷季型草和暖季型草等）。

1. 园林植物的形态

园林植物姿态各异。常见乔灌木的形态可以概括为：柱形、塔形、圆锥形、伞形、圆球形、半圆形、卵形、倒卵形、匍匐形等。此外，特殊的形状还有：曲枝形、棕榈形、芭蕉形等。不同姿态的树给人以不同的感觉，高耸入云或连绵起伏。它们与不同地形、建筑、溪石相配合，形成万千景色。

2. 园林植物围合空间

园林植物通过合理的配置形成不同类型的空间效果，给人提供不同的心理感受。种植形成的空间类型可以分为：开敞空间、覆盖空间、封闭空间和垂直空间。

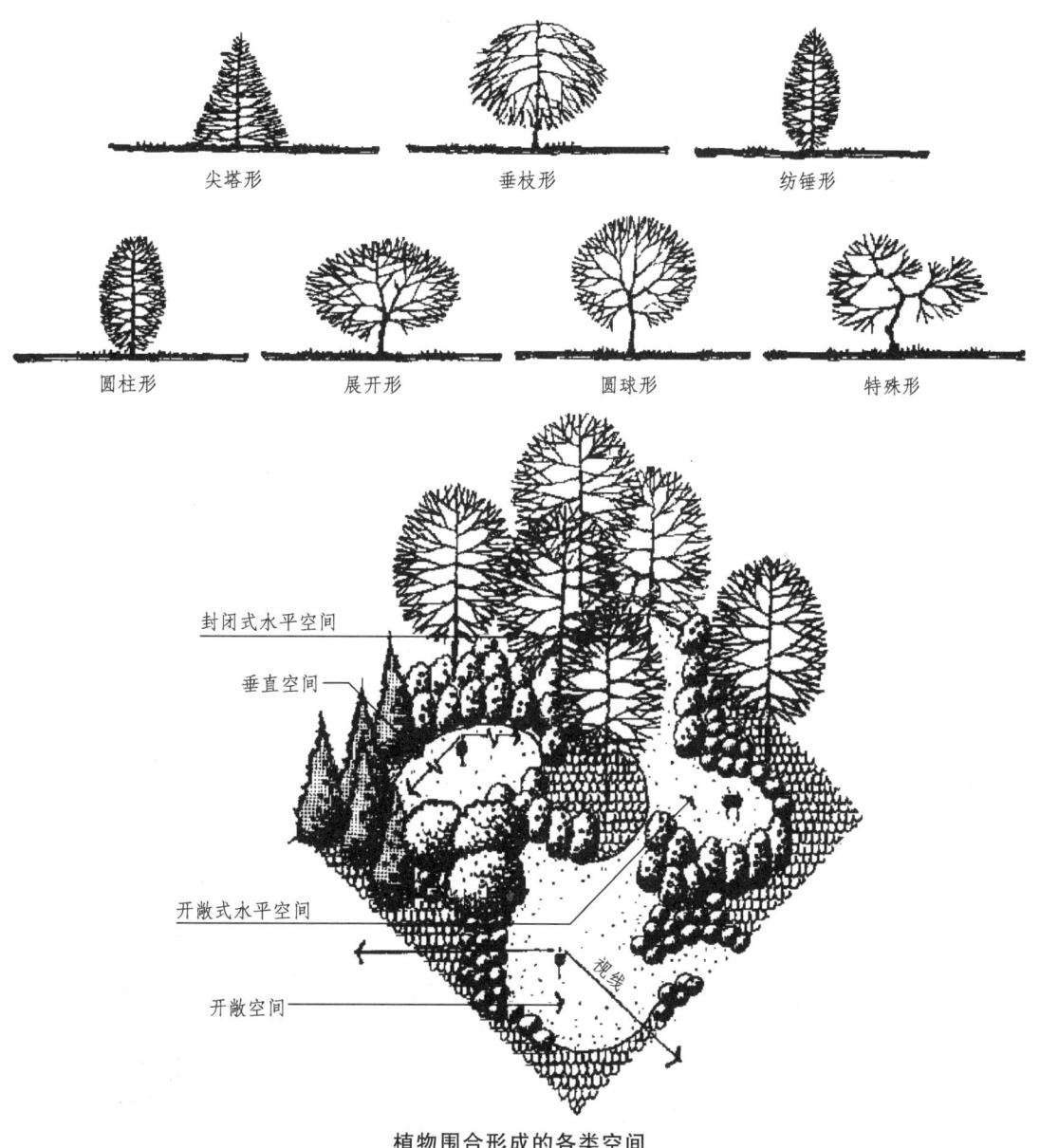

植物围合形成的各类空间

1)开敞空间

开敞空间,通常是利用低矮灌木、地被植物形成的,不阻挡视线,因此空间开敞、外向、没有私密性,采光通风好。通常公园中的广场、集会场所都是运用这种种植方式。

2)半开敞空间

利用乔木、灌木和地被植物相互配合,对周围空间有一定遮挡,但是可以将视线引导一侧,有视线的通透性。

3)覆盖空间

利用乔木的冠幅形成覆盖空间,形成良好的林荫效果,又不遮挡视线。

树冠形成覆盖空间,但水平视线通透

4)完全封闭空间

将植物当作建筑的墙和顶,将空间封闭围合起来。空间感极强,私密性好,空间分隔的效果明显。

5)垂直空间

由高耸的垂直方向生长的植物群落组成,顶部开敞,四周视线被植物阻挡,能形成较强的水平方向违和感。

3. 园林植物配置方法

1)孤　植

孤植树的主要作用是遮阴并作为观赏的主景。孤植树应该个体优美、轮廓大、色彩鲜明。孤植树一般位于广场的中心或视线焦点的中心。

2)对　植

对植是指两株或两丛树,按照一定的轴线关系作用对称或均衡的种植方法。对植一般用于规则式的园林里,沿中轴线对称。

3)列　植

列植常见于道路行道树种植方式,形成整齐的绿化种植方式。列植的树种应选择树冠形态比较整齐好看的。枝叶稀疏、树冠不整齐的树种不宜选择。

列植

4）丛 植

丛植

丛植，是由 2~10 株植物构成，通常用于自然式种植。为达到自然的效果，丛植在平面上遵循三点不在同一直线上的原则。在立面上要求树形和高度有变化。

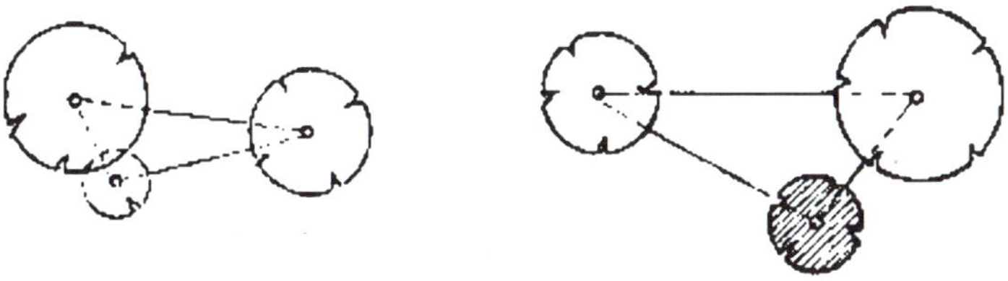

三株植物配置平面

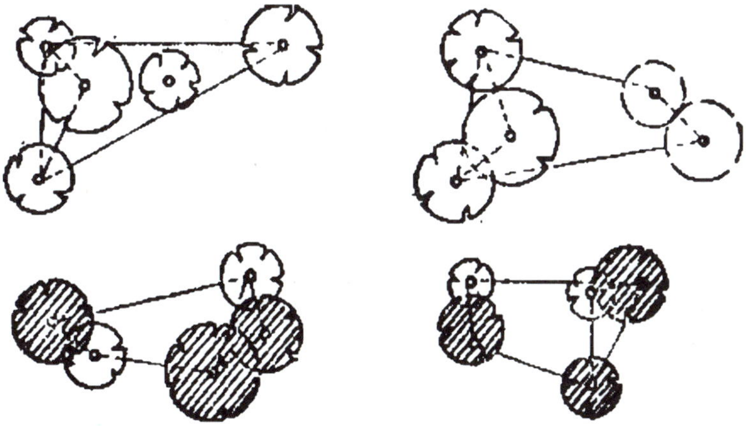

五株植物配植平面

植物立面搭配

5）群　植

树林草坪和树群相结合景观

由 20 以上的乔、灌木成群配置称为群植。群植表现的是植物群体之美，欣赏它的层次、林冠线，对群体内部植物个体美要求不高。

种植注意植物的季相变化，创造出春夏有花秋有果的景观，以及树叶彩色的季相变化特点。

五、园林建筑

中国传统的园林中，园林建筑内容非常丰富，亭、台、楼、阁、榭、廊、舫都是常见的类型。随着现代园林景观的发展，园林建筑的内容也变得越来越复杂，常常具备特定功能和相应的建筑形象。它的形态、颜色、比例需要和园林的整体环境相适宜，是园林中的点睛之笔。

1. 园林建筑的作用

1）点　景

在山水骨架之上，建立建筑，通常都为园林中心，例如颐和园的佛香阁。其赋予的文化内涵通常为园林的意境体现，例如拙政园位于荷塘的荷风四面亭。

荷风四面亭

2）观　景

园林空间中，建筑物也会成为重要的观赏景色的场所，它的处理手法、空间布局、位置、朝向、封闭或者开敞都影响观赏者的视线。园林建筑中的窗户也可以形成很好的框景。

建筑与景观相结合，有良好的风景视线

3）划分园林空间

利用园林建筑可以有效地围合空间，或划分出空间，丰富景观的层次。

4）组织游览路线

建筑物的排布也可以形成步移景移的效果，例如长廊引导人行的动态效果。

跨水长廊组织游览路线。起伏高低，增加游览兴趣

2. 园林建筑的样式

1）花　架

花架体量一般不大，视线通透，直曲任意设计，是一种造型丰富的园林建筑形式。花架具有庇荫、造景及连接景观节点的作用。

花架通透，庇荫，连接通廊

花架常用的材料丰富多样，可用竹、木搭成，自然有野趣；也可以用防腐木或者钢管、混凝土建造，美观、坚固、耐用。

花架的植物材料选择要考虑遮阴和造景两个作用，多选用藤本蔓生并具有一定观赏价值的植物，例如凌霄、紫藤、七里香、地锦等。也可考虑使用有一定经济价值的植物，如葡萄、金银花等。

布里斯班南岸，钢架花架，上种植三角梅攀援植物

2）亭　子

园林设计中非常广泛的一种建筑形式，四面开敞、小巧玲珑，也与其他园林景观结合形成多姿多彩的园林景观。

（1）亭子的作用：

①造景：

亭子本身是一个独立的建筑形式，造型多样，色彩丰富，可以作主景，也可以作为配景。

②使用功能：

在功能上，亭子主要为了解决人们在游赏活动的过程中驻足休息，纳凉避雨，纵目远眺。

（2）亭子的布局位置：

①山上建亭：常在山巅、山腰、悬崖峭壁、山谷溪涧等处建亭。亭立于山上可以仰视苍

天、俯瞰山下景色。

②临水建亭：水边布亭是常见的一种方式，临水的岸边、水中小岛、桥梁之上都可以布置。

③草坪广场上建亭：广场草坪多为游人活动的场所，旁边建亭提供给游人休息的场所。

④亭与植物结合：亭子与周围景观相搭配，很多亭应用植物名，如牡丹亭、荷风四面亭等。亭名因植物而出，再加上诗词牌匾的渲染，可以使环境空间有声有色。

颐和园的知春亭，亭周围配有柳树桃花，春到桃红柳绿，即春到

（3）亭的形式：

亭的形式很多种，从平面上可分为三角亭、方形亭、五角亭、六角亭、八角亭、十字亭、圆亭、扇面亭等。组合方式又有单体亭、组合亭等。

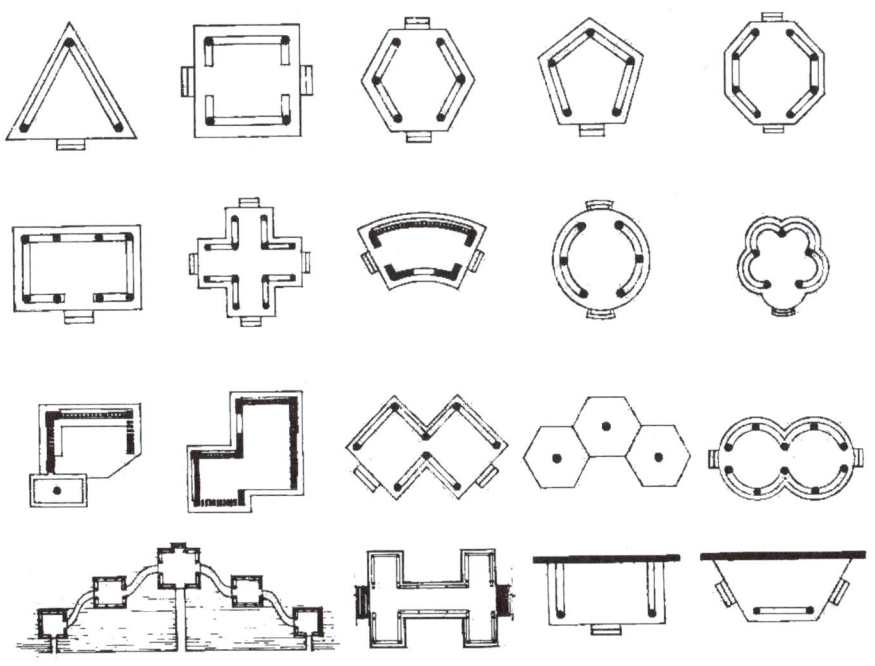

亭的平面形式

立面上，中国传统亭多采用攒尖顶、歇山顶等，有单檐和重檐之分。

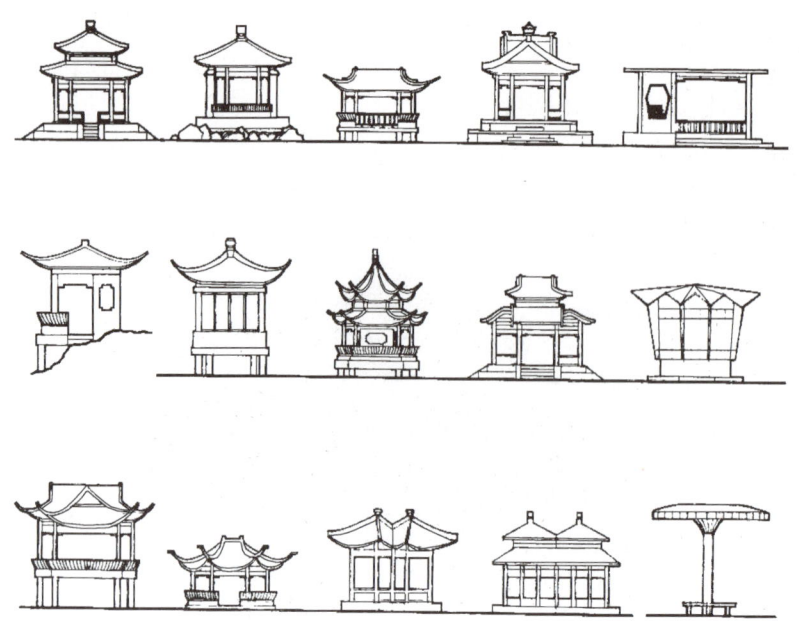

亭的立面形式

现代亭子设计上，形式创新突破，往往成为园中亮点，公共艺术品。

奇特的造型形成公共艺术品

3）廊

廊是房屋向外伸出可遮风避雨的部分。

（1）廊的作用：

①联系：廊能将园林中各景区、景点联系成一个整体，能将单体建筑或建筑群联系成一个有机体，使主次分明，错落有致。廊可配合园路，构成全园交通、游览及各种活动的通道网络。

②分隔并围合空间：廊是通透的建筑，能够划分园林空间，形成丰富的层次感。同时，廊也可将空旷开敞的空间一部分围成相对封闭的空间，创造出不同功能的空间形式。

③造景功能：廊体态开敞清透，善于与地形结合，与自然融成一体，体现出自然与人工

结合之美。

④ **实用功能**：廊是遮风避雨的园路，提供行进的方向。同时廊提供座椅，形成休憩、赏景的佳境。

（2）廊的设计：

① 廊的布局位置：廊的布置应该与地形相结合。在平地上布置，多沿着边界以"占边"的形式布置，如拙政园中的沿墙布置的廊。也可以与水结合，形成临水廊，有位于岸边和完全凌驾于水面之上的两种形式。也可以沿山地布置，形成爬山廊。

平地廊，占边布置

② 廊的样式：根据廊的平面与立面造型，可分为单面廊、复廊、双层廊、爬山廊、曲廊等。

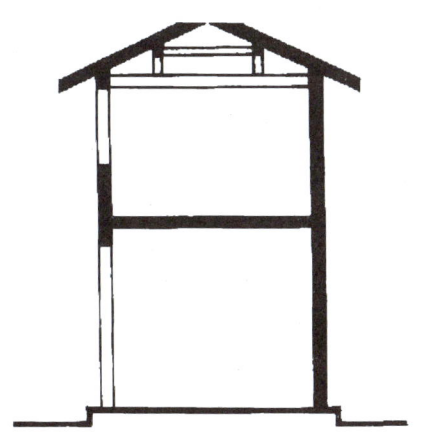 

图为拙政园双层廊，临水布置

六、公共小品设施

公共小品设施是与人们活动相关的辅助设施。比较常见的有：园桌、园椅、标示路牌、雕塑、园灯、栏杆、宣传牌等。

1. 交通设施

常见的交通设施包括公交站点、道路护栏、台阶、坡道、自行车停放处等。

自行车停放设施

2. 卫生设施

在园林中，卫生设施是为了保持环境卫生清洁而设置具有收纳、清洗等各种功能的设备。常见的包括：雨水井、垃圾箱、饮水器等。

伦敦街头垃圾桶和信息栏相结合

3. 休息设施

休息设施以椅凳为主，也包括休息廊架等，设置在广场、活动场地旁边，供人们读书、休息使用。

广场上的座椅组成靓丽的风景线

4. 游乐设施

游乐设施是针对不同类型人群户外活动的需要而设置的设备。根据年龄层次可以区分为儿童游乐设施和老年人健身设施等。

游乐设施和场地结合

5. 景观雕塑

景观雕塑与周围环境相结合，反映城市精神和时代风貌，是具有人文特色的要素之一。景观雕塑类型很丰富，按艺术处理形式来分，可以包括抽象和具象的雕塑；按照城市环境中的功能来分，可分为主题性雕塑、纪念性雕塑和装饰性雕塑等。

6. 传播设施

一般来讲，传播设施包括壁画、路边广告栏、宣传栏、灯箱、商业橱窗以及一些活动性设施，都有信息、咨讯传播的功能。

城市广场雕塑

成都万象城指示牌设计

7. 绿化设施

主要包括：树池、种植池、花坛等植物种植容器。

2010上海世博花坛设计

8. 照明设施

照明设施是为了满足人们在园林空间中夜间活动而设置的。从用途来讲，有水景照明、广场园路照明、建筑立面照明等；从光源来讲，有霓虹灯、卤素灯、氙气灯等。各种类型的景观灯相互配合，丰富了园林的夜间景色。

广场小品夜间照明　　　　　　　　座椅和灯具结合

第三步：广场景观要素方案设计

一、利用地形的设计

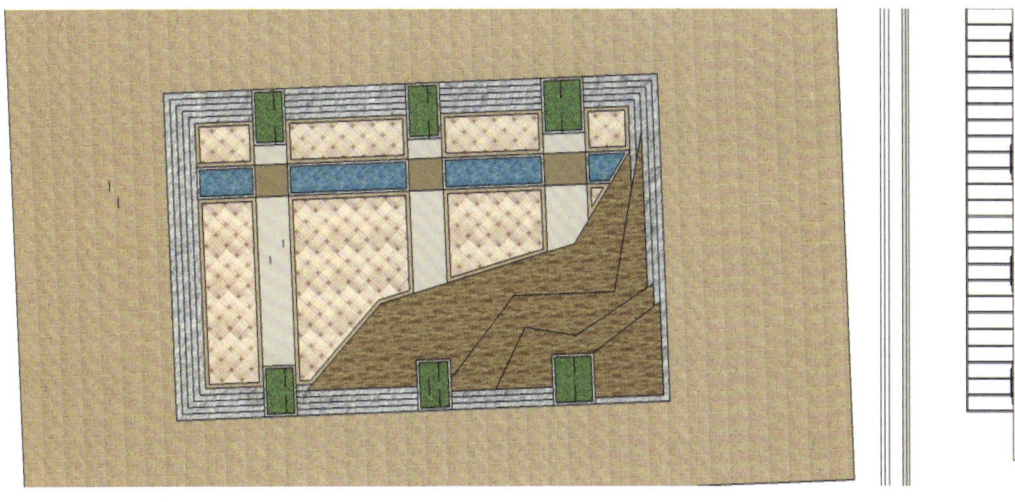

设计平面图，方形的形状和场地空间相适应。避免单调，由几何线条的踏步打破

该设计利用地形高差变化，在平坦的广场场地上创作出丰富的空间。本设计，主要做了个下沉式的广场，将空间分割开，两边为行进的道路，中间为活动休息表演的空间。踏步可以用作上下，也可以作为休息的座椅。下沉广场的上方，宽阔的台阶，可以作为表演场地。

下沉式广场地势低洼，应该注意排水，排水的坡度为1%。下沉式广场内应该有排水井的设置。

种植、水景作为点缀，创造出怡人灵动的场地。

设计透视效果图,为利用高程变化设计的下沉式广场,打破了单一平地的单调

二、利用水景的设计

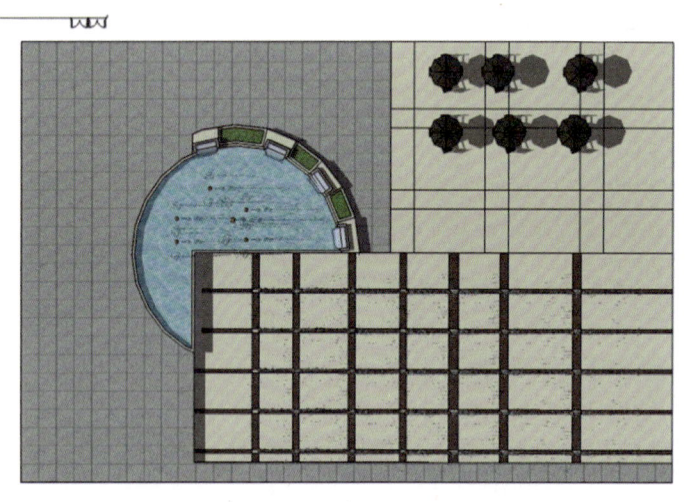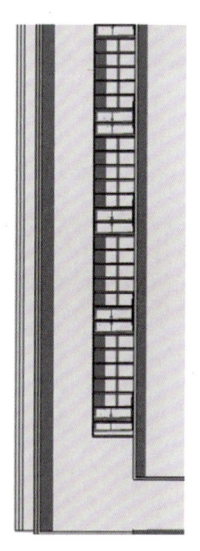

设计平面图,利用水景设计了一个大型的喷泉池以及人们可以参与的旱喷

设计透视图,旱喷的设计是一个缓斜面的坡,利于排水,在广场还设有露天咖啡座椅

该设计利用水体的流动、声音、喧闹，创造出繁华的商业空间氛围。水体的设计以喷泉为主，加以水池的设计。有供观赏的水池喷泉，有游人可以参与嬉戏的旱喷喷泉。水池喷泉，可以和雕塑小品结合。旱喷泉，采用斜面式缓坡，利于排水。此外，活动空间外还设置有露天的咖啡座，供游人休息驻足观赏，享受户外的时光，聚集商业人气。

三、利用种植的设计

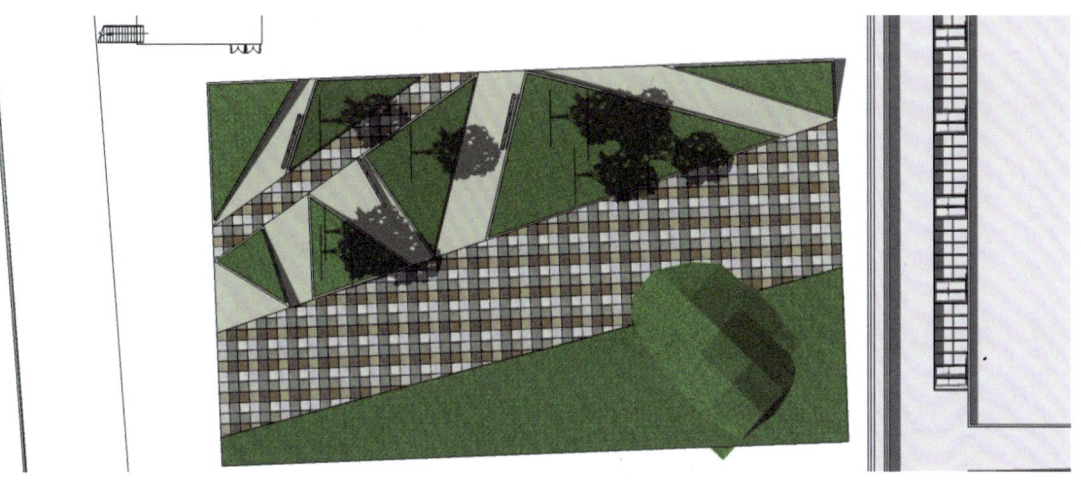

设计平面图，利用种植池、种植草坪划分了广场空间

设计透视图，种植池创建出一个相对围合的区域，适宜休息，放置座椅。
草坪广场，视野开阔，适合集中人群活动

该设计，主要应用种植进行空间的创作。利用种植池、种植草坪划分了广场空间。种植池创建出一个相对围合的区域，适宜休息，放置座椅。草坪广场，视野开阔，适合集中人群活动。种植池三角形划分，草坪几何线条的划分，具有现代城市的设计感。

在种植设计上，种植池以2、3株小乔木群植为主，要求树形美观，冠幅丰富。草坪空间，以简单草坪设计。在草坪空间上，为了打破单调，在地形上做了微地形处理。

扩展知识要点——广场设计

城市广场是城市中由建筑、道路或绿化地带围绕而成的开敞空间，是城市公众社区生活的中心。广场又是集中反映城市历史文化和艺术面貌的建筑空间。

意大利圣万尼广场（Piazza del Campo），是以市政厅为中心，
建筑围合形成的政治中心广场

一、城市广场基本特点

1. 性质上的公共性

城市广场是现代城市户外公共活动空间系统中的一个重要组成部分，所有人不论年纪、宗族、性别、身份都有平等休憩和交往权利，平等使用城市广场空间的权利。这体现了广场的公共特点。

2. 功能上的综合性

广场能够满足多种人群的多种活动需求，包括年轻人聚会、老人晨练、歌舞表演、综艺活动等。单一功能的广场已经没有办法满足现在人们的生活状态，取而代之的是具有综合功能的现代城市广场。

3. 空间场所上的多样性

城市广场功能的多样性，要求内部空间多样性，已达到满足不同功能的目的。例如有给表演的下沉或者上升的"舞台"，情人约会相对幽静私密的空间，跳舞、儿童活动开敞的空间等。场所感是在广场空间、周围环境与文化氛围相互作用下，使人产生归属感、安全感和认同感。

4. 文化休闲性

广场是城市的"会客厅"，是对城市已有的历史、文化进行反映，对现代人的文化观念进行创新。广场上精美的铺地、舒适的座椅、精巧的建筑小品加上丰富的绿化，让人徜徉其间、流连忘返，忘却了工作生活的烦恼，享受生活。广场上多举行表演活动，体现了广场文化的开放性，也满足了广场上使用者"人看人""被人看"的心理活动特点。

二、广场的分类

现代城市广场的发展呈现多元化、多功能、多空间层次，并注重地方特色、历史文脉的继承和发扬，塑造出多种多样的广场风格。

广场按照性质可以分为以下类型：

1. 市政广场

澳大利亚墨尔本联邦广场（Federation square），是整个城市的市政集会大厅

这类广场常常是城市的核心，多修建在市政厅和城市政治中心所在地，供市民集会、庆典、休息活动使用。一般由行政办公、展览性建筑结合雕塑、水体绿地形成气氛比较庄严、宏伟、完整的空间环境。一般布置在城市中心交通干道附近，便于人流和车流的集散。

2. 纪念性广场

一般来说，纪念广场的一部分或某个方向兼有交通广场的性质。现代城市中具有代表性的设施往往归于这一类型的广场，为了缅怀历史事件和历史人物，常在城市中修建一种主要用于纪念活动的广场。用相应的象征、标志、碑纪等施教的手段，教育人、感染人，以便强化所纪念的对象，产生更大的社会效益，如天安门广场等。纪念文化型广场的建设一般是为纪念某项史实、活动、人物、事件，或是为宣扬某种文化，诠释一种文明，传授一种知识，运用一项或多项建设物来展现，或抽象，或具体，是人们受教育，精神受陶冶、熏陶的好去处，是城市中汇聚人气的地方。纪念文化型广场以某种建筑为重点，其他附属设施较少，面积一般较大，可以举行大型人员聚集活动。在文化广场中心建筑的周围，会辐射延伸一些相关设施加以点缀。广场的绿化和雕塑可采用彩色灯来装饰，广场上的纪念碑、纪念塔和纪念意义的雕塑，则适宜采用日光色做装饰照明，以显其庄重之感觉。纪念广场的照明应有层次感，除标志性建筑要亮一些，其他地方的照度可控制在 10 lx 以内。广场照明要使人感到舒适、轻松，应着重考虑造型立体感、限制眩光、灯具视觉效果和色温及显色性四个照明要素。

3. 交通广场

日本横滨码头，屋顶广场

交通型广场在我国比较普遍，它主要是为解决人们的交通拥挤、方便出行而建设的，主要分布于汽车站、火车站、航空港、水运码头及城市主要道路交叉点，是人流、货流集中的枢纽地段。火车站广场是典型的交通集散广场，场地面积较大，框架结构物较少。由城市道路的平面交叉口和立体交叉口（立交桥）形成的交通广场，由于交通流量大，对照明的照度和照度均匀度的要求也高。

4. 商业广场

商业广场

商业广场为商业活动之用，一般位于城市商业繁华地区，布置在大型商业建筑周围，满足市民购物休闲的需要，是城市中最具活力的广场类型。广场周围主要设有商业建筑，也可布置剧院和其他服务性设施，兼有购物、娱乐、旅游等多种功能。

5. 文化广场

这类广场一般依托设置在城市历史文化遗址、风景名胜和文物古迹附近，也可在空间中置入文化元素离开营造休闲文化空间，主要功能是供人们瞻仰、观赏和游戏，为人们提供一个具有浓郁文化氛围的室外活动空间。文化休闲广场是市民学习、娱乐、交流的开敞空间，在空间设计中宜保持环境幽静，禁止车流穿行或进入。广场建筑布局和景观设计要求精致细腻，设置必要的景观设施和娱乐设施，增强空间的吸引力和可参与性。并且要充分挖掘场地内的文化元素，进行科学合理的空间处理，以体现广场的地域特色。对一些文化元素并不明显的广场，也可提炼当地文化符号，空间设计中加以体现，来营造文化氛围。

西安大雁塔北广场，亚洲最大的水景喷泉广场

6. 休闲娱乐广场

某休闲广场

娱乐休闲广场是与市民日常生活密切相关的活动广场，提供近距离的休息、锻炼身体等活动。一般设置在居住区或街坊内。广场面积相对较小，有健身器械、儿童活动场地、老人休息座椅等。

7. 宗教广场

早期的广场多修建在教堂、寺庙或祠堂对面，为举行宗教庆典仪式、集会、游行所用。

在广场上一般设有尖塔、宗教标志、坪观、台阶、敞廊等构筑设施。此类广场，现已兼有休息、商业、市政等活动内容。

威尼斯圣马可广场，由两个楔形构成，位于圣马可教堂外，举行宗教仪式、集会所用

三、广场设计原则

1. 生态环境原则

城市广场建设应从设计的阶段通盘考虑，结合规划地的实际情况，从土地利用到绿地安排，都应当遵循生态规律，尽量减少对自然生态系统的干扰，或通过规划手段恢复、改善已经恶化的生态环境。

2. 适宜性原则

一个聚居地是否适宜，主要是指公共空间和当时的城市肌理是否与其居民的行为习惯相符，即是否与市民在行为空间和行为轨迹中活动和形式相符。个人对"适宜"的感觉就是"好用"，即是一种用起来得心应手、充分而适意。

3. 多样性原则

现代广场的发展趋向于多元化，展现出一种全方位的多样性。从剖面的形式将其分为平面型和立体型（上升型和下沉型）广场。广场空间的多样性也促进了植物造景的多元化。广场中应该有一定面积的绿地，设计应包括草坪、花境、灌木丛、疏林草地等。

4. 文化原则

世界各地经过几千年的历史发展，形成异于别国的文化。城市广场的建设应该立足于本地文化、体现地区特色、服务于本地居民的空间。广场的文化设计应该有识别性、地域性，让本地居民有归属感。城市广场建设应避免千城一面、似曾相识之感，增强广场的凝聚力和城市旅游吸引力。

日内瓦联合国广场上的雕塑，体现了战争给这个世界带来的伤痛，体现呼吁和平的主题，是非常具有辨识度的广场雕塑之一

5. 人本原则

广场的设施小品供人使用，考虑人的尺度

广场中需有坐凳、饮水器、公厕、电话亭、小售货亭等服务设施，方便人使用。广场的小品、绿化、物体等均应以"人"为中心，时时体现为"人"服务的宗旨，处处符合人体的尺度。

四、广场的空间设计

1. 广场景观的空间特征

城市广场具备开放空间的各种功能和意义，并有一定的规模要求、特征和要素构成。广场空间相对于其他类型的城市开放空间，比如公园、街道等，具有本身的空间特点，这对于广场的空间设计具有重要影响。

1）边界明确

城市广场的边界线清楚，空间领域明确，通常具有强烈的图形感。边界线一般是由建筑的外墙、道路、水体等构成，但不设单纯的隔墙围墙。这也使得城市广场的整体感较强，和周围建筑或者道路有着良好的连通，其空间秩序应服从整体城市空间的需求。

2）空间开敞

作为市民的活动客厅，广场的使用率和使用强度很高，要满足大量人流的活动和集散，这就是使得广场的硬质铺装通常占有较大面积，并且延伸到广场边界，虽然一般由建筑或道路界定明确，但广场空间和周围建筑或者外部环境之间是开敞的，便于人流聚集；而非设置固定出入口的形式，也不适合用大面积绿化进行围合。这种开敞性使得广场和外部环境融为整体，成为城市不可缺少的一部分。

3）协调的空间尺度

城市广场通常是有各类建筑物包围的，广场的空间品质不仅取决于广场空间本身，很大程度上受到周围建筑实体的影响。广场和建筑是空间的两个部分：建筑是起围合作用的实体，而广场是实体所围合的空的部分。要创造高质量的开放空间，广场应和周围建筑取得良好的尺度关系。建筑的高度与观察距离比例的不同，会产生不同的视觉效应。当人站在广场中时，由于建筑高度和广场宽度的尺度关系可以产生相应的空间效果和心理反应。

4）适当的绿化种植

某商业广场绿化种植，装点硬质景观

在广场空间处理上，绿化是不可缺少的空间元素。绿化可以对大量硬质空间起到柔化作用，衬托建筑并增强空间尺度感，利用植被的遮挡控制人的视线，并且可以形成空间引导和遮阳的作用。因广场空间的开放性以及大量硬质地面的需求使得广场中的绿化要适度设置，不能占用太多用地面积，影响人流集散和通行，并且形态要整体上和广场空间相统一，例如广场上采用规则式树阵排列，或者对树木进行适当修剪，以形成树群的秩序感。

2. 广场的规模

（1）城市广场用地总规模按城市人口人均 0.07~0.62 m² 进行控制；单个广场的用地规划按市级 2~15 hm²、区级 1.5~10 hm² 控制。

（2）广场的最大距离 1 200 m。

（3）最佳视点距离应小于 300 m，休闲广场规模控制 9 hm²。

（4）最小尺度不宜小于周围建筑物的高度，避免压抑感。

（5）居住区周边广场 14 m×18 m，可以使公众生活的正常节奏保持稳定。

（6）广场内部空间 20 m 左右要有所变化，保证空间丰富、多样、有趣。

3. 广场空间的围合

良好的空间围合可以提高空间的品质。在广场设计中可以利用建筑、道路、绿化进行空间的围合。与围合相对的是开口。开口越多的空间，围合性越差。

1）广场与道路

大连星海广场由道路围合界定空间

当道路围合广场，空间基本稳定，此种情况要注意设计天桥和地下通道，保证人流交通的顺畅、舒适。当道路穿过广场时，空间不稳定，广场只能做交通广场或短暂的停留。当广场位于道路一侧时，此广场空间最稳定，与建筑的关系更密切，围合性好，人们进行休闲聚会能获得舒适空间。

2）广场与建筑

卢浮宫广场，由建筑围合出边界线，建筑丰富了广场空间

建筑所在的位置可以成为广场的主体，控制广场，可以形成广场主体雕塑的背景、强化主体，可以居中帮助空间创建方向性，可以围合形成空间基地，可以在建筑前加长廊形成黑白灰明确的三层空间。建筑创造的空间形式丰富多样、特色各异。

城市广场空间如同建筑空间一样，可能是封闭的独立空间。这种封闭感在很大程度上取决于人们的视野距离和与建筑等界面高度的关系。

（1）人与物体的距离在 25 m 左右时能产生亲切感，这时可以辨认出建筑细部和人脸细部，这是古典街道的常见尺寸。

（2）宏伟的街道和广场空间的最大距离不超过 140 m。当超过 140 m 时，墙上的沟槽线脚消失，透视感减弱变得接近立面。

（3）人与物体的距离超过 1 200 m 时，就看不到具体形象了。

当广场尺度一定，广场界面的高度影响广场的围合感。

（4）当围合界面高度等于人与建筑物的距离时（1∶1），水平视线与檐口夹角为 45°，这时能产生良好的封闭感。

（5）当建筑立面高度等于人与建筑物距离的 1/2 时（1∶2），水平视线与檐口夹角为 30°，是创造封闭性空间的极限。

（6）当建筑立面高度等于人与建筑物距离的 1/3 时（1∶3），水平视线与檐口夹角为 18°，这时高于围合界面的后侧建筑成为组织空间的一部分。

（7）当建筑立面高度为人与建筑距离的 1/4 时（1∶4），水平视线与檐口夹角为 14°，这时空间的围合感小时，空间周围的建筑立面如同平面边缘，起不到围合作用。

3）广场与绿化

广场可以利用职务来进行空间的围合、阻挡。植物所形成的空间可以分为两种：其一，植物周边围合，形成基本完整的广场空间；其二，植物局部围合，形成良好的亲人空间。从垂直空间上，植物的冠幅也可以营造顶盖空间的围合。乔木、灌木、地被能构成垂直空间多变效果，任意变化组合，创造视线的通透和屏蔽。

4. 广场空间的方向性

广场设计需要有归属感，广场的方向性即为广场的向心性和轴向性。具体的设计手法有以下两种。

圆形广场的向心性

其一，应用正方形、圆形、椭圆形、三角形等具有明显向心性的广场平面形式，或者应用矩形、梯形有轴向性的广场平面形式。

利用雕塑吸引人，形成广场空间的向心性

其二，应用具有意义的标志物，即应用建筑、雕塑小品、铺装、水体等要素以体量、色彩、造型灯形成空间的三维中心，从而主导方向；在复合型广场中，每个亚空间都有可能有自己的三维中心。

基本技能训练一 广场空间景观小品设计

技能训练题目：公共广场空间景观小品设计
技能训练学时：8学时

技能训练目的：

能够完成小型庭院的景观方案设计图纸及设计表现图。

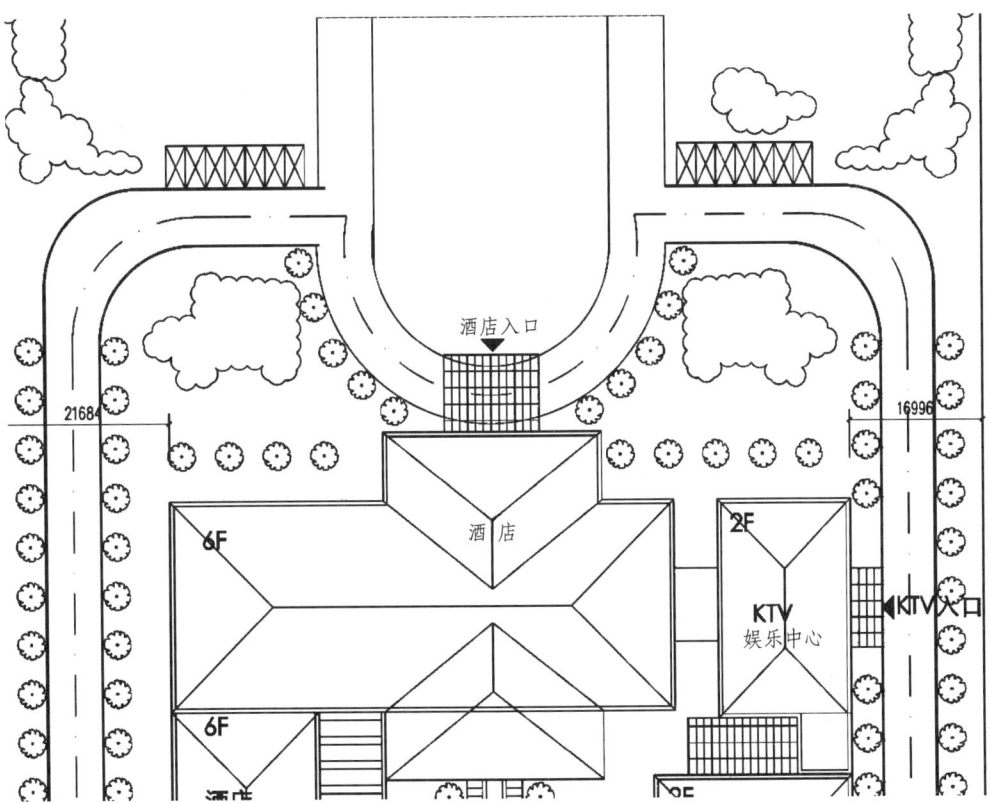

技能训练条件：

设计工作室（机房）：
设计软件 CAD、Photoshop、Sketchup。
A3图纸、草图纸、绘图铅笔、针管笔、马克笔。

训练内容及要求：

景观小品设计（4学时）

根据图纸，这是个东南亚风情的酒店，需要在这个酒店的前广场设计中心景观，可以设计喷泉水体、花坛、入口景墙告示，自定。但是设计应该和酒店空间相适宜，有迎宾，活跃酒店环境的氛围，并且设计风格颜色应该和周围建筑相适应。

图纸及设计要求：

A3图纸1张，有景观要素设计平面图1个，透视表现效果图1个，配有设计说明文字不少于50字。

考核方法：

此部分考核学生灵活运用景观要素以及设计表现能力。

设计内容	评分标准
景观要素设计	（1）设计合理，尺寸比例恰当 （2）要素的综合运用的能力 （3）符合周围环境以及功能的要求

项目二 景观布局、造景手法及图纸抄绘

教学目标：

（1）掌握景观布局的方式：自然式、混合式、规则式。
（2）掌握常用造景的手法。
（3）掌握园林史论的景点案例。

技能要求：

（1）读懂园林史论经典案例布局图。
（2）制图抄绘的能力。

任务目标：

（1）完成经典景观布局的案例分析与抄绘。
（2）理解景观布局的方式与造景的手法。

完成任务的要点：

（1）收集景观设计的案例，借鉴。
（2）根据园林经典案例，分析布局和造景的手法。
（3）对经典案例进行抄绘，深刻地理解与领会景观设计的方法。

工作情景：

工作地点：综合设计工作室
工作场景：采用学生设计操作、教师引导的学生主体、工学一体化教学方式。教师以居住小区设计为例，把设计任务完成过程进行逐步演示示范，学生根据教师演示操作和教材涉及步骤进行逐步设计操作。完成本次设计任务工作内容后，教师对学生设计过程和成果进行评价和总结，并布置与本次任务相关的实践训练进行拓展和巩固。

设计实践操作：任务设计过程与设计要点分析

园林布局，即在园林选址、构思（立意）的基础上，设计者在孕育园林作品过程中所进行的思维活动。

主要包括选取、提炼题材，酝酿、确定主景、配景，功能分区，景点、游赏路线分布，探索所采用的园林形式。

第一步：立　意

立意，即主题思想的确定。神仪在心，意在笔先。

立意是指园林设计的总意图，即设计思想。无论中国的帝王宫苑、私人宅园，或外国的君主宫苑都反映了园主的指导思想。例如："个园"主要栽植竹子，表达主人的高风亮节，"个"为"竹"的偏旁部首。"拙政园"在园主退隐官场后表达自己"拙者为之政"的想法。

主题思想通过园林艺术形象来表达，主题思想是园林创作的主体和核心。立意和布局，其关系实质，就是园林的内容与形式。只有内容与形式的高度统一，形式充分地表达内容，表达园林主题思想，才能达到园林创作的最高境界。

在景观设计里，景观要素、景观材质、创作手法都应该和立意的中心思想息息相关，围绕中心，选择应有的表现手法。例如林璎设计的美国华盛顿越战老兵纪念碑。在设计中，设计者想表达战争之痛，和对死亡者的哀思与悼念。所以在造型上，用V字形，在平地上划出一道，象征战争砍下的一道不可愈合的伤痕。黑色花岗岩墙体庄严肃穆，上刻有牺牲者的名字，供人哀悼。两墙相交的中轴最深，约有3 m，形成半围合区域，人在封闭区域内，感情更加地压抑与悲伤。两墙逐渐向两端浮升，直到地面消失。V形的碑体向两个方向各伸出200英尺（1英尺≈0.3米），分别指向林肯纪念堂和华盛顿纪念碑，通过借景让人们时时感受到纪念碑与这两座象征国家的纪念建筑之间密切的联系。后者在天空的映衬下显得高耸而又端庄，前者则伸入大地之中绵延而哀伤，场所的寓意贴切、深刻。

越战老兵纪念碑鸟瞰，V字形花岗岩墙体在大地上划了一道不可愈合的战争伤痛

黑色的花岗岩庄严肃穆，深凹下去的地形，形成一个哀思的角落

V字延伸指向华盛顿纪念碑，用借景的手法，寓意死者对国家的贡献

在居住小区设计上，也需要立定一个意境，全园的整体布局，种植设计都应该围绕立意展开。例如某居住小区，依山面海而建，景观打造上取名为半山海景。顺着山势建造清泉溪流，沿着山留下，下部为自然边界形态的游泳池，和种植、周围环境相互融合。整体环境提倡自然优美，取意来自于陶渊明的"采菊东篱下，悠然见南山"。所以在种植上，力求追寻田园般的自然生活。

半山海景山上溪流效果图

半山海景自然式游泳池效果图

第二步：布局的形式

可以把园林布局的形式分为三类：规则式、自然式和混合式。

一、规则式布局

规则式布局是整个平面布局、立体造型以及建筑、广场、道路、水面、花草树木等都要严格对称。规则式布局给人以庄严、雄伟、整齐之感，一般用于气氛较严肃的纪念性园林或有对称轴的建筑庭院中。

梵蒂冈圣彼得广场

采用严格几何对称的方式进行设计。中心轴线穿过中心的方尖碑，两侧为圆弧形双排柱廊。柱廊的圆弧圆心位于方尖碑处，所以从方尖碑处根据透视原理只能一排柱廊。在方尖碑和柱廊中间距离一半的地方，设置有喷泉水池。从喷泉看柱廊具有45°的仰视角度。整个设计严格按照几何方式布局，遵循视觉原理。

1. 规则式布局的特点

1）中轴线

全园在平面规划上有明显的中轴线，并大抵依中轴线的左右前后对称或拟对称布置，园地的划分大都成为几何形体。

2）地　形

在开阔较平坦地段，由不同高程的水平面及缓倾斜的平面组成；在山地及丘陵地段，由阶梯式的大小不同水平台地倾斜平面及石级组成，其剖面均为直线所组成。

3）水　体

其外轮廓均为几何形，主要是圆形和长方形，水体的驳岸多整形、垂直，有时加以雕塑；水景的类型有整形水池、喷泉、壁泉及水渠运河等，古代神话雕塑与喷泉构成水景的主要内容。

4）广场与道路

广场多呈规则对称的几何形，主轴和副轴线上的广场形成主次分明的系统；道路均为直线形、折线形或几何曲线形。广场与道路构成方格形式、环状放射形、中轴对称或不对称的几何布局。

5）建　筑

主体建筑组群和单体建筑多采用中轴对称均衡设计，多以主体建筑群和次要建筑群形成与广场、道路相组合的主轴、副轴系统，形成控制全园的总格局。

6）种植规划

配合中轴对称的总格局，全园树木配置以等距离行列式、对称式为主，树木修剪整形多模拟建筑形体、动物造型，绿篱、绿墙、绿门、绿柱为规则式园林较突出的特点。园内常运用大量的绿篱、绿墙和丛林划分与组织空间，花卉布置常为以图案为主要内容的花坛和花带，有时布置成大规模的花坛群。

7）园林小品

园林雕塑、瓶饰、园灯、栏杆等装饰、点缀了园景。西方园林的雕塑主要以人物雕塑布置于室外，并且雕塑多配置于轴线的起点交点和终点。雕塑常与喷泉、水池构成水景主景。

2. 规则式布局的案例

1）意大利的台地式园林

在文艺复兴时期，意大利的佛罗伦萨、罗马、威尼斯等地建造了许多别墅园林。以别墅为主体，利用意大利的丘陵地形，开辟成整齐的台地，逐层配植灌木，并把它修剪成图案的植坛，顺山势利用各种水法（流泉、瀑布、喷泉等），外围是树木茂林的林园。这种园林统称为意大利台地园。

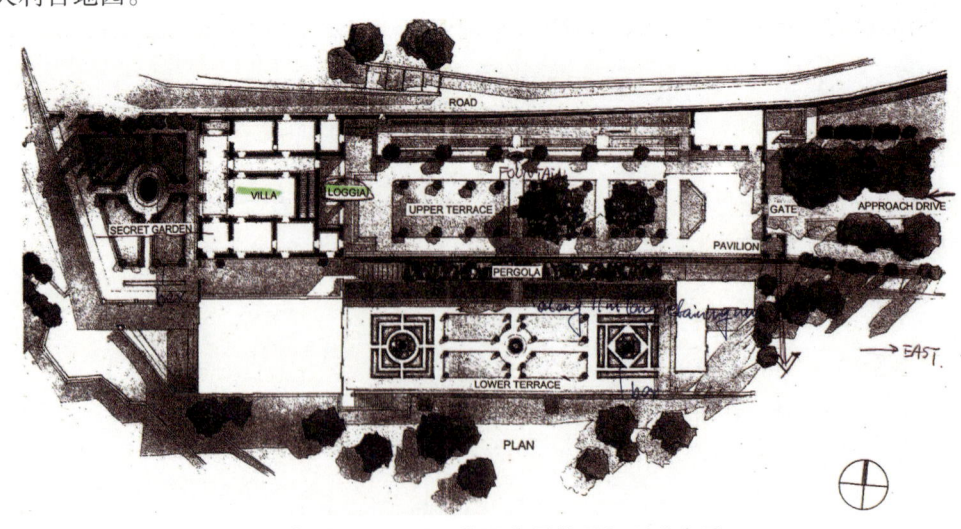

美迪奇别墅平面图。花园布置按照规则式布置

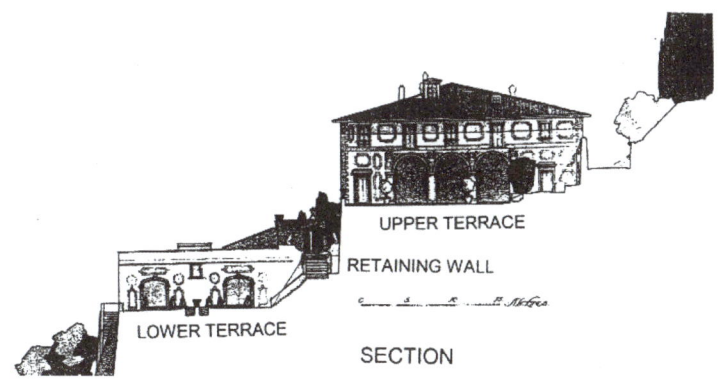

美迪奇别墅剖面图。改造坡地,形成三个台地

兰特庄园。

兰特庄园鸟瞰图,依山地分为4个台地,
灵活运用水景

以兰特庄园为例来领略意大利古典园林的特色,在空间尺度和整体布局上,身为建筑师维尼奥拉设计的兰特庄园,从主体建筑、水体、小品、道路系统到植物种植,都充满了文艺复兴时期建筑那种典型的均衡、大度和巴洛克式的夸张气息。它的园林布局呈中轴对称、均衡稳定、主次分明,各层次间变化生动,又通过恰到好处的比例掌控形成了一个和谐的整体。整个园林由四个层次分明的台地组成。在最低下的第一层平台的中心有一个喷泉,喷泉四周有四个水池,每一个水池都有一个石制的船在中央。在第一层和第二层中间是两栋房子,两栋房子中间是对称的坡地踏步。第二层是狭窄的台地,有喷泉池。第三层的中轴线的位置有石桌,靠近第三层挡土墙的位置有一个半圆形喷泉,喷泉上侧有水渠将水注入喷泉。在第四层有海豚喷泉。再往上走,有两个凉亭,凉亭中间的喷水池是整个园区的水的来源。整个园区的建筑已经让位于庭院空间,屈居次位。

2）法国园林

法国继承和发展了意大利的造园艺术。1638 年法国 J.布阿依索写成西方最早的园林专著《论造园艺术》(Traite du Jardinage)。他认为："如果不加以条理化和安排整齐，那么，人们所能找到的最完美的东西都是有缺陷的。"17 世纪下半叶，法国造园家 A.勒诺特尔提出要"强迫自然接受匀称的法则"。他的设计强调人工的痕迹，运用大轴线和垂直相交轴线控制全园。在尺度上，非常巨大，缺乏人的尺寸。他主持设计的凡尔赛宫，根据法国这一地区地势平坦的特点，开辟大片草坪、花坛、河渠，创造了宏伟华丽的园林风格，被称为勒诺特尔风格，各国竞相效仿。

在种植上使用对称种植，和运用花坛。用花草图形模仿衣服和刺绣花边，形成一种新的园林装饰艺术，称为"摩尔式"或"阿拉伯式"装饰。绿色植坛划分成小方格花坛，用黄杨做花纹，除保留花草外，使用彩色页岩细粒或砂子作为底衬，以提高装饰效果。

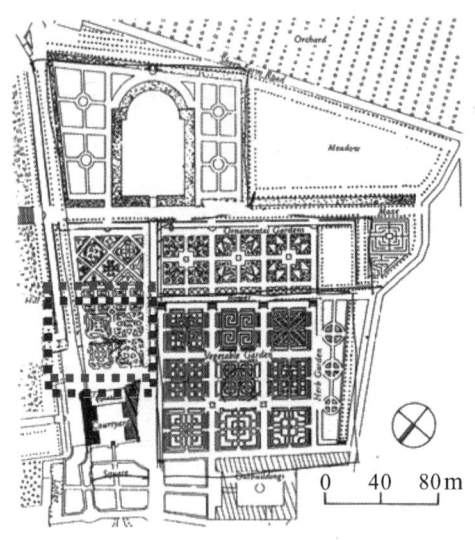

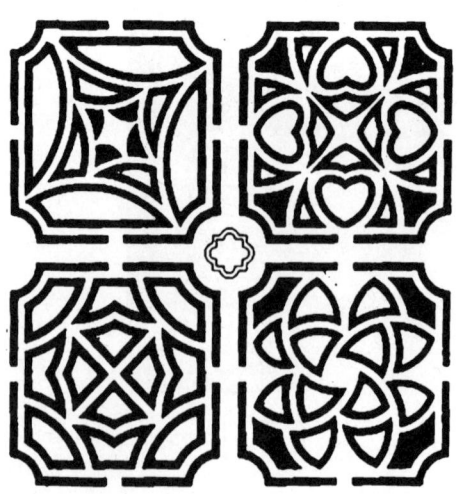

Villandry 庄园平面图以及修建黄杨组成的爱情花园平面图

法国花园喜欢运用绿色植坛划分成小方格花坛，用黄杨做花纹。不同的图案代表不同的意思，有的代表正在热恋，有的代表心碎。

凡尔赛宫

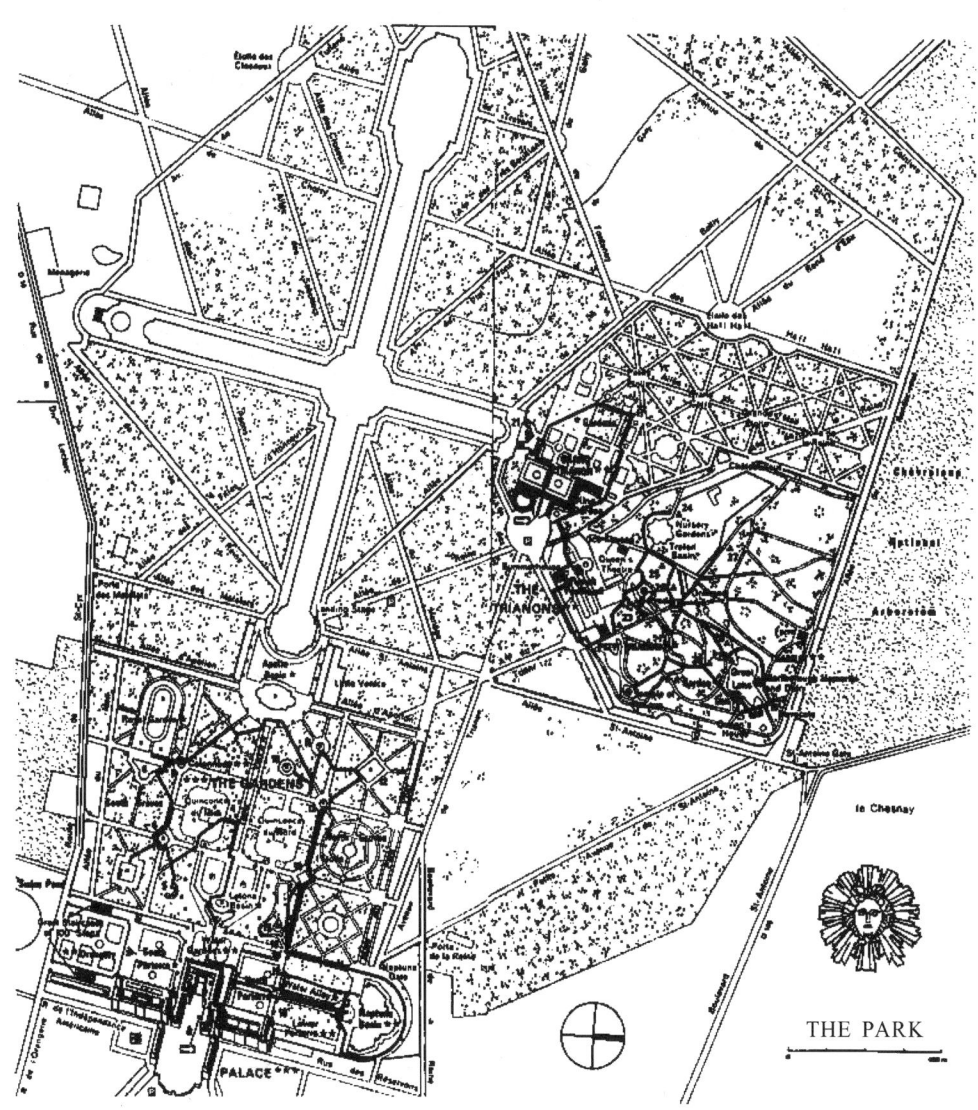

凡尔赛宫平面图，沿中轴线布置，几何线条发散，大尺度运河

巨大壮观的喷泉及一条长长的十字形水渠伸向远方

巨大的宫殿建筑在南北的轴线上有 680 m 长。在宫殿前是由 3 条大道相交形成的到达区域，3 条大道通向巴黎。

勒诺特尔在设计凡尔赛宫时，用了两条景观轴线。主要轴线是太阳轴线，沿着东西走向垂直宫殿建筑。另外一条轴线垂直于主轴线，平行于宫殿建筑。还有对角的发散轴线，由景观节点相联系。

花园：占地 93 hm^2。在主轴线的西侧，是 Basin of Latona，在另外一侧是阿波罗喷泉。花园有 14 个花坛（Bosquet）。

小公园：占地 720 hm^2，有大运河。这个大运河将主轴线向西延长，完成于 1680 年，长宽 1 670 m×62 m。在其中部的位置是 PETIT 运河，长宽为 1 070 m×80 m。

总结凡尔赛宫的设计特点：

（1）具有超大尺度，彰显路易十四的权威。

（2）对于大尺度的准确把握。

（3）创造了脱离实际存在的环境。

（4）激发了之后许多设计项目。

3）伊斯兰园林

西亚地区注重水的利用。其庭院的布局多以位于十字形道路交叉点上的水池为中心，这一手法为阿拉伯人继承下来，成为伊斯兰园林的传统，流布于北非、西班牙、印度，传入意大利后，演变为各种水法，成为欧洲园林的重要内容。

伊斯兰的世界范围，从西班牙到印度的园林都属于伊斯兰园林

伊斯兰园林的平面是典型的矩形，由中心轴线划分，左右对称，中心轴线通常是水渠。中心轴线用道路和种植乔木进行加强。垂直于中心轴线，还有一到两个次轴线，将庭院划分为几个小块，在小块处进行种植。在主轴线和次轴线的交点处，配有矩形的景观节点，通常为矩形的水池，或者亭子。

伊斯兰园林用数学几何控制着整体布局。并且这些几何图案布局具有人性化的尺寸。

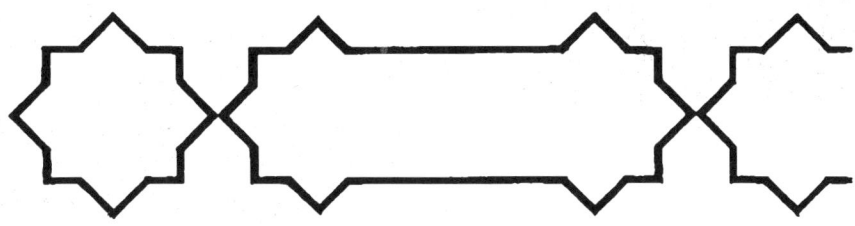

伊斯兰园林里经常使用的星形图案

在伊斯兰园林里，水是重要的组成部分，象征着生命和洗涤灵魂。水沿着水渠留着，象征时间的流逝。

伊斯兰园林里典型的西班牙庭园被称为 Patio。Patio 的布局为：四周是建筑，围成一方形的庭园，建筑形式多为阿拉伯式，带有拱廊，装饰十分精细。在庭园的中轴线上，有一方形水池或一长条形水渠，并有喷泉，常以五色石子铺地做成纹样。

阿尔罕布拉宫

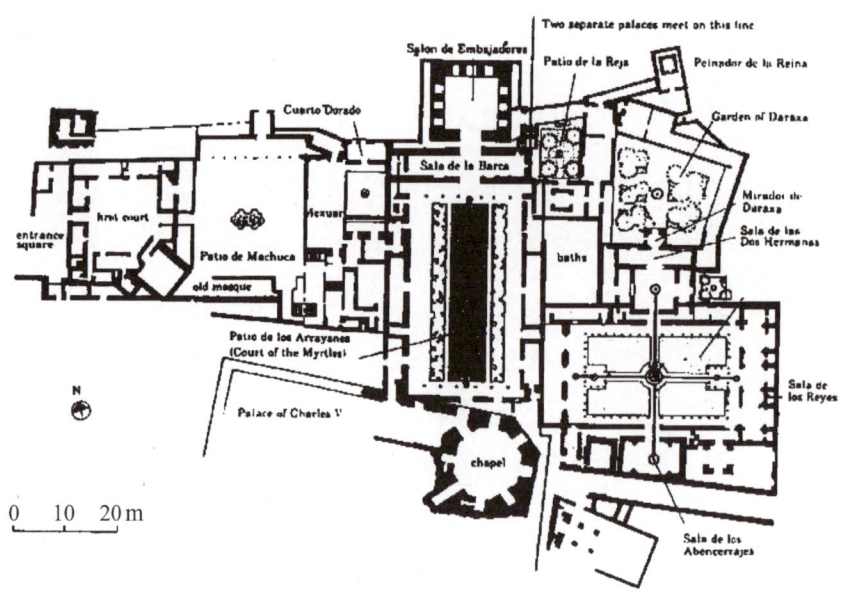

阿尔罕布拉宫平面图

狮子苑及十字形水渠

桃金娘宫苑

　　阿尔罕布拉宫建于公元1238—1358年，位于格拉那拉（Cranada）城北面的高地上。此宫建筑与庭园结合的形式是典型的西班牙伊斯兰园，它是把阿拉伯伊斯兰式的"天堂"花园和希腊、罗马式中庭结合在一起，创造出西班牙式的伊斯兰园——"Patio"。这组建筑是由4个"帕提奥"和1个大庭园组成的。此宫庭园的4个Patio的特征是：第一，建筑位于四周，围成一个方形的庭园，建筑形式多为阿拉伯式的拱廊，其装修雕饰十分精细。第二，位于中庭的中轴线上，有一方形水池或条形水渠或水池喷泉。在夏季炎热干燥地区，水极为宝贵，可取得凉爽湿润的感觉。第三，在水池、水渠与周围建筑之间，种以灌木、乔木，其搭配数量各不相同。第四，周围建筑多为居住之所，还有些地方将几个这类庭园组织在一起，形成"院套院"。

二、自然式布局

自然式园林以模仿再现自然为主，不追求对称的平面布局，立体造型及园林要素布局均较自然和自由，婉转迂回有丰富的游览趣味。这种形式较适合于有山有水有地形起伏的环境，以含蓄、幽雅的意境深远见长。

1. 自然式布局的特点

1）地　形

自然式园林的创作讲究"相地合宜，构园得体"。主要处理地形的手法是"高方欲就亭台，低凹可开池沼"的"得景随形"。自然式园林最主要的地形特征是"自成天然之趣"，所以，在园林中要求再现自然界的山峰、山巅、崖、岗、岭、峡、岬、谷、坞、坪、洞、穴等地貌景观。在平原，要求自然起伏、和缓的微地形。地形的剖面为自然曲线。

2）水　体

这种园林的水体讲究"疏源之去由，察水之来历"。总之，水体要求再现自然界水景。水体的轮廓自然曲折，水岸为自然曲线的倾斜坡度，驳岸主要用自然山石驳岸、石矶等形式。在建筑附近或根据造景需要也部分用条石砌成直线或折线驳岸。

3）广场与道路

园林中的空旷地和广场的外形轮廓为自然式布置。道路的走向和布列多随地形。道路的平面和剖面多为自然起伏曲折的平面线和竖曲线组成。

4）建　筑

单体建筑多为对称或不对称的均衡布置；建筑群多采用不均衡的布置。全园不以轴线控制，但局部会有轴线。

5）种植设计

自然式种植要求反映自然界的植物群落之美，不成行成列栽植。树木一般不修剪，配植以孤植、丛植、群植、密林为主要形式。花卉布置以花丛、花群为主要形式。庭院内也有花台的应用。

6）园林小品

园林小品中有假山、石品、盆景、石刻、砖雕、石雕、木刻等形式。其中雕塑的基座多为自然式，小品的位置多置于透视线集中的焦点。

自然式布局的代表：中国园林、日本园林、英国风景园林。

2. 自然式布局的案例

1）中国园林

中国园林历史悠久，起源于公元前 11 世纪的奴隶社会后期，在 3 000 余年漫长的、不间断的发展过程中形成了世界上独树一帜的风景式园林体系，是自然式园林的代表。其师法自然的园林形式影响了日本园林、英国园林。

中国园林主要有寺庙园林、私家园林、皇家园林。私家园林以苏州园林最具代表。

拙政园

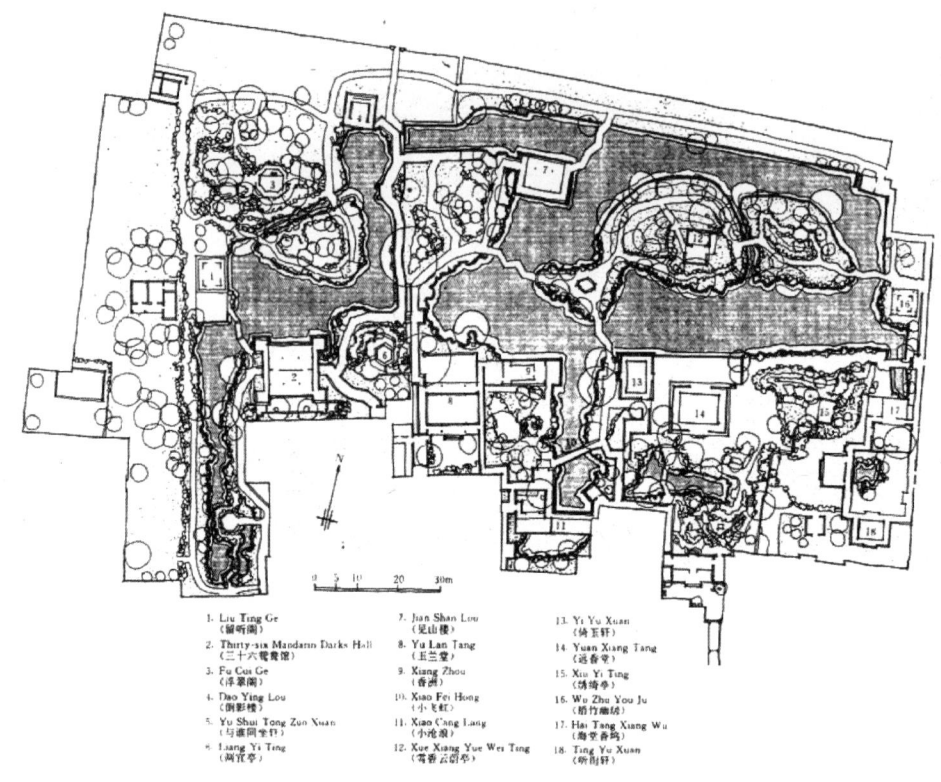

拙政园平面图

拙政园建于明代正德四年（1509 年），是中国四大名园之一，占地 5.2 公顷。

园林三区：

东　园

面积约 31 亩，其规模大致以明朝王心一所设计的"归园田居"为主。中为涵青池，池北为主要建筑兰雪堂，周围以桂、梅、竹屏之。为新建区域。

西　园

西园面积约为 12.5 亩，现有布局形成于张履谦接手时期。该园以池水为中心，有曲折水面和中区大池相接。有塔影亭、留听阁、浮翠阁、笠亭、与谁同坐轩、宜两亭等景观。

中　园

中部部分为全园精华之所在，现有面积约为 18.5 亩，其中水面占 1/3。水面有分有聚，临水建有形体各不相同、位置参差错落的楼台亭榭多处。如海棠春坞、听雨轩、玲戏馆、枇杷园和小飞虹、小沧浪、听松风处、香洲、玉兰堂等庭院景观。

2）日本园林

日本园林受到中国园林的影响，以自然式布局为主，分为茶庭、池泉庭、枯山水。

（1）日本园林特点：

① 来源于自然而高于自然。是自然的抽离和象征。

② 倡导返本归真，提供游人自然的体验。

③ 没有几何规则和几何线条。

④ 强调游览的体验和游览的序列空间，让人不能一下子将其饱览。

⑤ 强调景观视线，在游览途中提供绝佳的游览视线。

⑥ 细节处理精细。

（2）植物材料：

松柏被经常用于日本园林。阔叶植物例如茶花等也经常作为和针叶植物的对比使用。落叶植物例如枫树和樱花也是常用植物材料。

（3）影响日本园林的宗教思想：

日本园林受到道教、佛教禅宗的思想影响。在道家，乌龟和仙鹤被认为是长寿的象征，在日本园林里经常有龟岛、鹤岛的创作手法。

禅宗思想的纯净、安静、精致影响了日本园林里的茶庭设计。

① 茶庭。

茶室作为茶庭主体建筑，置于茶庭最后部，到达茶室须经过朴素露地，主人与客人在腰挂处等待见面，显出主人诚意，而客人须经厕所净身、蹲踞或洗手钵净手，经曲折铺满松针的点石道路到达茶室，在室外脱鞋、挂刀、折腰躬身方能入茶室饮茶。

② 池泉庭。

池泉庭是以水为中心，布置景物。一般水中有龟岛或者鹤岛，岛上种有松柏。受到"一池三山"的造园思想影响。

金阁寺

舟游与回游相结合的园林，发挥了池泉园可游的长处。以阁作为主景，一方面是借景需要，登阁不仅可以俯瞰园内，而且可以远借山川。

金阁寺鸟瞰图

③枯山水。

枯山水是利用砾石营造出水的效果,是受到佛教禅宗思想的影响。用工具可以在砾石上做出不同的图案,在寺院中是和尚修行的一项。有时会配有置石,营造出海上仙山的主题。枯山水庭院是日本园林特有的形式。

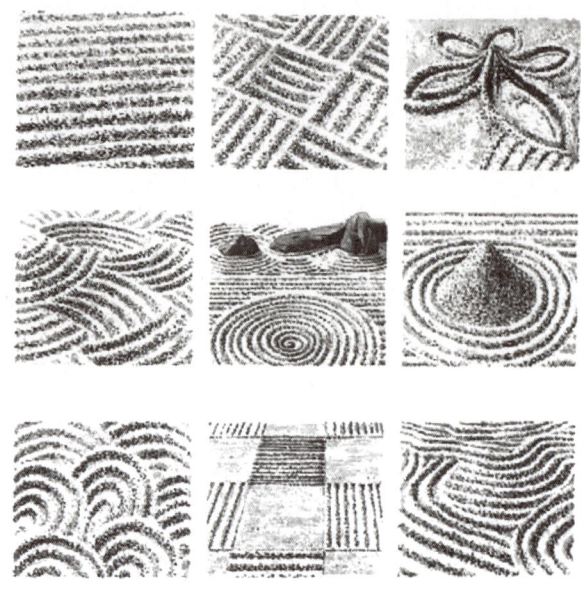

枯山水砾石图案 Ryoan-Ji Temple

Ryoan-Ji Temple 透视图

这个寺庙庭院是典型的枯山水代表。这个庭院只有 21.3 m×9.1 m,在其北侧是游廊,南、东、西侧为矮墙。在南、西侧的矮墙运用透视的原理,从 2 m 的高度减小到 1.5 m 高,这样使得整个庭院空间显得更大。庭院中铺着砾石,砾石的直径大小为 10 mm 左右。在庭院中布有 15 块岩石,以 5,2,3,3 为组的方式进行排布。这些岩石不能一眼看到,只有最聪明的人才能一眼看到。这些岩石象征着海上岛屿等,其抽象的形象提供给游人无限的遐想。

这个庭院相当地宁静,游人坐在游览处领略其风景,体会其蕴含的意义。

3）英国风景式园林

英国园林追求一种自由式风景园林艺术风格，追求如画一般的景色，是和欧洲其他规则式园林完全不同风格的园林。

典型的英国风景园林

代表人物：

朗斯洛特·布朗（1715—1783年）是英国园林的权威，人称为Capability Brown（万能的布朗）。他的设计特点是简单大面积的草坪、群植的树和自然曲线的湖岸线。提倡自然的风景。

布朗园林的特点：

（1）杜绝直线，完全颠覆规则式园林。

（2）大片缓坡草地，点缀树丛，奉行草地铺到门口。

（3）善用自然的水面。水岸通常为自然的缓坡草坪。

（4）追求风景的纯净，视野要明亮开阔，视线不被阻塞。与中国园林完全不同的原则！

三、混合式布局

主要指规则式、自然式交错组合。有明显的中轴线景观，局部采用自然的形式；或者全局采用自然式布局，局部具有中轴线。一般多结合地形，在原地形平坦处，根据总体规划需要安排规则式的布局。在原地形条件较复杂，具备起伏不平的丘陵、山谷、洼地等，结合地形规划成自然式。

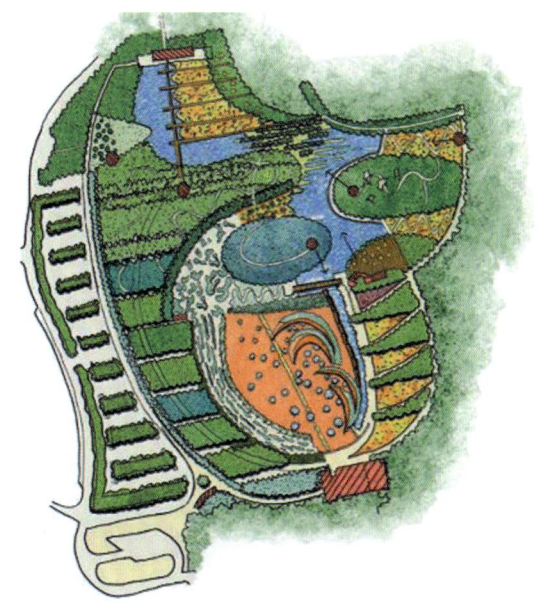

墨尔本皇家植物园，澳大利亚花园

利用现代的几何的造型手法，追寻传统的如画一般的自然式园林。

花园中心为广阔的沙漠，象征着澳大利亚的腹地，中心明显的轴线，是广阔沙漠的指北针。设计者受到日本枯山水园林的影响，给人以震撼和思考。东侧有溪流叠水，象征澳大利亚水土丰饶的东海岸。锯齿形的空间，是小型的主题展示花园。

第三步：布局形式的确定

1. 根据园林的性质

纪念性园林一般采用中轴对称的方式，规则严整，创造出雄伟崇高、庄严肃穆的气氛。而对于儿童公园要求形式新颖、活泼，色彩艳丽明朗。

2. 根据不同文化传统

由于中国受到道家师法自然的影响，所以多采用自然式山水园林。而欧洲受到希腊几何的影响，园林布局和形式多以几何图案构成，采用规则式布局，例如意大利台地式园林。并且欧洲文化强调个体人性，所以在造园活动中，突显出人对于自然的影响和重塑，例如法国园林就强调超人的尺度感和强烈的人工改造。

3. 意识形态的不同决定园林的表现形式

西方受到希腊几何学的影响，习惯用几何、数学以及科学的方式认识事物，强调人的能力，强调人工化的痕迹，园林多采用规则式。中国传统研究人、天、地之间的关系，强调"天人合一"，人与自然和谐相处，园林多采用自然式。

4. 根据不同的环境条件

原有地形较为平坦，周围环境为规则式，园林多采用规则式布局。而地形起伏多变，水面和自然树木较多，面积较大，园林多采用自然式布局。

第四步：布局造景的手法

一、空间布局序列

园林景观对于游人来说是一个流动的空间体验。不同空间类型组成有机整体，并对游人构成丰富的连续景观。如同写文章一样，有起有结，有开有合，有低潮有高潮，有发展也有转折。

空间布局的序列一般通过道路、广场的布局而组织展开。所以在设计的过程中，道路的通达性和级别影响着游览的序列，道路的形式影响着景观的布局和造型，不论是居住小区、公园，或是小型的绿地景观，道路硬景的设计是十分重要的。

1. 一般序列

一般简单的展示程序有两段式或三段式之分。两段式的程序就是从起景逐步过渡到高潮而结束，其终点就是景观的主景。三段式的程序可以分为起景—高潮—结景三个段落，在此期间还有多次转折，由低潮发展为高潮景序，接着又经过转折、分散、收缩以致结束。如北京颐和园的佛香阁建筑群中，以排云殿为"起景"，经石阶向上，以佛香阁为"高潮"，再以智慧海为"结景"，其中主景是在高潮的位置，是布局的中心。

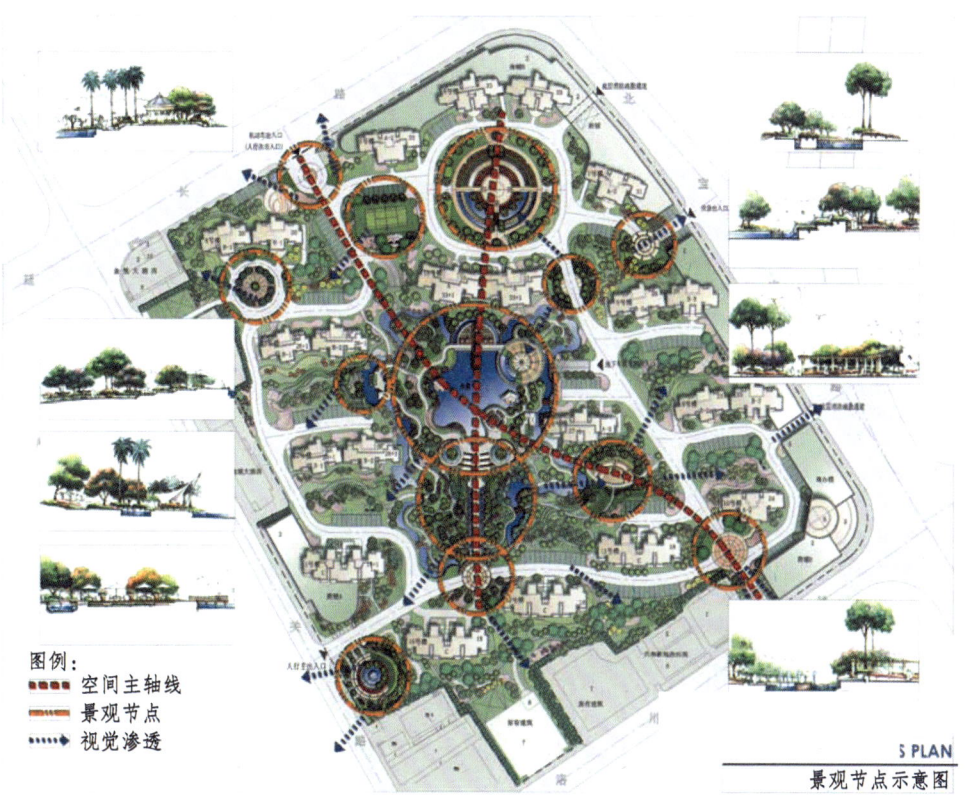

某居住小区景观布局，中心轴线按照一般序列展开，有起景，发展，中心大水面为高潮，最后休闲水池作为结景

2. 循环序列

大面积的景观区域如小区或公园通常在一般序列的基础上，采用多景区划分，以主景区为构图中心，次景区为辅助。循环道路系统组织游览空间。

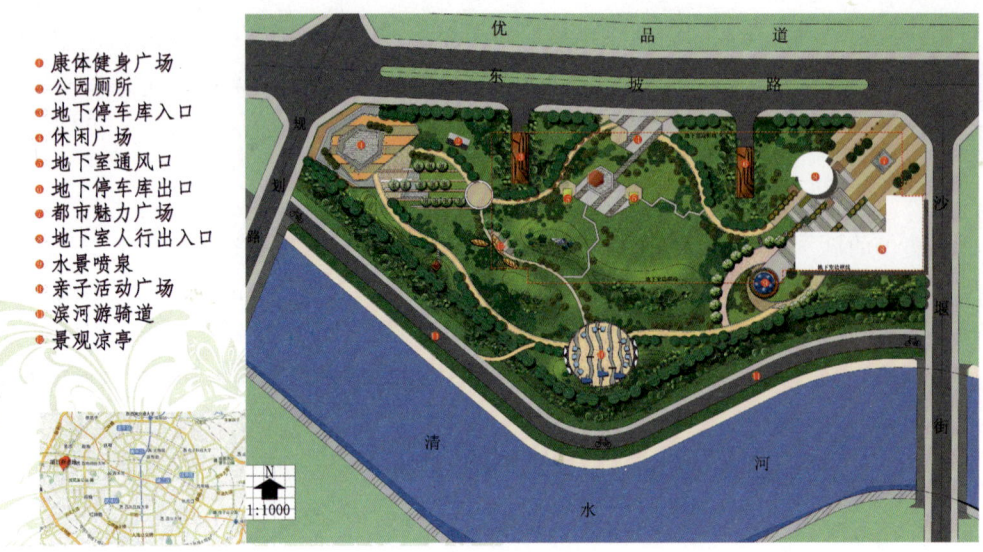

- 康体健身广场
- 公园厕所
- 地下停车库入口
- 休闲广场
- 地下室通风口
- 地下停车库出口
- 都市魅力广场
- 地下室人行出入口
- 水景喷泉
- 亲子活动广场
- 滨河游骑道
- 景观凉亭

某公园循环序列布局，主要园路形成回环道路，次要道路深入到各个景区内部

3. 专类序列

以专类活动为主的专类园林具有自身分类特色的空间序列。如植物园多以植物演化系统组织园景序列，从低等植物到高等植物，从单子叶到双子叶植物，为空间展示提出了规定性序列要求。

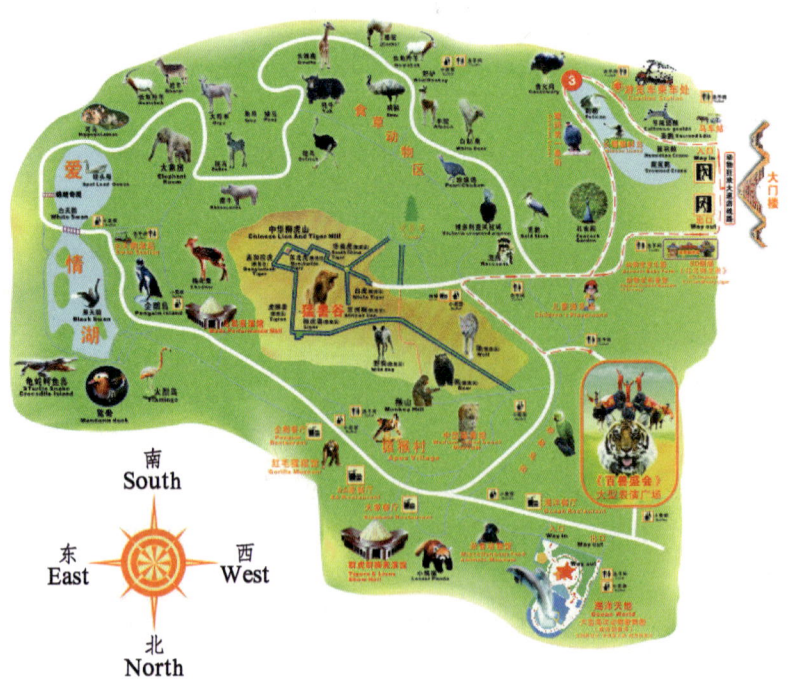

某动物园专类序列，园路连接起不同的动物种类园区

二、布局的主景与配景

居住小区无论大小均有主景与配景之分。主景是整个园区的核心，是空间构图中心，是居民主要的游览活动的场所，体现小区的主要特色，是全园的视线控制焦点，在艺术上富有感染力。配景起着衬托作用，像绿叶与红花的关系一样。主景必须要突出，配景不能喧宾夺主。突出主景的方法有：

1. 运用轴线和风景视线的焦点

如果是规则式布局，一般将主景布置在中轴线上，如果具有副轴线，主景常布置在主、副轴线的相交点处。此外，在自然式布局中，主景也常布置在放射轴线的焦点或风景透视线的焦点上。

2. 空间构图的重心处理

在园林构图中，常把主景放在整个构图的重心上，来突出主景。规则式园林构图，主景常放在几何中心。例如，天安门广场的人民英雄纪念碑就是放在广场的几何中心。自然式园林构图，主景常布置在构图的自然重心上，例如中国传统假山，就是把主峰放在偏于某一侧的位置，切忌居中。

3. 抑　扬

这是欲扬先抑的创作手法，主张"山重水复疑无路，柳暗花明又一村"的先藏后露的造园方法。苏州拙政园就是典型的例子，进了腰门以后，对面布置一处假山，把园内景观屏蔽起来，通过曲折的山洞，便有豁然开朗之感，大大提高了园内风景的感染力。

4. 主景升高

为了使构图主体鲜明，常把集中反映主题的主景在高程上加以突出，使主景主体升高。例如北京颐和园的佛香阁、北海公园的白塔均属于此类。

北海公园的白塔运用主景升高的方法进行强调突出

5. 对比与烘托

配景经常通过对比的方式来烘托主景。这种对比可以利用体量的大小进行对比，也可以是色彩上的对比等。

运用前面的水景映衬，草坪树木的色彩对比，将纪念碑主体烘托出来

三、造　景

1. 景的层次

颐和园中景的层次，前面柳树为前景，水中桥和岛为中景，远处的山为背景，以突出中景为主

景就距离远近、空间层次而言，有前景、中景、背景之分。一般前景、背景都是为了突出主景。

2. 借　景

根据园林周围环境特点和造景需要，把园外的风景组织到园内，成为园内风景的一部分，称为借景。

拙政园借园外之塔，纳入园内，形成一景。借景需要注意保证视线的通透

3. 对 景

凡尔赛宫，中轴线上布置有两大喷泉，形成严格的中轴线对景

位于园林轴线及风景线端点的景物称对景。对景可以使两个景物相互观望。也分为严格对景和错落对景两种。严格对景，要求两个景物在园中轴线上，例如上图中凡尔赛宫的喷泉。错落对景，允许两个景物在风景视线上，例如颐和园的佛香阁和昆明湖上的涵虚堂相对。

4. 障 景

通过障景让园中的美景一部分只能让人隐约可见，可望而不可即，使游人产生欲穷其妙的向往和悬念。

5. 框 景

窗框如画框一样，形成框景。窗外的景色搭配是构成的画。注重角落里、墙边的植物与山石的搭配

框景就是把真实的自然风景用类似画框的门、窗洞、框架或有乔木的冠环抱而成的空隙，把远景框起来，形成类似于"画"的风景图画。

6. 漏　景

漏景是由框景发展而来，框景景色全观，而漏景若隐若现

7. 添　景

当风景点与远方的对景之间没有中景时，容易缺乏层次感。常用添景的方法处理，添景可以为建筑一角，也可以为树木花丛。

基本技能训练二　景观设计图布局分析与抄绘图纸

技能训练题目：图纸抄绘
技能训练学时：4学时

技能训练目的：

（1）通过本次实践性教学的学习，学生能够掌握造景的布局要求。
（2）在抄绘图纸的过程中体会道路系统的布置，与各景点区域的联系。
（3）体会造景手法在实际中的运用，能够对设计的合理性进行适当的评析。

技能训练条件：

A3绘图纸、绘图板、绘图铅笔、橡皮、针管笔。

训练内容：

抄绘两张景观设计平面图，包括自然式布局、规则式布局各一张。理解布局的样式、造景手法的运用。能够对图纸内容作出分析及优良的评价。

训练要求：

（1）要求完成其中两幅景观平面图的抄绘。A3 图纸，比例自定。

（2）抄绘要求先分析抄绘图纸的造景布局方法，体会造景手法的运用。用文字进行评析，字数 200 字左右。

（3）用铅笔打底稿，最后用针管笔上墨线。墨线粗细线有所区分，表达清楚。并且完成图中景观节点的文字指引。上交图纸为 A3 的墨线稿。有条件的可以用马克笔上颜色。

（4）道路系统要通畅，与景观节点和活动广场的联系合理。

（5）道路尺寸、活动广场及造景要素比例大小适合。

训练方法：

在普通教室或者绘图室，独立完成。

考核方法：

此部分实训考核学生对于造景布局手法的领悟、造景要素的综合运用。

设计内容	评分标准
图纸分析	（1）园林布局的形式：规则式、自然式和混合式布局 （2）形式的对称与均衡、对比与协调、比例与尺度 （3）空间序列的创作 （4）造景手法的运用：障景、分景、借景等 （5）园林设计要素（水、建筑、小品、种植）的运用、组合
总平面抄绘	（1）道路系统通顺，与景观节点、活动广场连接合理 （2）造景要素组合适当 （3）图例运用正确，图纸绘制符合制图标准。图纸表达清楚、干净、美观

项目三　居住小区规划与景观设计

项目阶段一　居住小区景观方案设计

任务一：承接任务书

教学目标：

（1）掌握场地分析内容。
（2）掌握小区各类用地情况。
（3）掌握小区组成级别，住宅建筑布局方式。
（4）掌握小区道路级别划分及尺寸。
（5）掌握小区绿地级别组成。

技能要求：

（1）能够对设计用地进行场地分析。
（2）能够对小区组团进行各类用地划分，了解对建筑、车行道路及入户道路和组团绿地景观设计的布局方式。

任务目标：

（1）能够理解小区规划布局总图，读懂图纸内容。
（2）能够对小区用地、规划布局有一定认识，明确居住小区绿地设计范围。

完成任务的要点：

（1）承接项目任务书，了解项目背景，明确设计任务要求，明确最后需要提交的成果。
（2）居住小区用地类别及级别，建筑排布、道路、绿地的组成级别。
（3）明确居住小区绿地景观设计范围。

工作情景：

工作地点：综合设计工作室
工作场景：采用学生设计操作、教师引导的学生主体、工学一体化教学方式。教师以居住小区设计为例，把设计任务完成过程进行逐步演示示范，学生根据教师演示操作和教材涉及步骤进行逐步设计操作。完成本次设计任务工作内容后，教师对学生设计过程和成果进行评价和总结，并布置与本次任务相关的实践训练进行拓展和巩固。

设计实践操作：任务设计过程与设计要点分析

第一步：确定设计委托方的设计要求

一、设计任务书

设计程序的第一步，是业主对设计者进行的设计委托。业主方需要交付于设计者一份详细的设计任务书。设计者根据任务书上的要求进行设计，并且安装任务书上的时间节点提供设计成果。

1. 设计任务书解读

设计任务书是进行设计的主要依据，它一般包括项目背景介绍、项目定位、设计原则、规划技术经济控制指标、景观设计要求、设计提交成果、设计周期等内容。

设计任务书多以文字形式表达，接到任务书后，要仔细研读，明确接下来需要做的深入调查、分析和设计制图工作。

2. 附：某地块规划、建筑、景观设计任务书范本

..........................〈"××××"方案设计任务书〉..........................

一、项目基本情况

"××××"位于××××××××××，西、北侧临街。占地面积××××平方米，地形方正，地势基本平整（详见附件一）。在地块的东侧是已建成的××××××××和×××××××××，西侧是××××××××××，北侧是××××××××××，南隔××××××××××××××高速公路相望。

二、项目技术经济指标

（1）占地面积：××××××平方米
（2）建筑容积率≥3.0且≤3.4
（3）建筑高度或层数≤62.0米（西侧限高62.0米，东侧限高66.0米）（详见附件二）
（4）总建筑面积：约××××××平方米
（5）建筑覆盖率≤28%
（6）停车位要求：机动车停车位包括小区住户停车车位
小区住户机动车停车位按标准小型车位设计，数量按小区设计住宅户数1：1比例确定，

且不少于 200 辆。

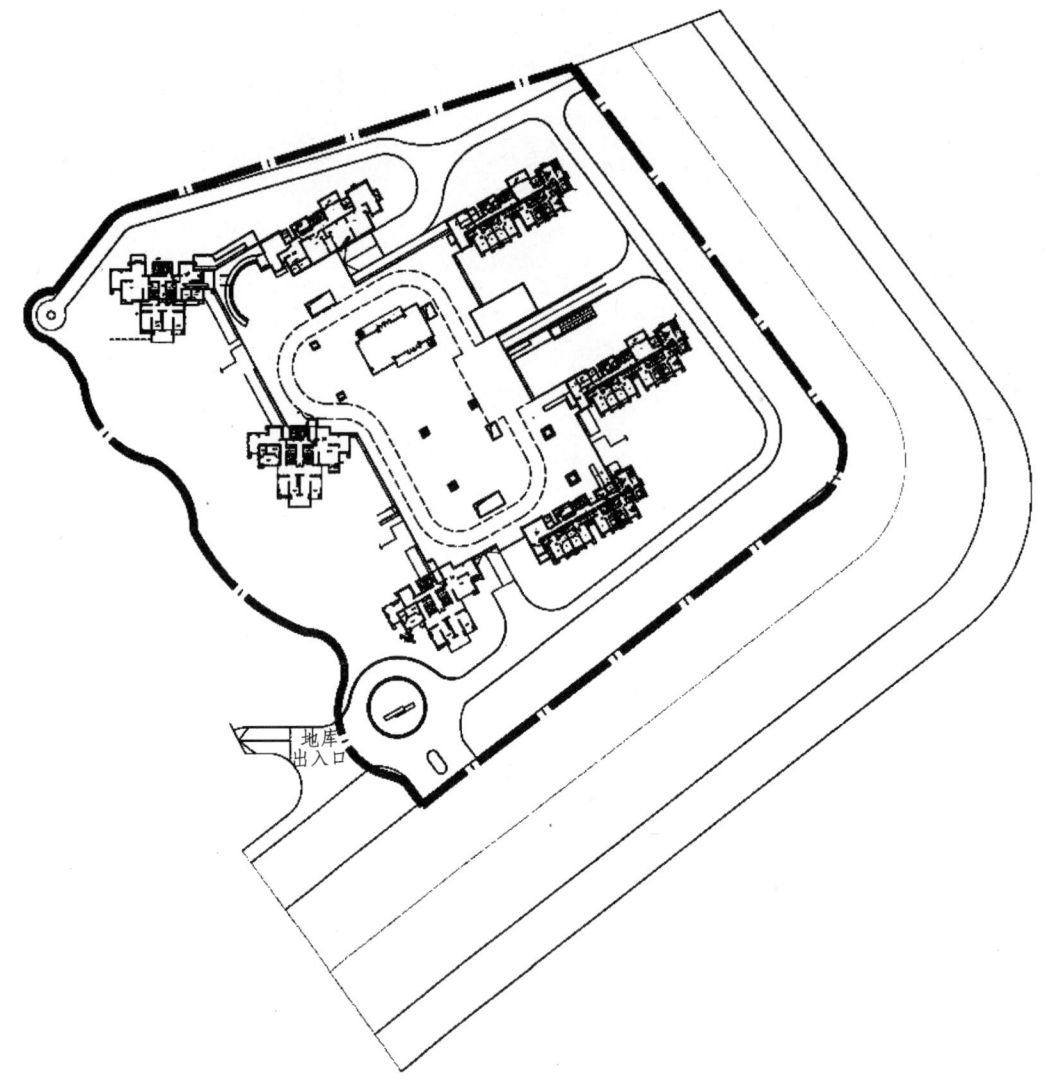

项目基地平面图，点画线范围内为居住区用地

三、景观设计要求

（1）总体景观设计要求：

项目定位为中高档住宅区，建筑整体风格为××风格。景观设计时综合考虑景观与建筑立面风格的协调、统一，结合建筑形态进行总体景观设计，营造出与之相匹配的环境氛围：生态自然、静谧、低调、精致。

① 景观设计应延续总图规划设计概念，布置主景观带，合理有效利用基地内地形，因地制宜。

② 设计中应考虑住户的活动和观景需要；考虑设置一些面积小、空间丰富、精致宜人的景观环境节点（景观小品）；结合总体设计风格考虑标识系统的设计。

③ 整个园区软、硬景比例要协调，以软景为主，硬质景观面积应较小。材料选择、色彩搭配以及细部处理都应根据平阴气候重点考虑；园区冬季景观效果需从园建色彩、常绿树与落叶树种的搭配比例来控制。

（2）组团景观结构：

① 景观空间以公共绿地为核心，将分布在区内的组团联为一体，每个组团在整体风格统一的同时又各具特点，也使得组团内的小公共绿地真正成为组团业主共享的半私密空间。

② 景观空间开放有度，变化丰富，同时保证与外部公共空间的景观连续性，要处理好公共绿地与组团绿地的关系，景观差异性与统一的关系。

（3）通用要求：

① 材料选择、色彩搭配以及细部处理都应根据平阴气候重点考虑；要求进行植物配置时结合平阴的气候特征充分考虑绿荫。

② 建议在植物配置时多采用乡土树种，并应考虑植物的成活率及已采购性；植物配置时按层次进行设计，配置图采用高、中、低分层表示。

四、景观设计工作内容及目标

（1）服务范围：本次设计为园林景观设计，包括项目全部用地范围内的整体景观范围及建筑架空层景观范围。

（2）服务内容及目标：服务内容包括现场踏勘、景观方案设计、景观初步设计、景观施工图设计、施工现场设计效果全程把控、项目总结。

① 景观方案设计阶段：

本阶段乙方应与甲方共同讨论并确定各种景观空间（开放空间、半开放空间、私密空间等）内的平面布局，景观元素组织，竖向关系梳理，场地景观亮点形式（喷泉、水景、雕塑），软景布局的空间关系，软景效果意向及基调树种骨干树种。

目标：完成景观空间的特征塑造，确定设计思想；限定景观要素的尺度、材质、色彩等清晰表达设计效果，确定软景造景原则及手法，使整个小区得以呈现一致的景观风格并以指导下一阶段设计；提供工程量计算供甲方进行成本核算。要求在正式方案前提供不少于两个方案供比较选择，待讨论确定后出正式文本。

② 景观扩初设计阶段：

乙方在景观方案通过审查后，进行景观扩初设计。此阶段乙方需与甲方进一步协调有关平面、立面资料，根据最新工程相关信息，讨论相关的景观设施元素材料使用；与项目各专业工程师协调有关结构设施、地下管线、户外照明设施、水景循环系统等相关问题，完成景观初步设计图纸。

③ 景观施工图设计及施工效果把控：

该阶段设计单位完成景观施工图，交由甲方进行审查并提出书面审核意见，确定施工图纸。图纸确定后指导施工单位进行施工。

目标：确定景观施工图纸，控制设计意图效果、设计效果，设计意图在后期施工过程中不变形。

五、各阶段设计成果要求

1. 方案阶段设计成果要（硬景）

（1）设计关键点文字说明。
（2）彩色景观方案总平面图（含主要技术经济指标）。
（3）分析平面图（区位分析、交通分析、景观及视线分析、功能分析）。
（4）分项平面图（包括竖向设计平面图、功能分区平面图、主要物料平面图、景观小品、景点要素及服务设施平面图、主入口放大图等）。
（5）景观立面图（应结合建筑及场地景观进行绘制，需明确反映景观与建筑及周边的大小及竖向。
（6）效果表现类图纸。
（7）城市家具及导示系统参考选型照片。

2. 方案阶段设计成果要求（软景）

（1）方向性植物布置平面图（表达空间关系、色彩关系、群落关系、标志树种位置等）。
（2）植物目录表及植物组合意向图片。

3. 扩初阶段设计成果要求（硬景）

（1）设计说明。
（2）总平面图、分区图、放线定位图、索引图、物料分布及色彩分析图、竖向设计图（包括土壤造型）。
（3）局部放大平面图、重要地形剖面图、剖面图（包括材料、标高、材质）。
（4）庇护性建筑（廊、亭等）平、立、剖及详图。
（5）水景设计详图、动态水景必须明确与效果相关的参数。
（6）景观小品（垃圾桶、座椅、花盆等）选型图片。
（7）景观细部构造（台阶、栏杆、道牙、挡墙等）详图及材料选择。
（8）材料选用表，应根据不同区域使用的物料进行分类列表表达，并提供样板及样板图片。
（9）夜间照明分布点。
（10）含灯具初步选型表（含样品照片并说明重要程度及替换条件）。

4. 扩初阶段设计成果要求（软景）

（1）软景设计说明。
（2）乔木平面布置图，附乔木配置标准表（干径、冠幅、高度、分枝点、数量、树型控制图样、重要程度及替换条件、特殊植物种植要求）。
（3）灌木及地被植物配置图，附灌木配置标准表（干径、冠幅、高度、分枝点、数量、树型控制图样、重要程度及替换条件、特殊植物种植要求）。
（4）重要节点种植放大平面图及典型立面图。

（5）标志树参考图片及效果控制要求。

5. 正式施工图（必须包括）

（1）景观工程放线图（尺寸标注）。
（2）户外标高及排水点位置（含排水点的位置）。
（3）硬质园景布置（包括所有小品、户外各种家具的位置）。
（4）地面（车道、人行道、广场等）铺装设计及结构做法和大样图。
（5）各景观建筑、小品、水体工程内容之平、立、剖面及施工大样设计图、结构设计图。
（6）各景观建筑、小品、水体等工程内容之装饰设计大样图。
（7）各景观建筑、小品、水体等工程内容之细部做法大样图。
（8）各种户外家具之型号选择及施工大样图。
（9）各种室外灯具之型号选择及施工大样图。
（10）各种户外选材之布置图。
（11）建筑、小品、广场、道路、水体等装饰材料统计详表。
（12）灯具布置及光彩效果控制图。
（13）水、电管网系统图。
（14）植物布置图（含植物技术指标）。
（15）植物放线图。
（16）种植说明及种植规范说明。
（17）施工图设计说明。
（18）索引详图及图纸目录。

六、各阶段设计成果数量

（1）尺寸应以公制单位标注。
（2）设计中间交流及设计成果中提交图纸的所有文字均应为中文简体。
（3）设计成果应满足中华人民共和国建设部《建筑工程设计文件编制深度规定》（最新版）要求；必须达到中华人民共和国有关规范、规定及本项目设计合同规定的设计标准、设计深度、设计效果的要求。
（4）本工作内容应满足甲方提出的设计合同、设计任务书及中间交流书面文件（传真等）的要求。
（5）方案阶段设计成果要求：A3文本图册2份，彩板1套，光盘1份。
（6）扩初阶段设计成果要求：A3-A1装订图册6份，光盘1份。
（7）施工图设计成果要求：装订蓝图6份，光盘2份。

七、景观造价估算

景观造价估算要求为不超过200元/m^2。

八、进度安排

根据目前地块现状及我公司开发意向，景观设计时间依次按照以下进度安排（暂定）：
（1）完成小区总体景观方案设计及此基础上的营销中心、样板间、样板间通道的景观方案设计（历时 20 个工作日）。
（2）结合营销中心及样板区展示特性，完成含营销中心、样板区、样板区通道在内的景观扩初方案设计及施工图设计（历时 15 个工作日）。
（3）完成小区各期景观扩初方案设计（历时 15 个工作日）。
（4）完成小区各期景观施工图设计（历时 20 个工作日）。

联系人：××××
电　话：××××××××
传　真：××××××××
200×年×月××
附件一：拨地测量表及界址点成果表
附件二：用地红线及限高要求（电子文件）

第二步：确定居住小区用地范围及经济技术指标

一、居住小区用地范围

居住小区用地由规划部门和国土局统一开发商使用的土地。会以红线框定使用范围。开发商只能在其具有使用权的土地上进行建设活动。设计方也只能在规定范围内进行规划设计、建筑布局、景观设计。

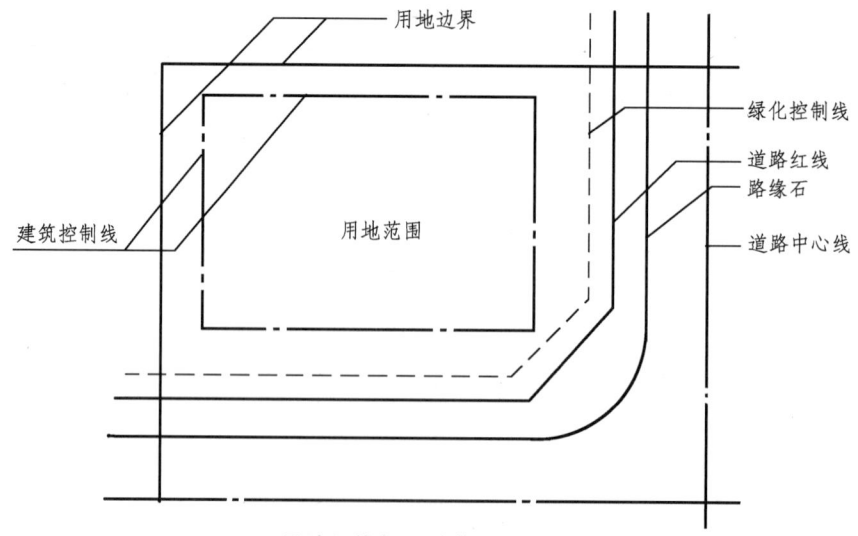

用地红线与用地范围示意图

1. 规划道路红线

城市道路（含居住区级道路）用地的规划控制线。

2. 用地红线

各类建筑工程项目用地的使用权属范围的边界线。

3. 建筑控制线

一般称建筑控制线，是建筑物基底位置的控制线。

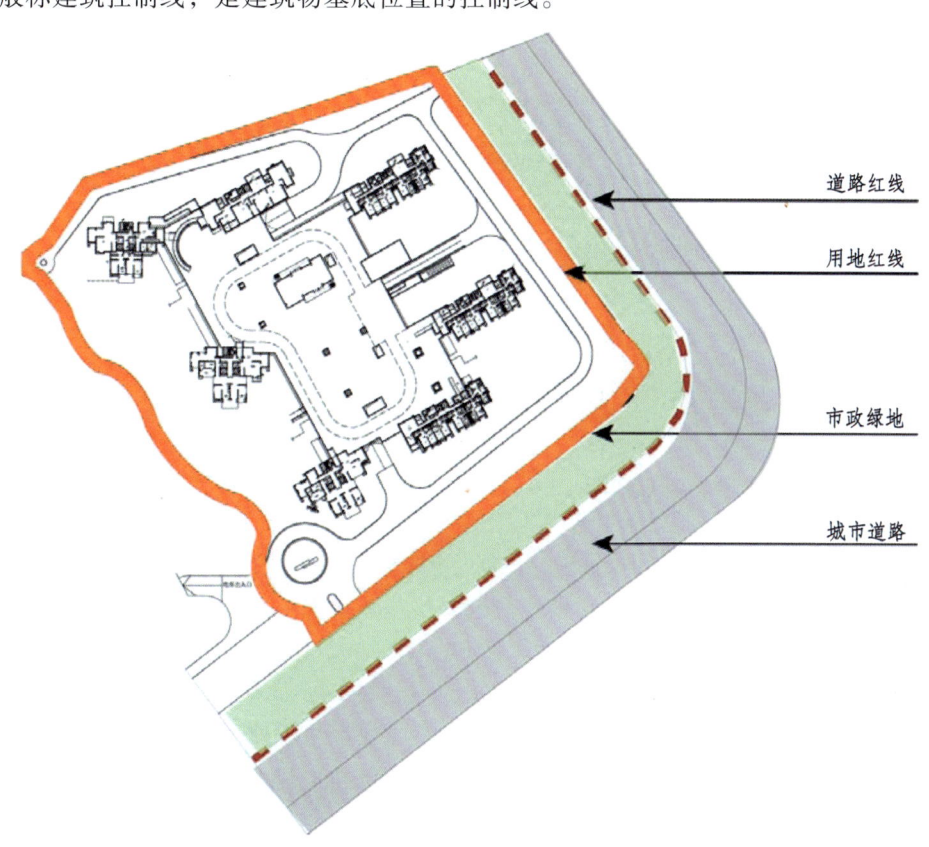

本项目中用地红线、道路红线之间的关系

该居住小区用地范围由用地红线控制，开发只能在红线范围内进行。建筑在用地红线内退距离布置。道路红线规划道路的范围。在此项目中用地红线和道路红线不重合，中间的间距空地为市政绿地，需要开发商进行设计施工，但是公共使用。

二、居住区经济技术指标

城市控制性详细规划中对城市每块用地的经济技术指标有明确的规定。新开发的居住小区的规划必须要满足各个控制性经济技术指标，否则规划部门不予通过报批，影响工程后续工作。

主要的居住小区经济技术指标有：

1. 容积率

一个小区的总建筑面积与用地面积的比率。对于发展商来说，容积率决定地价成本在房屋中占的比例，而对于住户来说，容积率直接涉及居住的舒适度。

2. 建筑密度

建筑物的覆盖率，具体指项目用地范围内所有建筑的基底总面积与规划建设用地面积之比（%），它可以反映出一定用地范围内的空地率和建筑密集程度。

3. 绿地率

描述的是居住区用地范围内各类绿地的总和与居住区用地的比率(%)。绿地率所指的"居住区用地范围内各类绿地"主要包括公共绿地、宅旁绿地等。其中，公共绿地，又包括居住区公园、小游园、组团绿地及其他一些块状、带状化公共绿地。

一个良好的居住小区，高层住宅容积率应不超过5，多层住宅应不超过2。新建的小区绿地率不应低于30%，原有小区改建的绿地率不应低于25%。

第三步：准备基本平面图，确定小区的规划布局方式

一、准备基本的平面图

在进行设计前，业主方需要向设计方提供分析和设计所需的基本图纸。假如业主无法提供此项资料，则可请测量人员或进行航空侧绘，这些花费都应由业主负担。

作为小园址（0.1～2 hm²）其比例为1∶100，1∶200，1∶250，而较大的园址其比例尺为1∶350，1∶600，1∶1 200。比例尺的选择取决于设计目的所需的尺寸。一般细部设计比较大。图纸的大小也决定着设计的规模。在现状地形图上，应标出下列现状的状况：

（1）产权线（即用地红线，如果知道，应标出方位和距离）。
（2）地形（虚线表示等高线，所需的高程点）。
（3）植物（在小的园址中，应标出树木的大小与种类）。
（4）水体（溪流、湖面、水池等）。
（5）建筑，包括下列内容：
① 底层平面的门或窗。
② 地下室的窗户。
③ 下水口。
④ 室外水龙头。
⑤ 室外电缆。
⑥ 空调机和供暖位置。
⑦ 室外照明。

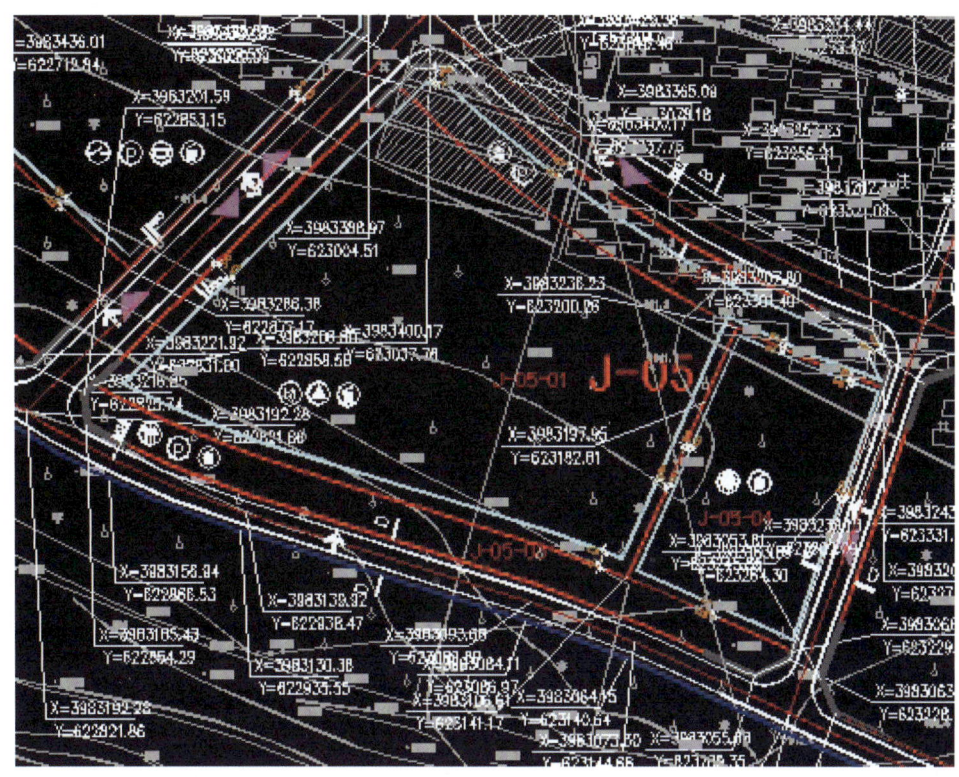

某小区地块的基本平面图，图上标有地块的基本信息、用地红线、
城市控制点的坐标、本地块内已有的构筑物、通过的高压电线等

（6）其他建筑物，如：墙、围栅、电力、电话亭、电信线、地下管道、消火栓等。
（7）道路、公路、停车场、散步小径、平台。
（8）园内外的公共设施，包括电力、电话、煤气、水、污水管道、雨水管。
（9）园内有关环境，如相邻的路和街道，相邻的建筑物、电话亭、植物、水体等。
（10）对深入设计所需考虑的任何原因。

二、居住小区规划布局

居住小区的规划布局包括道路、建筑、绿地等布局。主要由建筑设计师或者总图专业人员进行设计。景观设计师一般都在居住小区总平面布局确定完成后，在绿地用地范围内进行景观设计活动。但是现在，强调居住建筑和环境相互融入，需要景观设计师在设计前期就介入总图规划布局。

1. 居住区规划结构

根据《城市居住区规划设计规范》（GB 50180—93）（2003年版）的规定：居住区按照住户数或人口规模可分为居住区、小区、组团三级，并相应提供配套设施；而空间布局形式是住宅、道路、绿地和配套服务设施等的具体空间布局形态。

1）居住生活单元—居住小区—居住区

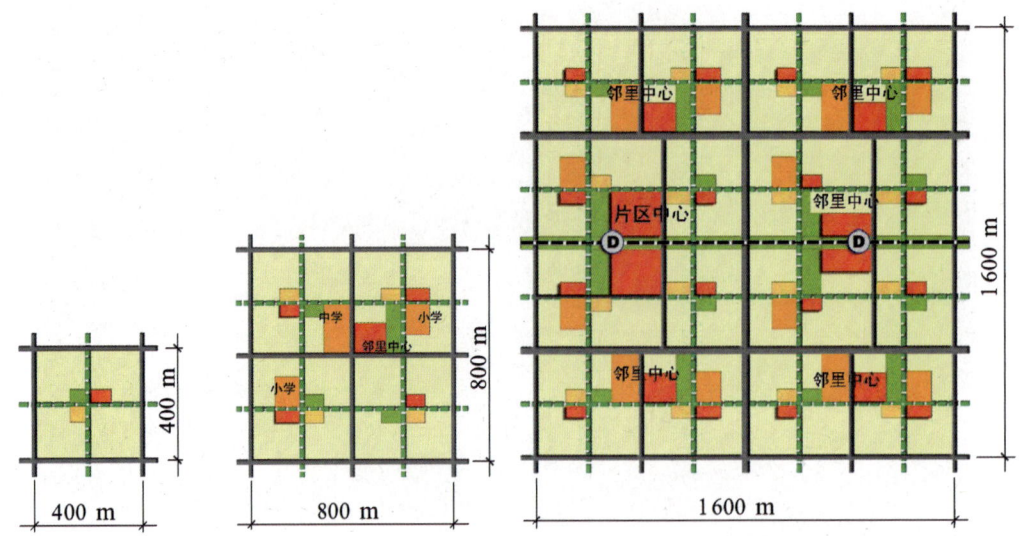

在组成上，最小的单位为居住生活单元，在居住生活单元里，有住宅、绿地、简单的社区服务。由居住单元相互结合组成居住小区，具有一定居住数量，会有相互交织的绿地系统，共享使用的社区服务资源、教育资源。再由居住小区更大规模地组成居住区，城市道路分级，交互的绿地系统分级，社区服务资源有相应的服务半径。居住、商业、绿地等用地相互组成了更大范围的城市系统。

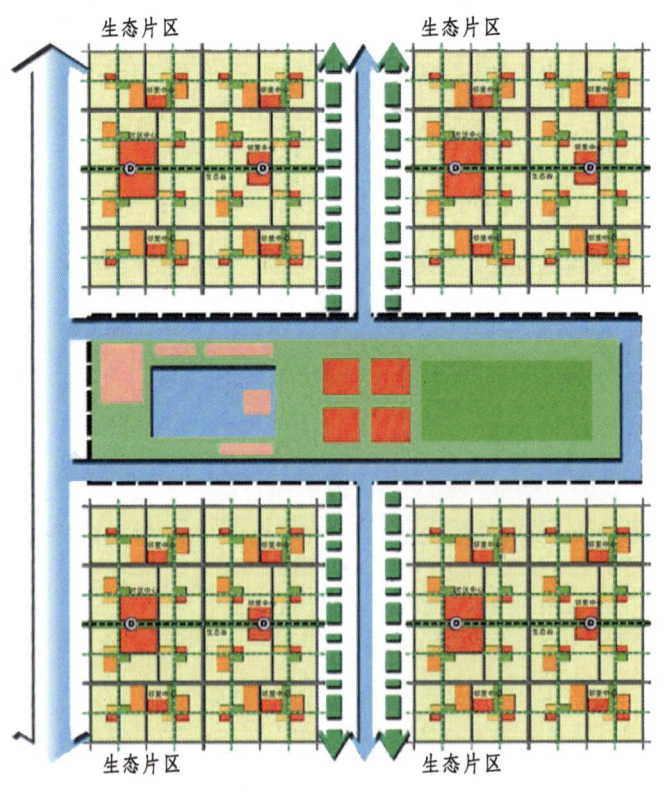

天津生态城规划布局

（1）居住小区：

居住小区的基本特征为：

① 以城市道路或自然界限（如河流）划分，不为城市交通干路所穿越的完整地块。

② 小区内有一套完善的居民日常使用的配套设施，包括服务设施、绿地、道路等。

③ 小区规模与配套设施相对应，一般以小学的最小规模对应的小区人口规模的下限，以公共服务设施的最大服务半径作为控制用地规模上限的依据。

（2）居住生活单元：

居住生活单元相当于一个居委会的规模。据近几年的调查居委会规模以 800～1 000 户为宜。一个居委会一般为 3 000～5 000 人。

生活单元	居住区	小 区	组 团
户数/户	10 000～15 000	2 000～4 000	300～700
人口/人	30 000～50 000	7 000～15 000	1 000～3 000

2. 居住小区用地的组成

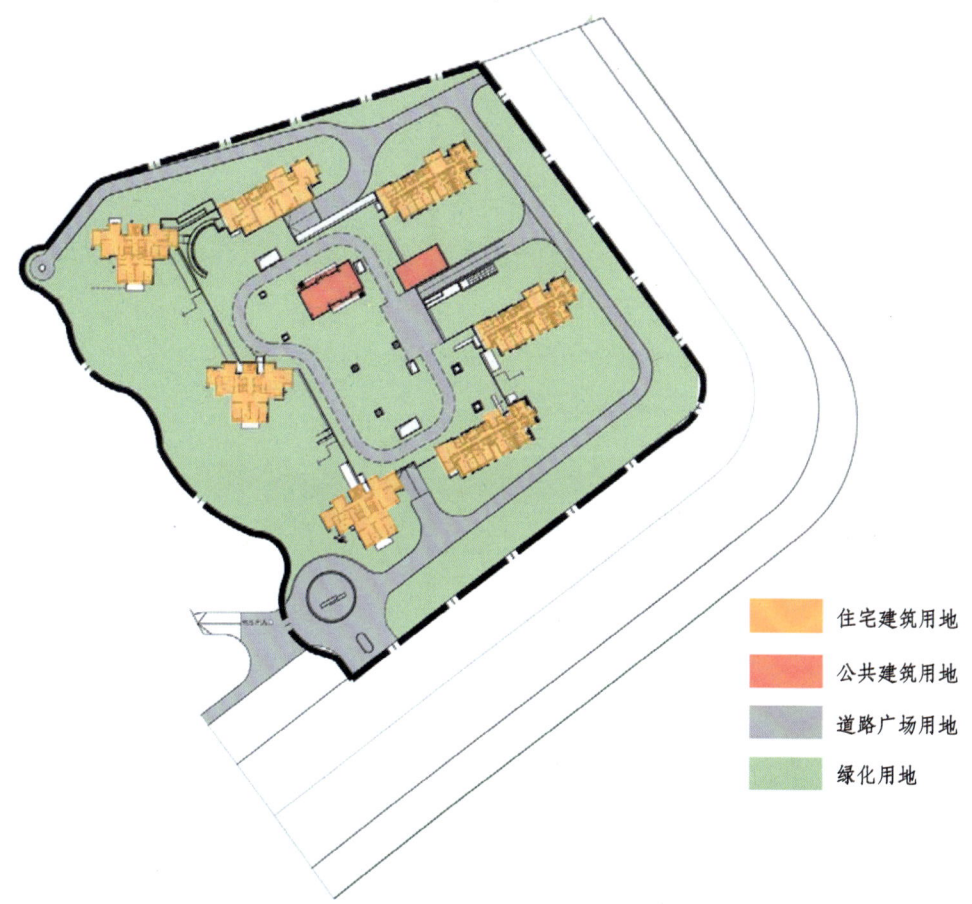

居住小区组成用地分类，可分为住宅建筑用地、公共建筑用地、道路广场用地和绿化用地

居住小区用地以功能要求来分，可由下列四类用地组成：

1）居住建筑用地

居住建筑用地即住宅基地占有的用地和住宅前后左右必要留出的空地，包括通向住宅入口的小路、宅旁绿地和家务院落用地。该项用地所占比例最大，一般要占居住区总用地的50%左右。

2）公共建筑和公用设施用地

公共建筑和公共设施用地指居住区各类公共建筑和公用设施建筑物基底占有的用地及周围的专用土地。

3）道路及广场用地

以城市道路红线为界，居住区范围内不属于以上两项的道路、广场、停车场等。

4）公共绿地

公共绿地指居住区公园、小区公园、花园式林荫道、组团绿地等小块公共绿地及防护绿地等。

此外，还有在居住区范围内，而不属于居住区的其他用地，如市级以上的公共建筑及设施、居住区工业的用地，工厂或单位的用地及不适宜建筑的用地等。

第四步：确定选择的建筑、道路与绿地的布局形式

一、住宅建筑

1. 住宅建筑平面图

住宅建筑由户型和交通空间组成。户型一般由客厅、卧室、厨房、卫生间组成。交通一般由走廊、电梯、楼梯、门厅组成。

常见的住宅建筑有板式建筑和塔式建筑。

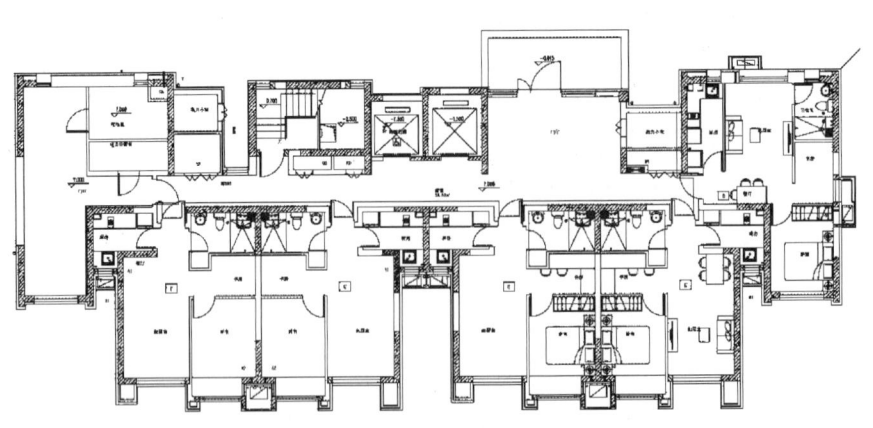

板式建筑平面图

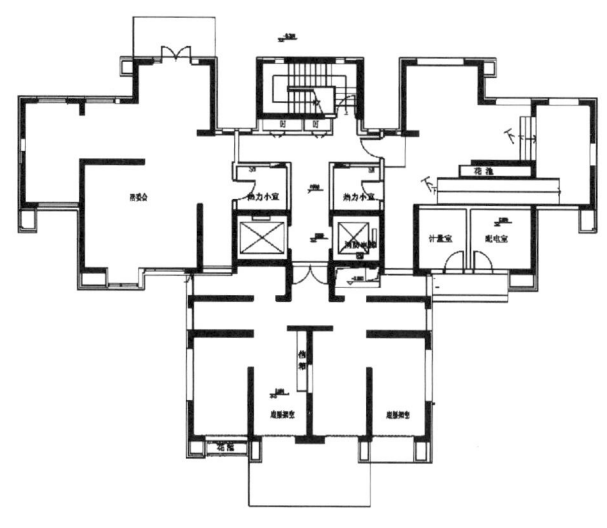

塔式建筑平面图

2. 住宅建筑的布局形式

居住区建筑布置形式与地理位置、地形、地貌、日照、通风及周围环境等因素有着紧密的关系，建筑布置形式的多样化，也往往使居住区总体面貌形成多种风格。基本形式有以下几种：

1）行列式布置

根据一定朝向，合理的间距，成行成排地布置建筑，是在居住区建筑布置中最普遍采用的一种形式。其优点是使绝大多数居室获得好的日照和通风；缺点是由于过于强调南北向布置，处理不好容易造成布局单调，感觉呆板。因此，在布置时常采用错落、拼接、成组偏向、墙体分隔、条点结合、立面上高低错落等方法。

2）周边式布置

建筑沿着道路或院落周边布置的形式，这种形式有利于节约用地，提高居住建筑面积密度，形成完整的院落，便于公共绿地的布置，能有良好的街道景观，也能阻挡风沙，减少积雪。缺点是，会有较多的居室朝向差及通风不良。

3）混合式布置

上述两种形式的结合，以行列式为主，以公共建筑及少量的居住建筑沿着道路或院落布置，以发挥行列式和周边式布置各自的长处。

4）自由式布置

结合地形，考虑日照、通风，将居住建筑自由灵活的布置，其布局显得自由活泼。

5）庭院式布置

主要是低层建筑，形成每户均有私家院落，有较好的绿化条件。

6）散点式布置

主要是高层建筑，常采用散点式，围绕住宅组团的公共绿地、公共设施、水体等布置。

居住区建筑的布置形式

基本形式	（1）单元错开拼接	（2）山墙错落	（3）成组改变方向
	a.不等长拼接	a.前后交错	a.变方位
	b.等长拼接	b.左右交错	b.半围合
	c.转角搭接	c.前后左右交错	

（a）单周边　　（b）双周边　　（c）自由周边

周边式布置

（a）散立　　（b）曲线形　　（c）曲尺形

自由式布置

二、道路系统

道路系统是居住区的骨架。形成居住区、居住小区、居住生活单元布局的结构。同时，居住区道路系统的绿化布置将居住区各绿地有机地联系起来。

1. 居住区道路分级

居住区道路系统根据规模大小、功能要求一般可以分为三级或四级。按照规模大小，主要有以下几个级别。

1）居住区级别道路

居住区级道路是居住区的主要道路，以解决居住区的内外交通联系，车行道宽度一般为9 m，道路红线宽度不小于16 m。

2）居住小区级道路

居住小区级道路是联系居住小区各部分之间的道路，车行道路宽度一般为7 m。

3）居住生活单元级道路

居住生活单元级道路是居住生活单元内主要道路，以通行非机动车和人行为主，并满足救护、消防、货运等车辆通行的要求，车行道宽度一般为4~6 m。

4）住宅前小路

住宅前小路是通向各户或各单元门前的小路，供人行，宽度为 1.5~2m，在两侧栽植灌木，绿篱则应适当后退，以便必要时急救车和搬运车驶近住宅。

2. 居住小区内路网形式

居住区道路网形式在交通组织上分为人车混行、人车分流两种形式。人车混行是行人、自行车、机动车混合使用道路，当交通流量较大时，一般会在小区级道路断面设计中独立安排自行车道和人行道，路网的形式多样。采用人车分流的交通组织模式时，也可以形成立体人车分流，形成地上步行、地下停车、出入口分流的模式。

居住小区主要道路的布置形式有贯通式、环式、尽端式、街坊式等。

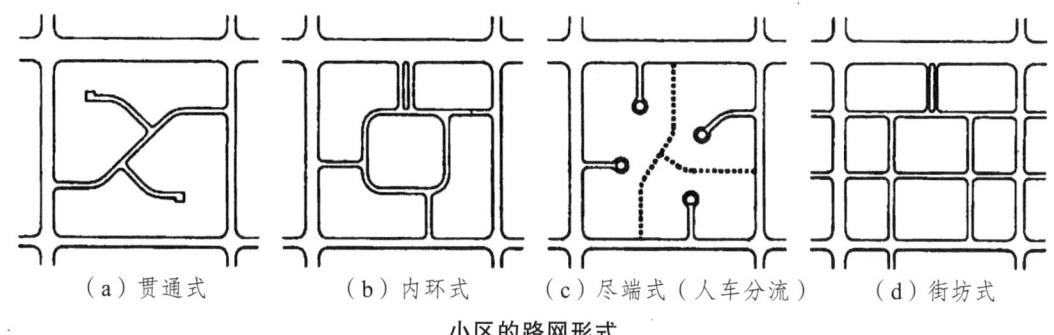

小区的路网形式

3. 居住区道路规划基本要求

1）出入口设置

小区内主要道路至少应有两个出入口；居住区内主要道路至少应有两个方向与外围道路相连；机动车道对外出入口间距不应小于150m。沿街建筑物长度超过150m时，应设不小于4m×4m的消防车通道。人行出口间距不宜超过80m，当建筑物长度超过80m时，应在底层加设人行通道；居住区内道路与城市道路相接时，其交角不宜小于75°；当居住区内道路坡度较大时，应设缓冲段与城市道路相接；进入组团的道路，既应方便居民出行和利于消防车、救护车的通行，又应维护院落的完整性和利于治安保卫。

2）纵坡横坡

居住小区道路纵横坡按照下表确定。在总平面竖向高度上控制道路设计标高。

居住区内道路纵坡控制指标 %

道路类别	最小纵坡	最大纵坡	多雪严寒地区最大纵坡
机动车道	≥0.2	≤8.0 $L≤200$ m	≤5 $L≤600$ m
非机动车道	≥0.2	≤3.0 $L≤50$ m	≤100 m
步行道	≥0.2	≤8.0	≤4

注：L 为坡长（m）。

3）居住小区内无障碍通道

在居住区内公共活动中心，应设置为残疾人通行的无障碍通道。通行轮椅车的坡道宽度不应小于 2.5 m，纵坡不应大于 2.5%。

4）居住小区尽端道路回车场与转弯半径

居住区内尽端式道路的长度不宜大于 120 m，并应在尽端设不小于 12 m×12 m 的回车场地；尽头式消防车道应设有回车道或回车场，回车场不宜小于 15 m×15 m。大型消防车的回车场不宜小于 18 m×18 m。

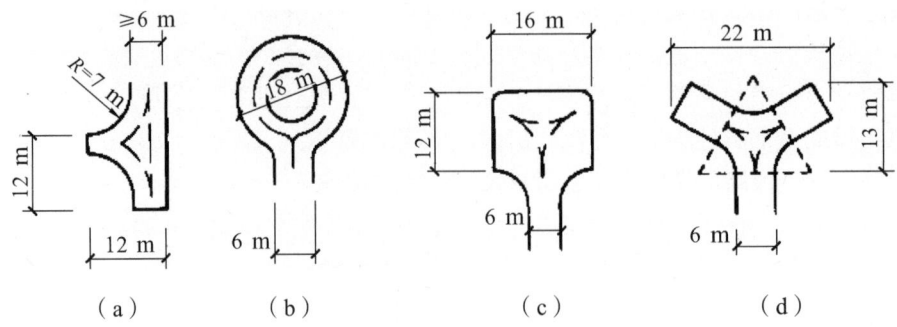

（a） （b） （c） （d）

不同场地回车场示意图

居住小区车行道在转弯处需要做倒角。倒角的半径应该依照车辆的转弯半径参考设定。

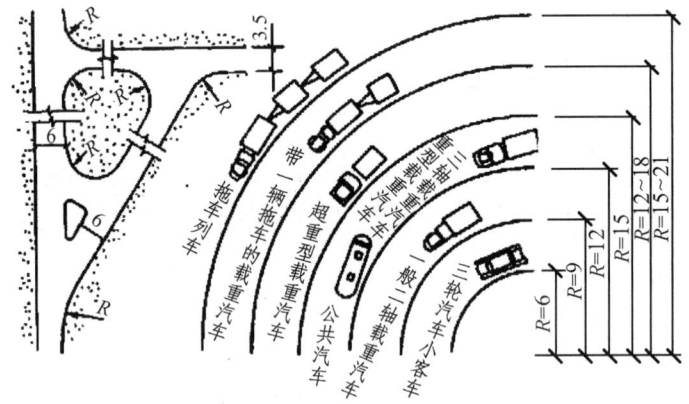

车行最小转弯半径

5）居住小区内道路边缘至建筑物、构筑物应保持一定的最小距离

居住区内道路边缘至建筑物、构筑物的最小距离，应符合下表规定。

道路边缘至建筑物、构筑物最小距离 m

与建、构筑物关系		道路级别	居住区道路	小区路	组团路及宅间小路
建筑物面向道路	无出入口	高层	5	3	2
		多层	3	3	2
	有出入口		—	5	2.5
建筑物山墙面向道路		高层	4	2	1.5
		多层	2	2	1.5
围墙面向道路			1.5	1.5	1.5

注：居住区道路的边缘指红线；小区路、组团路及宅间小路的边缘指路面边线，当小区路设有人行道时，其道路边缘指便道边线。

6）道路的形式

（1）一板两带式：所有车辆都组织在车行道上混合行驶，车行道布置在道路中央。在快、慢车道不分的街道上，机动车在中间行驶，非机动车靠右侧行驶。在特殊情况下，也可把一块板的车行道专供某种车辆行驶。

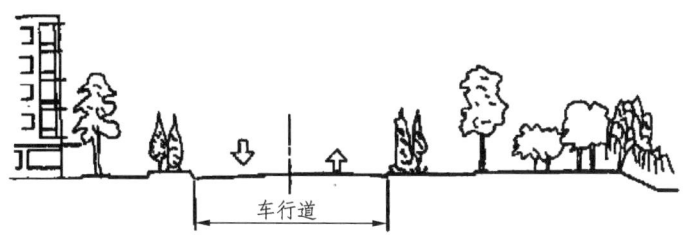

（2）二板三带式：它是利用分隔带（或分隔墩）把一块板形式的车行道一分为二，在交通组织上起分流渠化的作用，对向车分道行驶。在两条对向行驶的车行道上，可画快、慢车分道线分流行驶，也可不画分道线，快、慢车混合行驶。

（3）三板四带式：用分隔带或分隔墩把车行道分隔为三块，中间的为双向行驶的机动车车行道，两侧均为单向行驶的非机动车车道。

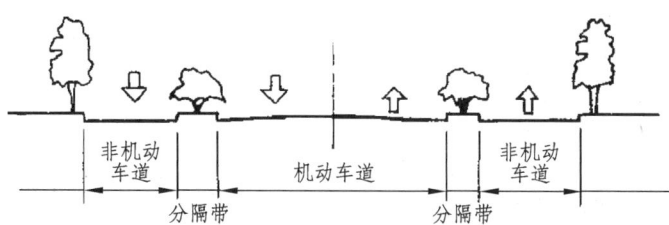

（4）四板五带式：在三块板断面形式的基础上，再用分隔带把中间的机动车车道分隔为二，对向机动车分道行驶。

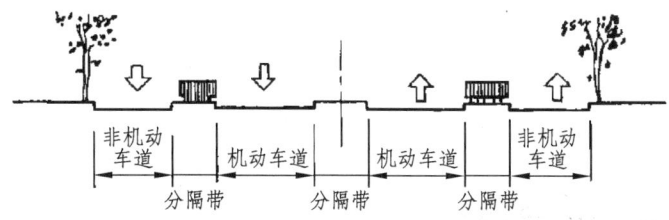

4. 停车设施的规划设计

居住区内公共活动中心、集贸市场和人流较多的公共建筑，必须相应配建公共停车场（库），配建公共停车场（库）的停车位控制指标，应符合下表：

名　称	单　位	自行车	机动车
公共中心	车位/100 m² 建筑面积	大于或等于 7.5	大于或等于 0.45
商业中心	车位/100 m² 营业面积	大于或等于 7.5	大于或等于 0.45
集贸市场	车位/100 m² 营业场地	大于或等于 7.5	大于或等于 0.30
饮食店	车位/100 m² 营业面积	大于或等于 3.6	大于或等于 0.30
医院、门诊所	车位/100 m² 建筑面积	大于或等于 1.5	大于或等于 0.30

停车场布局的方式：

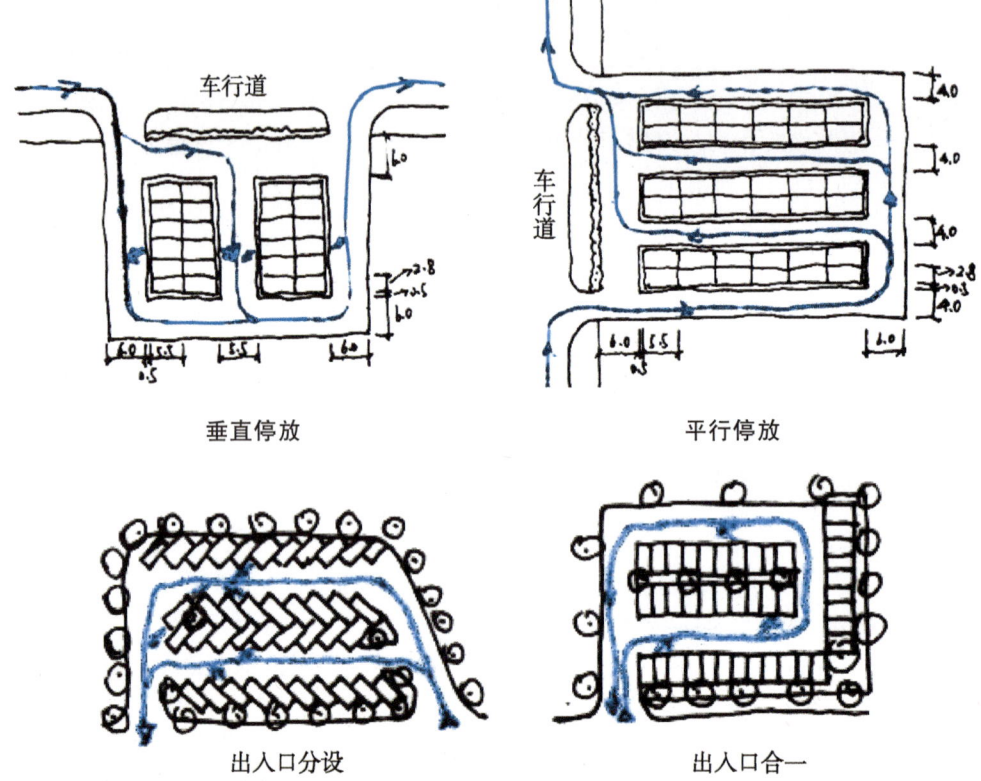

垂直停放　　　　　　　　　平行停放

出入口分设　　　　　　　　出入口合一

转角处停放

居住小区的停车场经常设置于地下，在地面设置地下停车场出入口，以及人行出入口。在景观设计中需要对人行出入口进行美化。

对于地上停车场常采用路边停车场形式，如下图。

分隔岛路边　　　　　　　　港湾式路边

三、居住小区绿地系统

居住小区的绿地是由公共绿地（居住小区中心游园、居住区生活单元的组团绿地）、专用绿地、宅旁和庭院绿地以及道路绿地所组成的一个连续的绿地系统。

绿地率：新区建设不应低于30%。旧区改建不宜低于25%。

1. 公共绿地

居住小区内要求具有供居民公共活动使用的集中绿地。其主要级别为：
居住小区中心游园——组团绿地
1）居住小区中心游园
主要供居住小区内居民就近使用，设置一定的文化体育设施，游憩场地，老人、青少年活动场地。居住小区中心游园位置要适中，与居住小区中心结合布置，服务半径一般为400～500 m为宜。
2）组团绿地
以住宅组团内居民为服务对象，特别要设置老年人和儿童休息活动场地。组团绿地的设置应满足有不少于1/3的绿地面积在标准的建筑日照阴影线范围之外的要求，并便于设置儿童游戏设施和适于成人游憩活动。

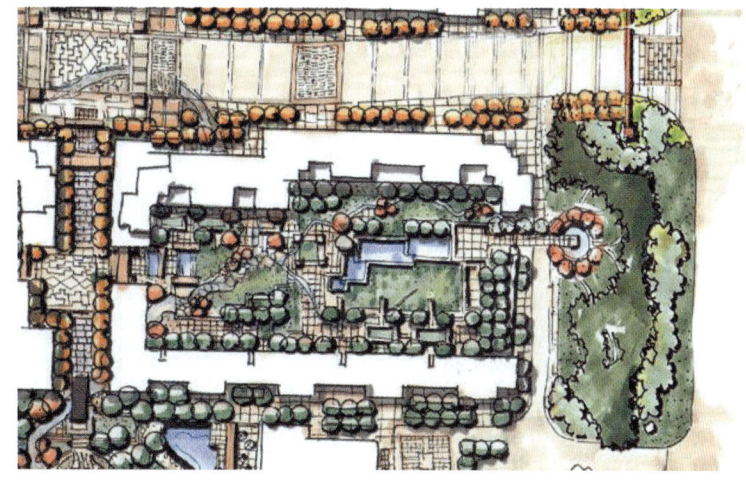

由建筑围合形成的组团绿地

2. 专用绿地

专用绿地是指居住小区内各类公共建筑和公共设施的环境绿地，如会所、幼儿园等用地的绿化。

3. 宅旁和庭院绿地

宅旁和庭院绿地是指居住建筑四旁的绿化用地，是最接近居民的绿地，以满足居民日常的休息、观赏、家庭活动和杂物等需要。

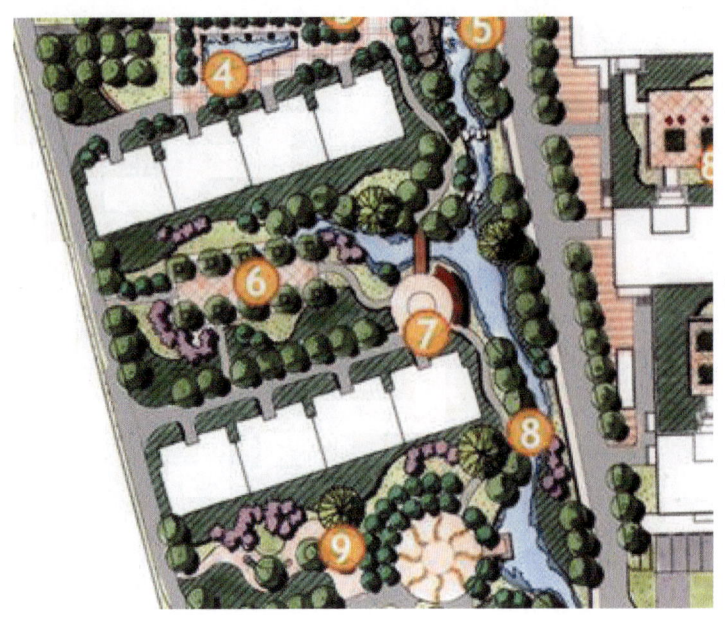

居住小区宅旁绿地空间，用水系联系

4. 道路绿地

道路绿地是指道路两侧或单侧的道路绿化用地。

居住小区商业道路绿化设计

四、公共服务设施

居住区公共服务设施是为满足居民物质生活和文化生活的需要，方便日常生活和活动而设置的。根据居民使用情况，包括：中学、小学、幼儿园、会所、医院、银行、派出所、垃圾站等。

类别		居住规模					
		居住区		小区		组团	
		建筑面积	用地面积	建筑面积	用地面积	建筑面积	用地面积
总指标		1 065~2 700 (2 165~3 620)	2 065~4 680 (2 655~5 450)	1 176~2 102 (1 546~2 682)	1 282~3 334 (1 682~4 084)	3 63~854 (704~1 354)	502~1 070 (882~1 590)
其中	教育	600~1 200	1 000~2 400	600~1 200	1 000~2 400	160~400	300~500
	医疗卫生（含医院）	60~80 (160~280)	100~190 (260~360)	20~80	40~190	6~20	12~40
	文体	100~200	200~600	20~30	40~60	18~24	40~60
	商业服务	700~910	600~940	450~570	100~600	150~370	100~400
	金融邮电（含银行、邮电局）	20~30 (60~80)	25~50	16~22	22~34	—	—
	市政公用（含自行车存车处）	40~130 (460~800)	70~300 (500~900)	30~120 (400~700)	50~80 (450~700)	9~10 (350~510)	20~30 (400~550)
	行政管理	85~150	70~200	40~80	30~100	20~30	30~40
	其他	—					

五、居住小区规划分析

本小区的住宅建筑为高层建筑，采用散点式布局，在中心围合出中庭空间。小区道路的路网是单向道路，一板两带式的双向单车道，在道路尽端处有回车场。提供1:1的停车数量，放置在地下，提供2个地下停车场出入口。绿化布局上，具有中庭的组团绿地，是中心公共活动区。建筑周围有宅旁的空间绿地，可以形成小型的花园。沿着道路有需要绿化的道路绿地，栽植行道树。

本小区的用地、规划清晰，满足居住区的规划和用地的要求。

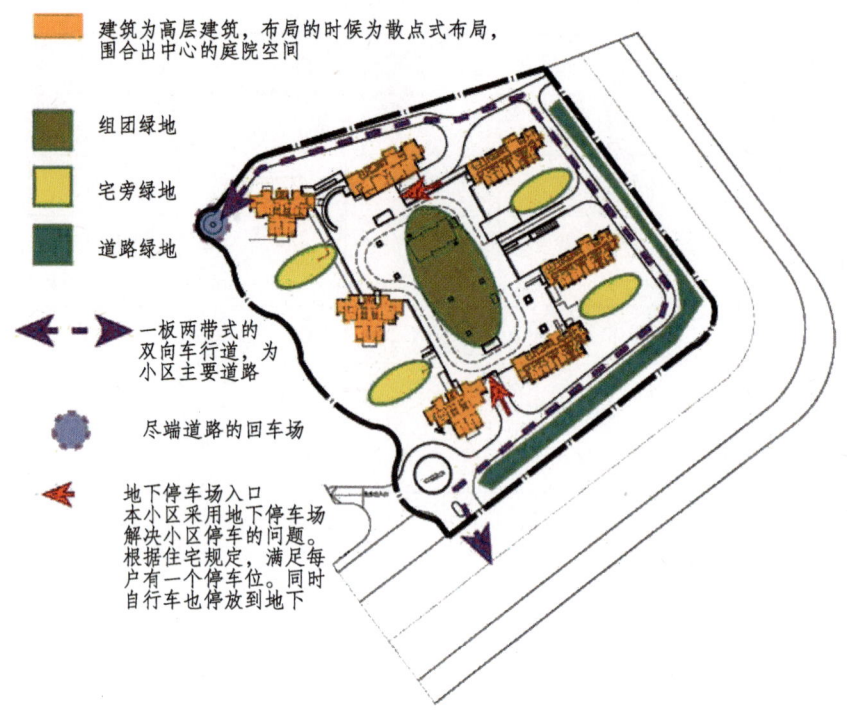

任务二：场地分析

教学目标：

（1）掌握场地分析内容。
（2）掌握场地分析的表达方式。

技能要求：

（1）能够对场地进行分析，发现问题以及设计开发的可能性。
（2）能够并用符号表示分析的内容。

任务目标：

完成居住小区景观设计场地分析图。

完成任务的要点：

（1）场地分析的内容包括：场地跟周边用地的关系，城市道路与场地的关系。场地自身的条件，例如土壤、地基、日照、气候等。
（2）学会用箭头、各种线型、圆圈符号进行场地分析图的表达，记录分析和思考的过程。

工作情景：

工作地点：综合设计工作室

工作场景：采用学生设计操作、教师引导的学生主体、工学一体化教学方式。教师以居住小区设计为例，把设计任务完成过程进行逐步演示示范，学生根据教师演示操作和教材涉及步骤进行逐步设计操作。完成本次设计任务工作内容后，教师对学生设计过程和成果进行评价和总结，并布置与本次任务相关的实践训练进行拓展和巩固。

设计实践操作：任务设计过程与设计要点分析

场地分析是在设计准备阶段进行的。基地分析的详略程度主要依靠前期对基地现状资料的收集，而分析的结果又能直接影响到之后的概念设计乃至设计成果。因此在对基地分析时，应尽可能翔实和具体。

第一步：景观场地分析的内容

签订合同后，设计师便需要对场地进行实地勘察。实地调查就像其他创作一样，比如写作和报告稿或研究大纲，都必须深入了解其课题的背景知识和利弊条件，才能指导较后阶段的创造。

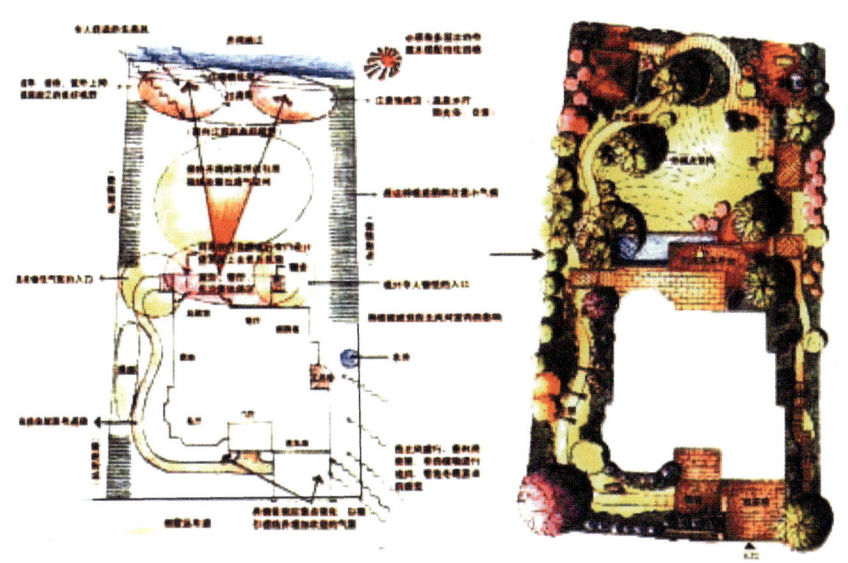

从场地分析到设计方案，设计是建立在场地分析里发现问题之上的解决问题的一个过程

一、场地分析目的

1. 熟悉场地、寻找问题

最初的调查和分析的目的，在于使设计者尽可能地熟悉场地，以便于确定和评价场地的特征、存在的问题及发展潜力。换句话说，就是场地的缺点是什么，什么应该保留和强化，什么应该被改造或修正，如何发挥场地的功能，什么是限制因素，设计者对场地的感觉和反映如何。实质上，设计程序的这一步，很像要写一篇文章或准备一篇报告，而去图书馆收集资料和研究一样。不知道要表现的内容和特征，是做不了设计或写出文章的。

2. 为现状问题解决提供思路

每一设计的处理，必须适合于场地的自身条件。因而场地的第二个主要目的，是为设计提供线索或钥匙，解决场地上出现的问题，并具有最大的正效益和最小的副作用。

二、场地分析内容

在场地分析时，需要对大量的情况及影响因素进行研究。以下是场地分析时应被考虑的因素。

序号	因素	分析内容
1	园址的位置和周围环境的关系	（1）场地周围的用地状况和特点：相邻土地的使用情况和类型。相邻的道路和街道名称，其交通量如何？何时高峰？街道产生多少噪声和眩光？ （2）相邻环境识别特征，建筑物的年代、样式及高度，植物的生长发育情况，相邻环境的特点与感觉，相邻环境的构造与质地 （3）标出地区、居住区中主要机关的位置：学校、警察局、消防站、教堂、商业中心和商业网点、公园和其他娱乐中心 （4）标出相邻交通的状态：道路类型、体系和使用量，交通量是否每日或随季节改变，到场地的主要交通方式，假如两种以上何者最合适？何时？附近公交汽车线路位置和时刻表 （5）相邻区的区分和建筑规范：允许的建筑形式，建筑的高度和宽度的限制，建筑红线要求，道路宽度要求，允许的建筑，限制围栏和墙的位置和高度
2	地形	（1）标出整个场地中的不同坡度 标出供建筑所用的不同坡度 必须因地制宜，适应场地中的不同坡度 （2）标出主要地形态及各种的颜色、凹状地形、凸状地形、山脊、山谷 （3）标出冲刷区（坡度太陡）和表面易积水区（坡度太缓） （4）标出现有建筑物室内室外的标高 （5）检查园址各区行走是否舒服（与坡度有关） （6）标出所有踏跺和挡土墙顶端和底部的高差
3	水文与排水	（1）标出每一汇水区域与分水线 检查现在建筑各排水点 标出建筑排水口的流水方向 （2）标出主要水体的两面高层 检查水质 （3）标出河流、湖泊的季节变化 洪水和最高水位、 检查冲刷区域

续表

序号	因素	分析内容
3	水文与排水	（4）标出静止水的区域和潮湿区域 （5）地下水情况 水位与季节的变化 含水量和再分配区域 （6）场地的排水 是否附近的径流流向场地？若是，在什么时候，多少量 场地上的水需多少时间可排除
4	土壤	（1）土壤类型：酸性土或碱性土？砂土还是黏土？肥力怎么样 （2）表层土壤厚度 （3）母土壤深度 （4）土壤渗水率 （5）不同土壤对建筑物的限制
5	植物	（1）标出现有植物的位置 （2）对大面积的场地应标出：不同植物类型的分布带，树林的密度，树林的高度和树龄 （3）对较小场地应标出：植物种类、大小、外形、色彩和季相变化质地、任何独特的外形和特色 （4）表明所有现有植物的条件、价值和业主的意见（喜欢或不喜欢？） （5）现有植物对发展的限制因素
6	小气候	（1）全年季节变化，日出及日落的太阳方位 （2）全年不同季节，不同时间的太阳高度 （3）夏季和冬天阳光照射最多的方位区 （4）夏天午后太阳暴晒区 （5）夏季和冬季遮阴最多的区域 （6）全年季风方位 （7）夏季微风吹拂区和避风区 （8）冬季冷风吹袭区和避风区 （9）年和日温差范围 （10）冷空气侵袭区域 （11）最大和最小降雨量 （12）冰冻线深度
7	原有建筑物	（1）建筑形式 （2）建筑物的通高 （3）建筑立面材料 （4）门窗的位置

续表

序号	因素	分析内容
7	原有建筑物	（5）对小面积场地（庭院空间）上的建筑有以下要标明： 室内的房间位置 如何使用和何时用 何种房间使用率更高 地下室窗户的位置（离地面深度） 门窗的底部和顶部离地面多高 室外下水，水龙头，室外电源插头，室外建筑上附属的电灯，电表，煤气表，衣服干燥机通风口等 挑檐的位置和离地面高度 由室内看室外的景观如何 ——看到什么？ ——是否遮蔽或加强景观效果
8	其他原有构筑物	（1）墙、围栅、踏跺、平台、游泳池、道路的材料，状况和位置 （2）标出地面的三维空间要素
9	公共设施	（1）水管、煤气管、电缆、电话线、雨水管、化粪池、过滤池等在地上的高度和地下的深度 （2）空调机和暖气泵的高度和位置，检查空气流通方向 （3）水池设备和管网的位置 （4）照明位置和电缆设置 （5）灌溉系统位置
10	视线	（1）由场地每个角度所欣赏到的景物，若是好景，是否应强化？若景观不好，是否删去？ （2）了解和标出由室内向外看到的景观，在设计中如何加以处理？ （3）由园址内外看到的景观
11	空间与感觉	（1）若出现有的室外景观 何处为"墙"（绿篱、墙体、植物群、山坡陡） 何处是阴翳的"天花板"（树冠等） （2）标出这些空间的感受和特色 开敞、封闭、欢乐、忧郁 （3）标出特殊的或扰人的噪声及其位置 交通噪声 水流声 风吹松枝的声音 （4）标出特殊的或扰人的气味及位置
12	场地的功能	（1）标出场地怎么使用 （2）标出维护、管理的地方 （3）标出需特别处理的位置和区域 沿散步道或车行道与草坪边缘的处理儿童玩耍破坏的草坪 （1）标出到达场地时的感觉如何？看到什么？ （2）在冬季需铲雪的位置

第二步：景观场地分析的方法

1. 单因子分析

单因子，指的是基地上收集的各个方面的资料，如地形、气候、土壤等，并对基地所处的各个因子的属性和形状进行深入了解。可以绘制的分析图如：地形分析图、土壤分析图、气候分析图、水文分析图等。

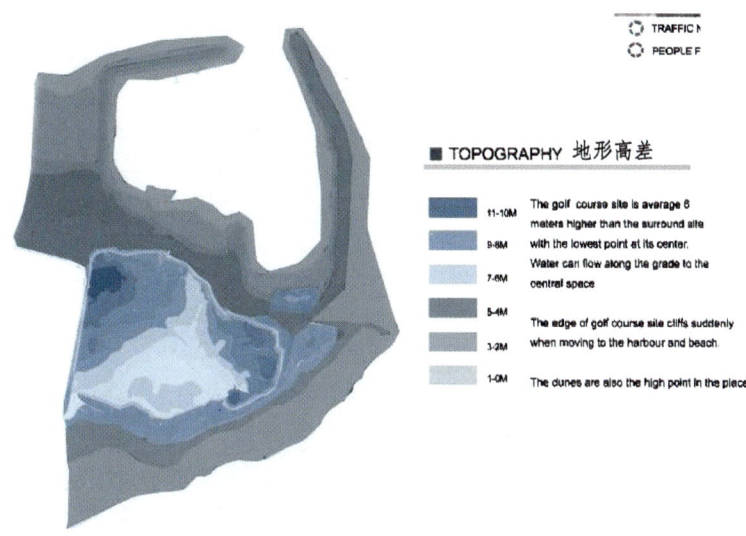

地形分析图

植物分析图

2. 多因子分析

在单因子的基础上，多个因子进行叠加，如可将地形、水文等进行叠加，就如同将一层层透明的层相互叠加，从而产生对场地的综合评价和分析，得出结论。

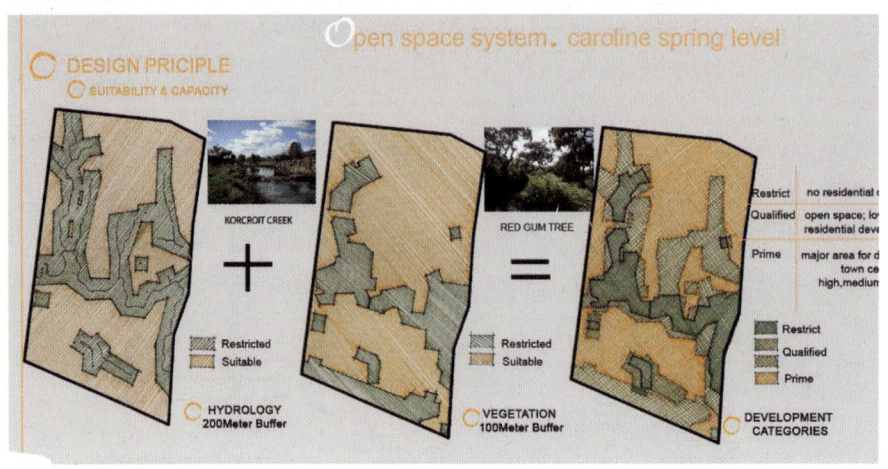

多因子叠加分析

3. 适宜性分析

通过对各个因子进行叠加之后，形成综合条件图，有些分析结果不能由叠加因子直观地得到，需要将之前搜集的自然、文化、社会、历史等方面的资料进行综合的考虑和分析。此外，随着 GIS 的深入发展，利用 GIS 对基地进行分析也成为一个比较好的方法。

4. 本项目中的场地分析

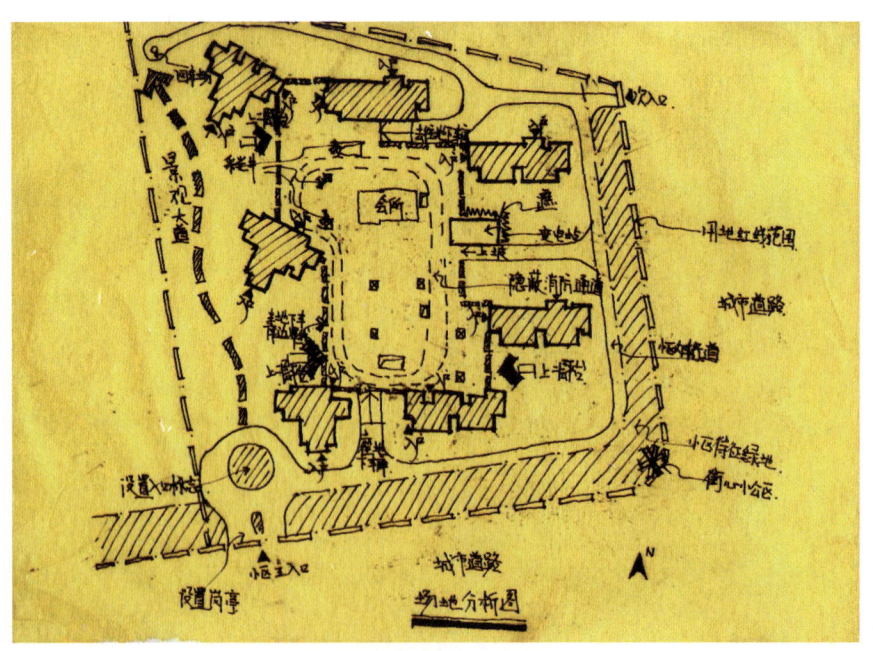

本项目中场地分析图

100

场地分析中，标识出用地红线范围、代征道路绿地、中心生态平台边界线范围、场地的道路边界线、建筑出入口位置等内容。挖掘场地可以使用的区域，以及需要注意的区域。

在分析中可见，主要的景观设计区，在中心的组团绿地上，围绕中心的居委会展开。但是停车场在中心绿地下，需要考虑荷载和承重，在设计过程中应该和结构人员沟通。在中心绿地处，有消防车通道，需要留出 4 m 宽的消防车道，或做隐蔽式消防通道。在建筑周围的空地上，可以结合道路布置小型的花园和活动区。在种植上，由于本场地位于盐碱化区域，所以植物需要耐盐碱抗性强的植物，并且需要在种植的时候进行覆客土和隔离避免犯盐碱。

在分析的过程中，问题存在的地方，也是解决和设计的可能性存在的地方。

任务三：功能分区

教学目标：

（1）掌握小区景观功能分区。
（2）掌握概念性设计的表示方法。
（3）掌握因地制宜设计原则。

技能要求：

（1）能够根据使用情况，设置相应的区域划分，各区域有相应的设施。
（2）能够根据场地，将功能区域放置在合理的位置上。
（3）能够根据功能区域所需要的面积大小，在图上圈定出用地范围。
（4）能够进行概念性设计的表达。

任务目标：

（1）完成居住小区功能分区图。
（2）在总平面图上，将各功能区域放置在适当的场地位置上，并且确定出相应的大小范围。

完成任务的要点：

（1）根据设计任务书，及使用者的要求，头脑风暴确定出需要设置的功能区域及相应设置的设施要求。
（2）将设施一致的功能区域靠近设置，动静区域分开设置，完成功能区域的关系图。
（3）将功能区域放置在合适的场地上，不断地调试，选择出最佳的布置方案。
（4）确定功能区域的大小范围，在总平面图上绘制出功能区域的用地范围。

工作情景：

工作地点：综合设计工作室

工作场景：采用学生设计操作、教师引导的学生主体、工学一体化教学方式。教师以居住小区设计为例，把设计任务完成过程进行逐步演示示范，学生根据教师演示操作和教材涉及步骤进行逐步设计操作。完成本次设计任务工作内容后，教师对学生设计过程和成果进行评价和总结，并布置与本次任务相关的实践训练进行拓展和巩固。

设计实践操作：任务设计过程与设计要点分析

第一步：确定所需要的功能及设施，绘制功能分区图

这是设计阶段的第一步骤。在此阶段，设计师在图纸上以图示的形式，来进行设计的可行性研究（注意在此阶段，设计师开始设计时是用"理想的图示"来进行，它是较为理想的功能图，更为抽象、更简单、更通俗）。并将先前的几个步骤，包括园址调查，分析，用户意图及深入等研究得到的结论和意见放进设计中。在设计阶段，研究开始是属于较一般的、松散的、较粗放的设计（功能分区图和设计构思图），而在较后阶段，则为深入。确切而肯定的设计方案（单体设计）。

1. 功能分区图目的

功能分区图的目的，是确定设计的主要功能与使用空间是否有最佳的利用率和最理想的联系。此时的目的是协助设计的产生，并检查在各个不同功能的空间中可能产生的困难，及于各设计因素间的关系。在此，设计者正力求将不同的功能安排到不同部分中去，使功能与形式成为一体。

2. 功能分区图设计要点

功能分区图与场地无直接的关系，它只是将设计的主要功能与空间的关系，用一般的圆圈或抽象的图形表示出来。故在此为初步设计阶段，并非设计的正式图。这些圆圈和抽象符号的安排，是建立功能与空间的理想关系的手段。在制作理想的功能分区图时，设计者必须考虑下列问题：

（1）什么样的功能产生什么样的空间，同时与其他空间有何衔接。
（2）什么样的功能空间必需彼此分开，要离多远？在不调合的功能空间之间，是否要阻隔或遮挡？
（3）如果将一空间穿越另一空间，是从中间还是从边缘通过？是直接还是间接通过？
（4）功能空间是开敞，还是封闭？是否能向里看，还是由里向外看的空间。
（5）是否每个人都能进入这种功能空间？是否只有一种方法或多种方法？

3. 功能项目选择

功能设施列表，将功能活动及设施列出表格，并且对各个功能进行评价，筛选出适合场地、适合甲方要求的功能活动。在评价过程中，同时列出评价内容，符合该评价内容的打上钩。最后，钩越多的，说明此活动或功能最符合场地及设计要求。

4. 功能分区图绘制

理想的功能分区图是画在白纸上，不用任何比例，并与场地已知的任何条件均无任何关系。

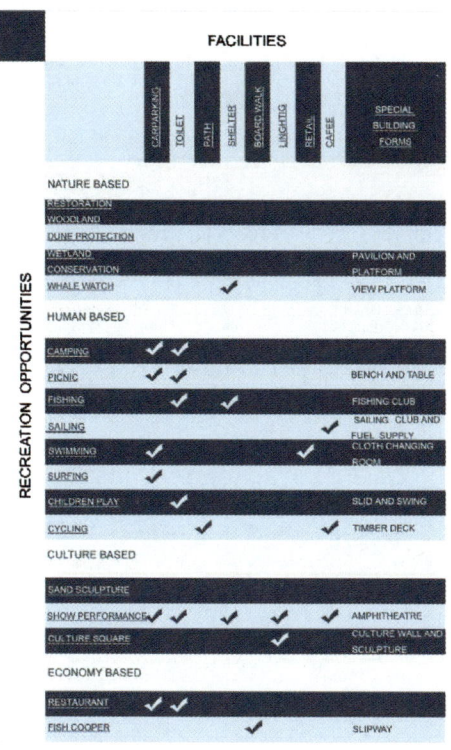

某景观项目的功能和设施列表

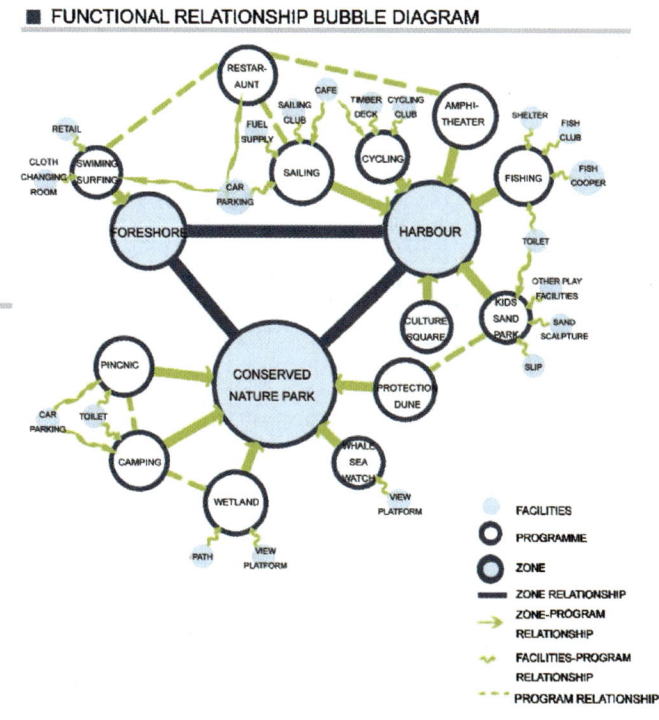

功能之间的关系，功能和设施关系图

上图是表示一个场地的理想功能分区和设施之间关系图的例子，它必须表达如下内容：
（1）一个简单的圆圈表示一个主要的功能空间。
（2）功能空间彼此间的距离关系或内在联系。
（3）设施与各功能之间的紧疏关系。
（4）图例注释。

必须深入研究理想的功能分区图的各种不同布局。不要太固执地坚持一个方案，除非问题简单到只需一个显而易见的答案。此图需要反复推敲功能之间，功能与设施之间的关系，以寻找到最适当、经济的功能布置关系。

选择出这些活动功能，对它们之间的关系和所需要的设施进行功能分区泡泡的分析（如图）。相近的活动放在一起，关系远的或者活动相斥的功能远离。功能所对应的设施围绕功能布出，有些设施两个或三个以上的功能都可共用的，需要画出之间的联系线。

需要注意图例和符号的使用。在功能分区图上，功能活动的泡泡应和设施的泡泡图例分开；联系紧密的关系线应该和联系疏远的关系线图例分开。并且在功能分区图旁边将各图例列出。

第二步：绘制场地功能关系图

设计的下一步，是把所知道的场地资料和情况，在功能分区图的基础上，用场地功能关系图表示出来。场地功能关系图，将表示与理想功能分区图一样的内容，不同之处，在于多了两个附加考虑因素；

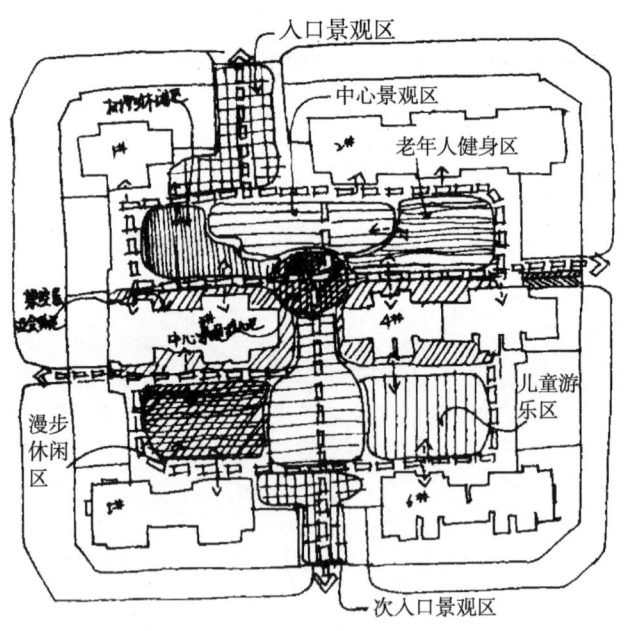

某居住小区场地功能关系图

（1）功能空间必须表现精确地基础条件，包括与原有建筑的内部房间关系。
（2）功能空间必须依据比例、尺寸来绘制，以助记忆。

在这步，设计者必须注意的有：
（1）关于场地上的主要空间的位置。
（2）关于功能空间彼此的关系。

一、用设计线条、图片及说明文字表达功能和场地情况

用抽象的符号来表示各功能之间的关系和空间之间的联系。

1. 面积的估算

使用面积和活动区域能用不规则的斑块或圆圈表示。在绘出它们之前，必须先估算出它们的尺寸，这一步很重要，因为在一定比例的方案图中，数量性状要通过相应的比例去体现。比如要设计一个能容纳50辆车的停车场，就需要迅速估算出它所占的面积。

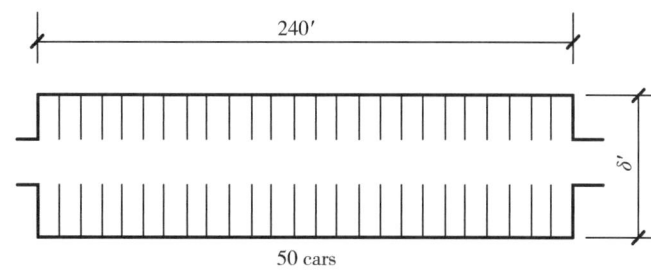

一个停车场 2.5 m×5 m。中间需要预留出车行道，宽至少 4 m。一个停车位加上
车行道一共占地面积估计值为 20 m²。50 个停车位，约占地 100 m²

常用到的功能区域的大小尺寸：

（1）台阶：在居住区当中，最常用的阶梯面宽度为 300 mm 或 400 mm，其他可根据具体情况而定。

（2）汀步：在居住区当中，汀步作为一种"虚"的道路，改变人们在居住区中行走的节奏和频率。不论是自然汀步还是石板汀步，都要遵循人们行走习惯的规律。对于石板汀步，常使用的尺寸为 800 mm×400 mm，汀步间距为 100 mm。汀步间距最大只能为 150 mm，否则会造成人们行走的不便。

（3）花池：花池的尺寸也是根据具体情况而定，但常用的几种带座椅的方形花池的尺寸为 3 000 mm×3 000 mm，1 600 mm×1 600 mm，1 200 mm×1 200 mm，2 000 mm×2 000 mm 等，且花池座位面宽度至少为 300 mm，面宽 400 mm 的带座椅的花池，舒适感较好。

（4）停车场：在居住区当中，常常会遇到将停车场布置在宅旁绿地或是入口等地。居住区中常用的停车场尺寸为 5 m×2.5 m 或是 6 m×3 m，其他介于该范围的尺寸也可以。

（5）篮球场：标准篮球场的尺寸为 15 000 mm×28 000 mm 篮球场的尺寸可以在（14 000～15 000）mm×（24 000～28 000）mm 之间浮动。

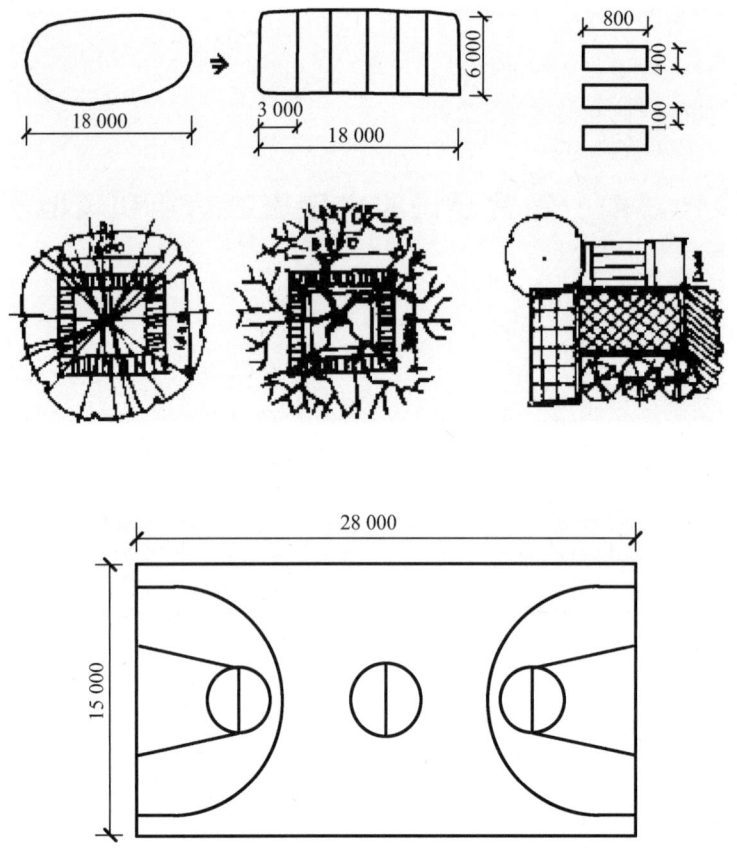

2. 空间的表示

可以用易于识别的一个或两个圆圈来表示不容的空间。

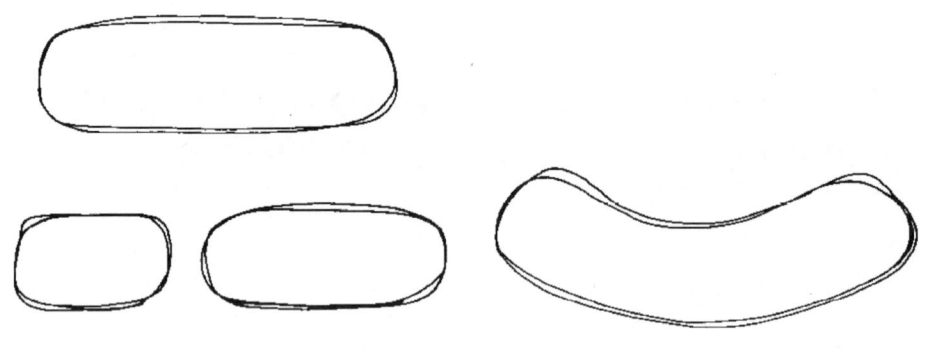

圆圈表示空间

3. 道路的表示

简单的箭头可表示走廊和其他运动的轨迹，不同形状和大小的箭头能清楚地区分出主要和次要走廊以及不同的道路模式，如人行道和机动车道。

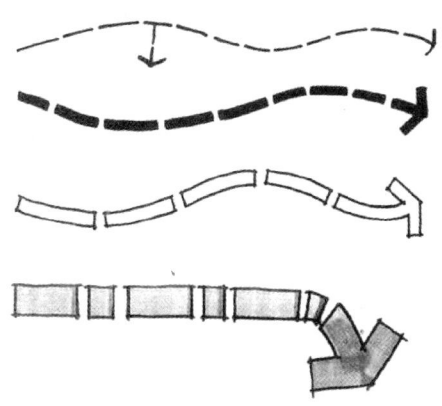

箭头表示道路行进

4. 人流节点

星形或交叉的形状能代表重要的活动中心、人流的集结点、潜在的冲突点以及其他具有较重要意义的紧凑之地。

节点表示

5. 围栏分割

"之"字形线或关节形状的线能表示线形垂直元素如墙、屏、栅栏、防护堤等。

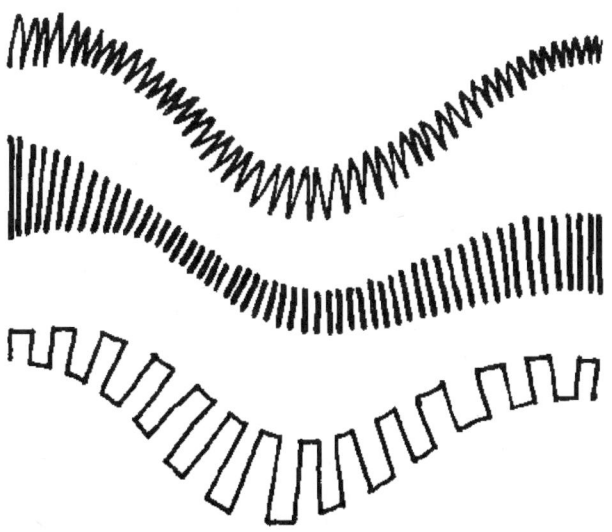

绿篱、栅栏、阻挡表示

在概念发展过程中，用抽象性状来表现。在这一阶段圆圈的界限仅表示使用面积的大致界限，并不表示特定物质或物体的精确边界。定向的箭头代表走廊的走向，也不表示它们的边界。

二、用符号表示设计过程中的想法

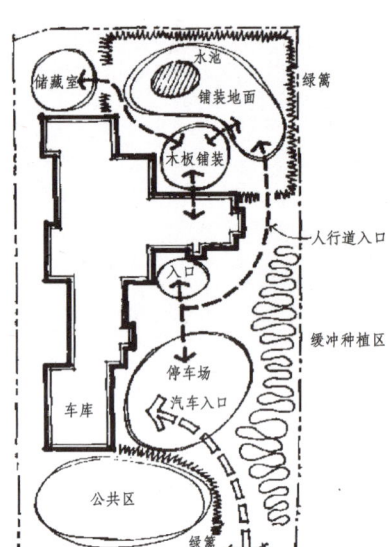

功能关系图解上，需要将功能利用以上各种图例放在场地上。泡泡以后会变成景观节点、广场等，线型箭头以后会变成园路。功能和场地的结合需要反复推敲，寻找出一个最佳最合理的结合方式。

用符号表示设计过程中的想法

三、场地功能关系图案例

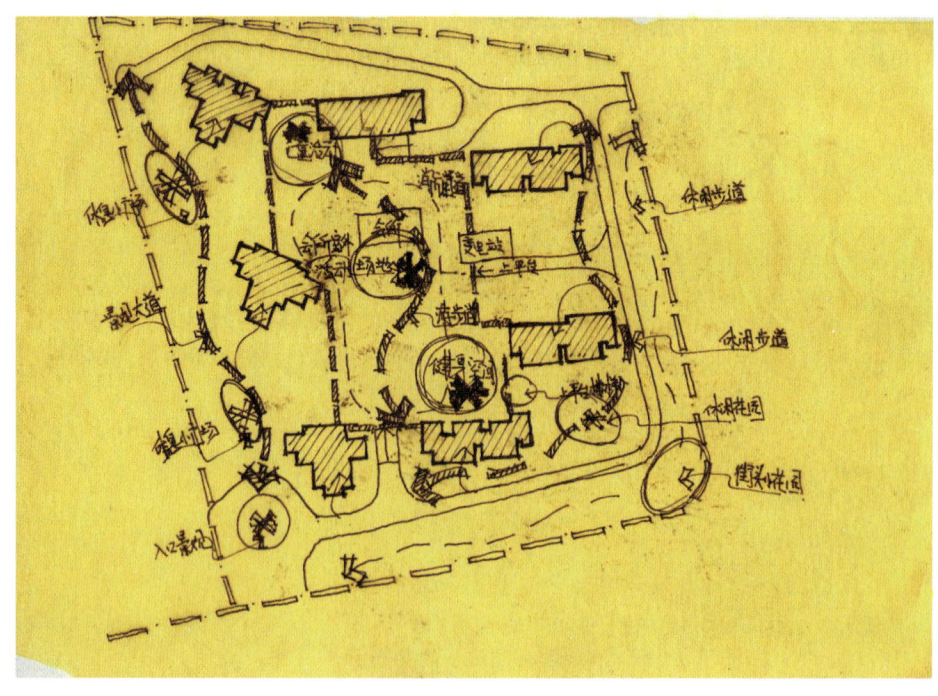

本项目功能关系图

本项目功能泡泡图。主要功能区域有入口景观区，景观大道，儿童活动区，露天表演看台，休闲区，老年人健身区等。儿童活动、露天表演、健身区都是主要活动，会有大量的人使用，所以放置在中心花园位置，结合居委会活动中心布置。休闲花园，比较安静，适合在住宅周围绿地空间布置，所以在住宅的前后空地，设置花架、座椅，工人赏景休息，以花灌木为主，营造怡人的环境。

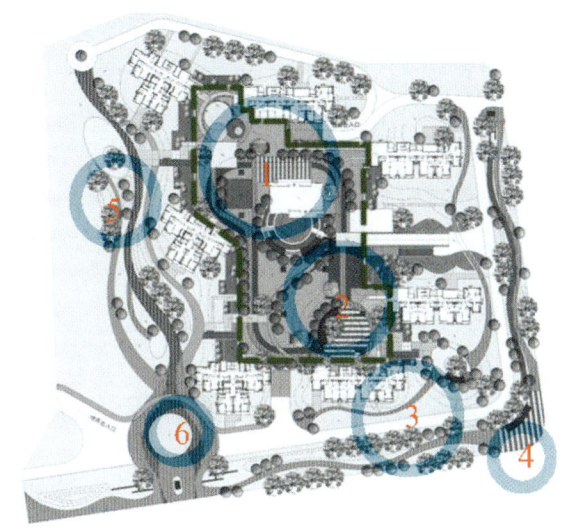

本项目功能分区图
1—儿童游乐区
2—露天看台
3—健身广场
4—庭院花园
5—休闲广场
6—休憩小驻

任务四：居住小区景观布局造型设计

教学目标：

（1）掌握从泡泡图到具体形状的创作。
（2）掌握造型的原则。
（3）掌握方案草图绘制的要点。

技能要求：

（1）平面构成的设计能力。
（2）方案平面草图的表达能力。

任务目标：

（1）完成从功能布局到方案草图的绘制。
（2）完成硬质景观边缘线的造型设计。

完成任务的要点：

（1）平面构成的几何造型设计方法。
（2）反复推敲，修改草图，以达到合理的布局，造型的优美，园路的顺达。
（3）确定草图定稿，完成草图的绘制，运用正确的图例表示。

工作情景：

工作地点：综合设计工作室

工作场景：采用学生设计操作、教师引导的学生主体、工学一体化教学方式。教师以居住小区设计为例，把设计任务完成过程进行逐步演示示范，学生根据教师演示操作和教材涉及步骤进行逐步设计操作。完成本次设计任务工作内容后，教师对学生设计过程和成果进行评价和总结，并布置与本次任务相关的实践训练进行拓展和巩固。

设计实践操作：任务设计过程与设计要点分析

现在开始，所探讨的重点转入对设计的造型和感觉上来。设计师拿一份初想图，能够创造出与上述功能安排相同，而主题不同、特点和造型各异的一系列设计方案。对于小规模的局部办公建筑或城市广场，设计方案可能有一个主题，有直线、曲线、弧线、圆形、三角形的造型构图，这些设计的形状和造型，都可以从初想图中发展处所需要的形式，当然他们必须选择一种造型设计主题（造型的样式），使它最适合于设计要求。设计主题的选择，可根据场地的特点、尺度或业主及设计师对场地位置偏好而定。而造型主题，为整个设计空间的安排奠定了结构和顺序，故造型主题是设计的骨架。

设计师根据头脑中的造型基本主题，把图上的圆圈和抽象符号变为特定的、确切的造型。

设计程序中的这一步里，主要考虑因素时建筑物与园址四周的视觉关系。一个好的设计其建筑和环境是相互协调的，并出现一种强烈的相同造型主题的感觉。

造型研究，是处理设计中硬质结构因素（如铺装地面、道路、水池、中指池等）和草坪边缘线条的手段。造型与初想图一样，只处理植物材料的外观形态，而不管植物的细部。造型研究是以简单徒手线条，将所有设计因素及分区按比例画出来的，而不要与"强感线"及构造线造成混淆。与前一步骤相同，在此并无太多复杂的符号的应用。最后，在此阶段，必须根据上述多项作评估，选择出最佳方案。

关于造型阶段，最适用于较小的园址（2 hm^2 或更小），不适合于大面积园址，如公园规划或风景区的开发上。虽然能用在其中的特殊区域或局部，那只能是总体规划的组成部分。

第一步：设计造型的原则

在对居住区进行功能分区之后，要在基地上设计并选择出一种最适合、最吸引人的图案，实际上是一件不那么容易的事情。需要考虑图形的功能性，符合建筑风格和适合基地。

在构型上应该尊重形式美的原则。

一、形式美原则

形式美原则包括秩序、统一和韵律三种。

1. 秩　序

在居住区景观设计当中，秩序即为一种视觉上的和谐。这种和谐可能是由对称的物体进行排布形成的，也有可能是不对称的事物通过协调而产生的一种相对和谐的状态。

2. 统　一

在居住区中，由于采用的图形和景观要素比较多而杂，因而在进行设计当中，需要有一些能使整体产生协调感和统一感的元素。所以在设计中，铺装材料、道路广场样式、种植材料种类不应过多过杂。以其中 2～3 种设计元素作为主要设计元素。

上图中居住小区通过水景贯穿全园，将种植、园路等要素统一起来

3. 韵　律

在居住区景观当中，有些景观要素比较多的情况下，可以通过重复、渐变、交替和倒置产生一些有节奏的变化。

图中水池、铺装和廊架的三角形状形成韵律变化

二、确定设计主题

平面构成形态相当于是一个平面构成,需要达到统一、均衡、韵律等审美观。造型上,最好能以一种造型主题为主。

第二步:确定设计造型的几何形式

一、几何形体

重复是组织形体的有用的原则。如果一些简单的几何图形或由几何图形换算出的图形有规律地重复排列,就会得到整体上高度统一的形式。通过调整大小和位置,就能从基本的图形演变成有趣的设计形式。

1. 矩形模式

矩形同建筑形状相似,易于同建筑物相配。

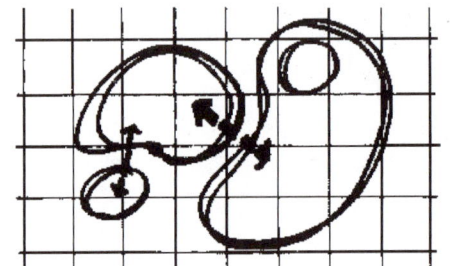 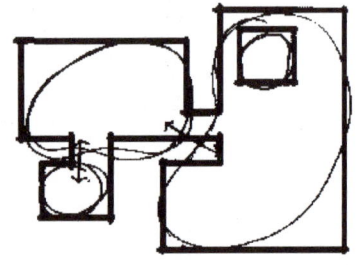

用矩形的造型,从功能泡泡图到具体的边界线

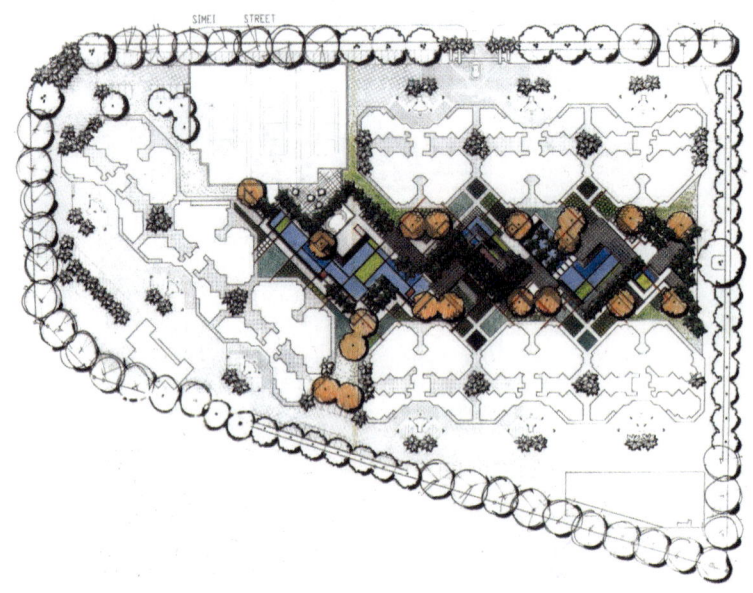

矩形的造型在实际中的应用

这种90°模式最易与中轴对称搭配。矩形形式尽管简单，也能设计出一些不寻常的有趣空间，特别是把垂直因素引入其中，把二维空间变成三维空间以后。

在概念方案中，抽象的图形，在现在确定形状阶段，新绘制的线条代表实际的物体，变成了实物的边界线，显示出从一种物体向另一种物体的转变，或者是一种物体在水平方向的突然转变。

2. 三角形模式

用45°/90°的网格作为铺垫。在绘制图形的时候，重视模块并注意对应线条之间的平行还是很重要的。

需要注意的是45°的锐角通常会产生一些功能上不可利用的空间。

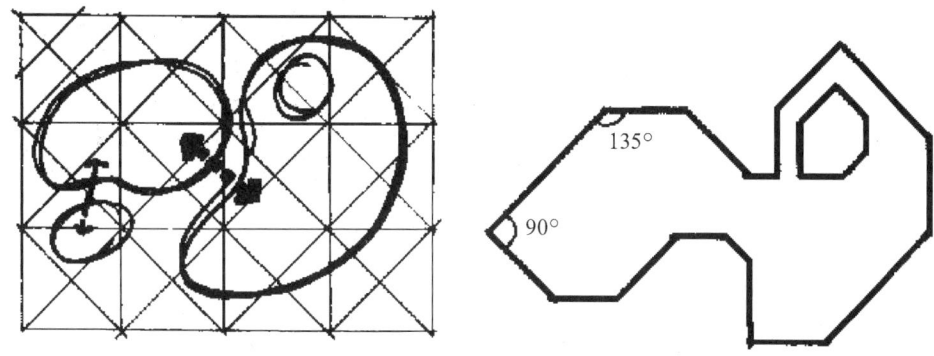

45°、135°的三角形模式创作的形状

3. 六角形模式

根据方案需要，可以按相同尺度或不同尺度对六边形进行复制。当然，如果需要的话，也可以把六边形放在一起，使它们相接、相交或彼此镶嵌。为保证统一性，尽量避免排列时旋转。

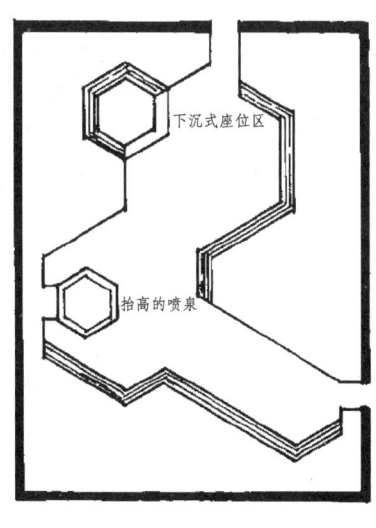

六角形的形状创造的空间

4. 圆形模式

圆的尺寸和数量由概念性方案所决定，必要时还可以把它们嵌套在一起代表不同的物体。当几个圆相交时，把它们相交的弧调整到接近90°，可以从视觉上突出它们之间的交叠。连接圆与人行道或过廊这类直线时应该使它们的轴线与圆心对齐。

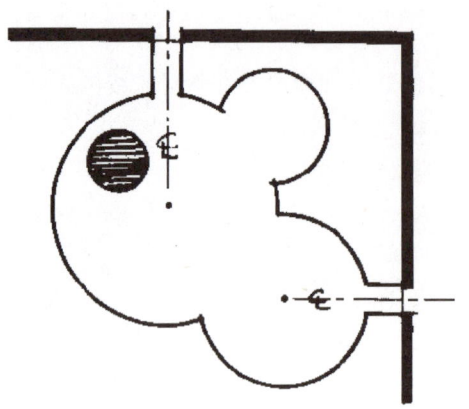

大小圆划分出主空间和次要空间　　　　　　圆的形状与弧线联系

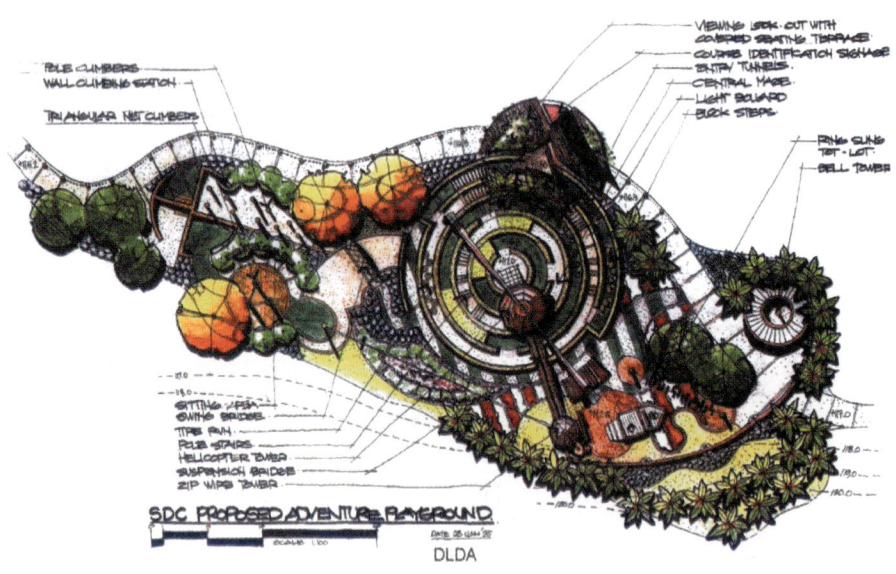

圆形状的应用

5. 椭　圆

椭圆是圆的一种特殊的方式，比圆更适合长方形的空间。大小椭圆相互结合，可以创作出变化的空间。

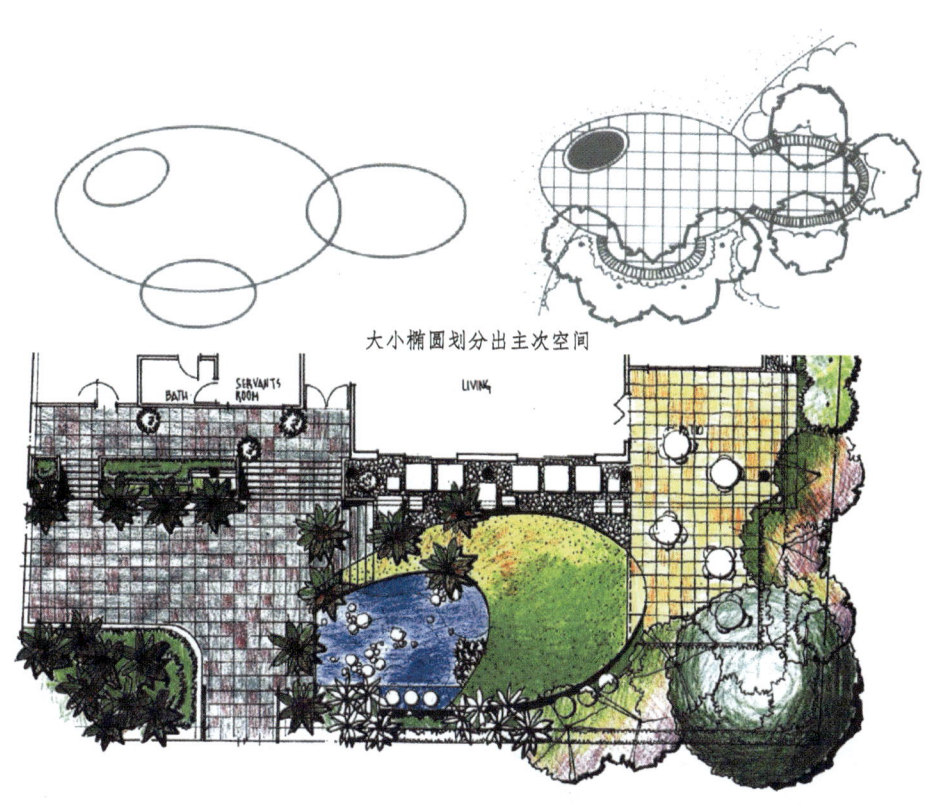

大小椭圆划分出主次空间

椭圆造型的空间、水池和广场

二、自然形式

1. 蜿蜒的曲线

这种蜿蜒的曲线可以形成草坪的边界线、水池驳岸或者水中种植槽的外沿。这些形状给空间带来一种松散的、非正式的气息。

曲线自然优美

2. 扇贝的形状

法国某植物园区布置平面及实景图,利用扇贝的形状造型

三、不规则的多边形

使用角度为 100°～170°的钝角。

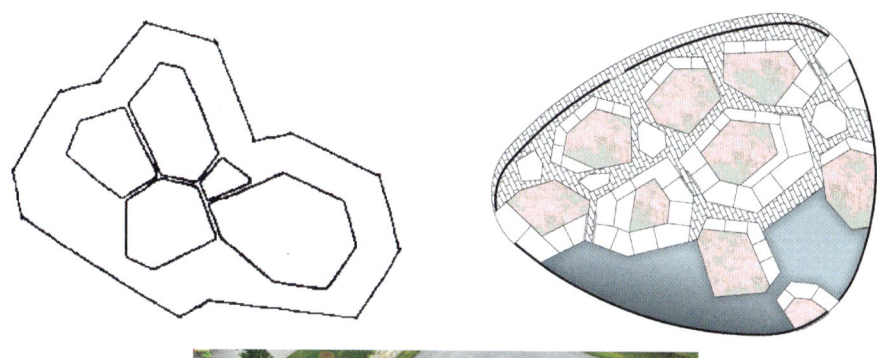

德国极简主义花园设计

采用不规则多边形设计种植区、园路及水面。

四、多个形体的组合

多个形体的相互穿插和结合

最有用的整合规则是使用90°角连接。当圆与矩形或其他有角度的图形连接在一起时，沿半径或切线方向使用直角是很自然的事。这时所有的线条同心圆都有直接的联系，进而使彼此之间形成很强的联系。可以利用缓冲区和逐级变化的方法达到协调过渡效果。

第三步：草图绘制

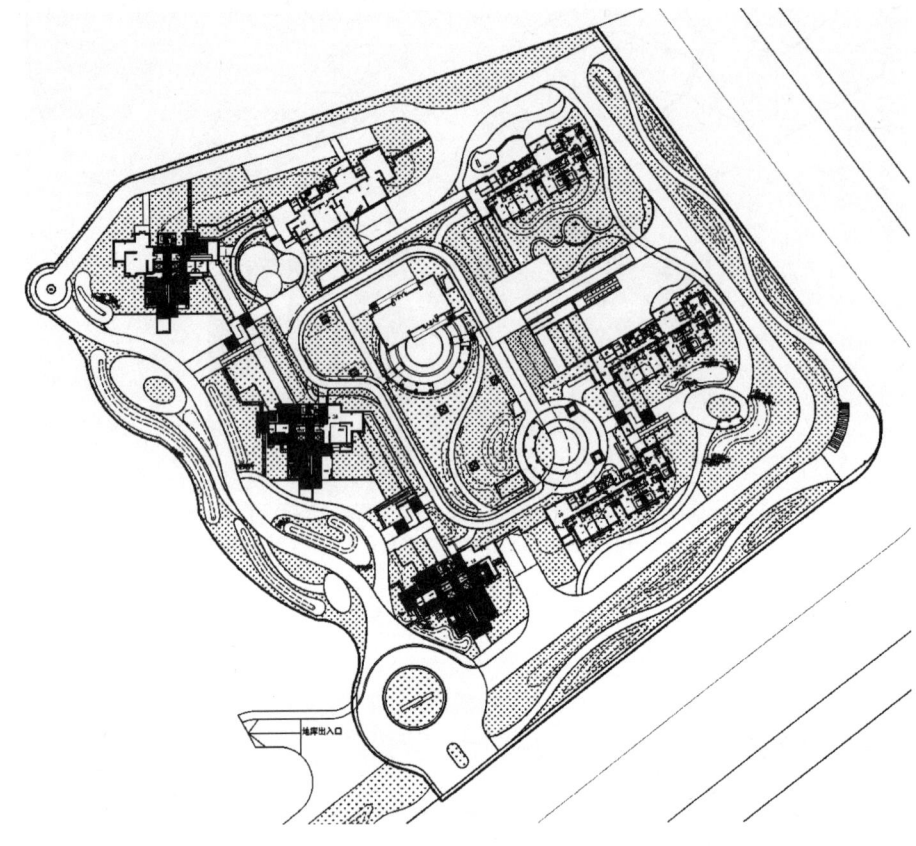

本项目方案草图平面

本方案在造型上，主要以圆作为主题。结合流动的曲线作为园路，和圆形或者椭圆的广场空间相贴合比较自然。园路曲线，能够增加游览路线的长度，做到步移景异。圆形的空间广场内，有同心圆构成，也有相交的圆造型，变化多种，和花架、种植相结合，创作出变化的空间。

在造型上，主要确定的是园路、广场、水体的边界线，确定的是硬质景观的边界线。园路的通顺和造型的成功，决定了整个方案的成败，是重中之重。

任务五：居住小区景观总平面图设计

教学目标：

（1）运动布局、造景手法。
（2）运用软件制图。
（3）掌握景观总平面规划设计原则和设计表达。

技能要求：

（1）能够运用 CAD、Photoshop 等设计制图软件。
（2）标准制图规范。
（3）具有色彩、造型的能力。

任务目标：

完成彩色总平面设计图。

完成任务的要点：

（1）对设计草图定稿，确定功能布局合理、尺寸大小合适、造型美观、道路通顺。
（2）在 CAD 图上绘制完成平面设计底图。确定线型，打印，用 Photoshop 进行渲染。
（3）辅助指北针、比例尺，设计说明文字，排图。
（4）效果图的表现。
（5）种植设计及灯光布置设计。

工作情景：

工作地点：综合设计工作室
工作场景：采用学生设计操作、教师引导的学生主体、工学一体化教学方式。教师以居住小区设计为例，把设计任务完成过程进行逐步演示示范，学生根据教师演示操作和教材涉及步骤进行逐步设计操作。完成本次设计任务工作内容后，教师对学生设计过程和成果进行评价和总结，并布置与本次任务相关的实践训练进行拓展和巩固。

设计实践操作：任务设计过程与设计要点分析

第一步：景观总体设计要求

（1）整体景观规划的系统性与完整性，利于景观环境的营造，达到景观对营销的支持效果。
（2）强调景观的立体层次感和视觉均享性，配套设施的景观化，景观配套要具有一定的使用功能、审美功能，景观可参与性实用性，体现以人为本。
（3）景观配套设计的色调清爽柔和，诗人的感官效果达到舒适、雅致。
（4）景观配套设计的表现形式多样化，动静结合，外部形式做到精致，注意细部考虑。
（5）考虑地块已有的外部环境，与开发区及其他住区相邻处的景观处理，维系和提高地块的环境生态质量，整合外部景观和小区的园林景观，协调统一。
（6）景观配套设计有利于小区安防系统布置的需要。
（7）整体把握环境景观，景观有可持续性，注意景观对低耗、节能、高效的要求。
（8）通过各组团景观的设计形成小区整体景观环境的立意主题。

整体景观配套设计应以"健康休闲"主题协调环境、建筑、人文的三方面关系，形成自然环境与人居活动融合协调、居住环境园林化的自然环境。具有建筑空间与景观环境相和谐的建筑环境。营造出人与人之间和谐交往、家庭亲情、邻里友情、社区情感共存共融、具有温馨融洽社区氛围的人文环境。

第二步：确定总平面图的线稿草图

总体平面草图向甲方汇报后，设计师根据甲方的意见，重新对设计做了修改后，在原图上再作出修改后的图。正式图与草图的不同之处，除了必需的修改图外，绘制的表现方式也明显不同。正式图是以传统的制图学方式加以表现，比起草图来更严谨和规范。正式图的一些建筑线、产权线和硬质结果因素（如墙、平台、步行道等）的边缘线是利用丁字尺、三角板等绘制工具绘制而成。然而其他因素如植物仍然是徒手绘制。因此正式总体图比草图需花费更多的时间来绘制。

而有些设计师为了节省时间和费用，正式图也用徒手的方法来表现。而有些甲方则不在乎图面的漂亮。因此，可根据经费和时间多少、甲方的要求，对图面的表现采取不同方法，已达到最佳效果。

在设计过程中，必须遵守近年来国家关于居住区、环保、节能、制图等方面的一些规范，如《居住区设计规范》《房屋建筑制图规范》等。

总体设计平面草图必须表示出下列事项：

（1）产权线。

（2）标出用于设计中的原地形和主要的标高。

（3）园路与街道的衔接，其他重要因素如建筑邻接的基地。

（4）所有建筑物或构筑物的平面轮廓或基础轮廓。

（5）所设计园址上的所有因素，均用它们自己的图例做出：

① 通车路、步行道、平台、踏跺、草坪等。

② 道路与停车场。

③ 桥、花架、船坞等。

④ 植物（包括原有的和设计的）。

⑤ 墙、围篱等。

⑥ 阶梯、坡道、山石。

⑦ 设计等高线。

除了上述以外，总体平面草图还必须注意以下项目：

（1）主要活动区域（例如草地、社交开放空间、服务区、自然林区、露天剧场等）。体现休闲与运动的活动内容，注意老年人养身保健、中青年运动放松、儿童玩乐的户外活动景观环境布置与设计（运动设施器材系列），利用好屋顶花园的空间，布置运动设施（如乒乓球场地、羽毛球场地）、休闲设施（如棋牌桌等），作为居民休闲活动场所，注意活动配套设施、场地与绿化环境、景观相融合。

（2）市政公建配套。如管道井、排污井、垃圾箱（站）、建筑附属设施（围墙、护栏）等应服从与整体的景观风格，达到配套的景观化设计原则。

（3）设计因素的材料和形态。

（4）植物的一般特征（如大小、外形、落叶、常绿、阔叶常绿等）。整体绿化设计须强调植被与建筑环境配合，把"彩"和"果"的意境融汇于园林功能上，植物的种类选择增加果木类型，花卉注意四季开放的结合，多种植物花卉的错落布置。利用植物所营造的空中花园，将绿色附加于空中，整体丰富绿化系统的层次，空间、时间概念，通过果木、山石、鲜花、水景等绿化景观要素共同塑造出"夏有凉、冬有绿、四季有花"的立体绿化效果。

（5）主要立面高度变化使用的标高点。

（6）对特殊情况的说明文字。

第三步：总平面图的表现

（1）由于总平面是用于向业主进行汇报的图纸，总平面图可以在草图设计基础上表现得更加美观细致。

（2）居住区总平面图可以用尺规作图或是用 CAD 制图。由于 CAD 尺寸比较好控制，绘图比较精确，现在较常使用。但是由于植物较为灵活，可以用圆模板在打印的 CAD 图上绘制圆形轮廓，再在此基础上描图例或上色。

（3）由于现在电脑表现方式多样，居住区总平面的风格可以以手绘加马克笔、彩铅进行表现，也可以用 Photoshop 绘制彩色平面表现，更可以用 Sketchup 草图大师绘制。

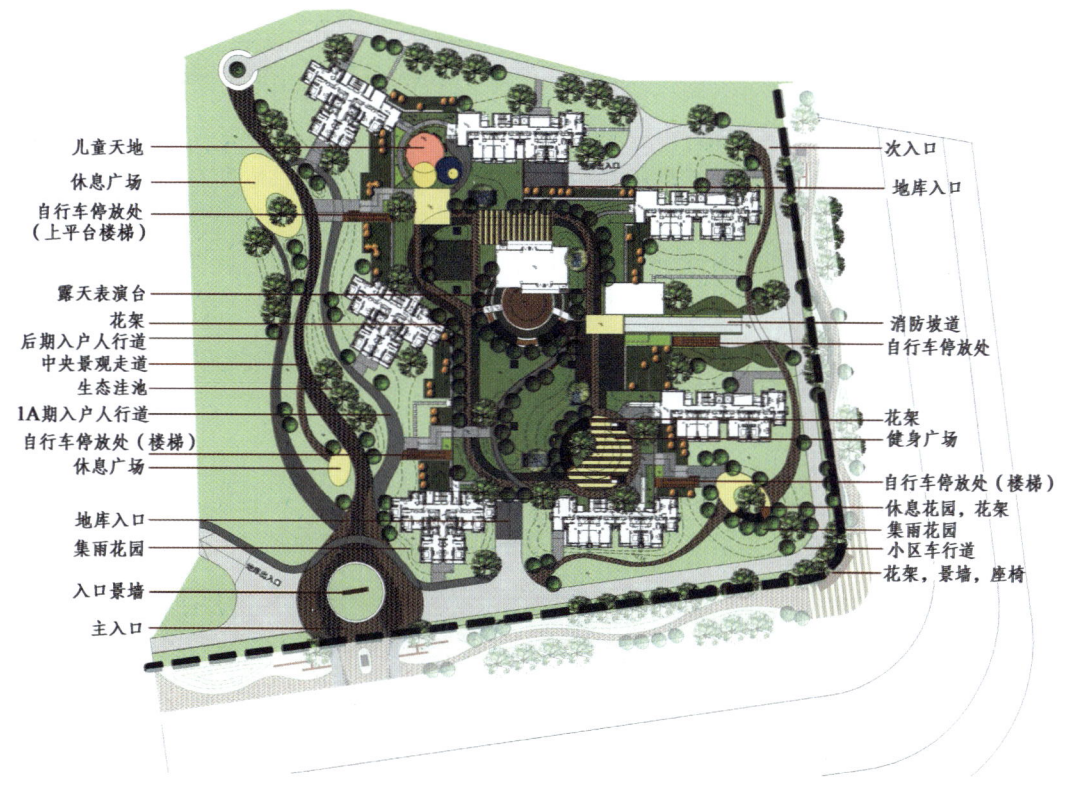

本项目方案彩色总平面图

第四步：总平面图文字

1. 设计说明

图面上的空位置上可能会补上一些对该平面的设计说明。设计说明可能会包括设计理念、设计原则、设计手法等。由于图面只能对平面布局进行标示，因而，设计的衍生意境和理念等需要用较多的笔墨来补充。设计说明生动往往能使人感同身受,引导人们对景观平面后期效果进行遐想。

2. 文字标识

总平面上的文字标识可以是简单的标识实物,如亲水平台;也可以是通过引申的景点名字,如曲水流觞。给园林景观取名也是一门艺术,有些景点看上去平凡,但经过景点名称修饰后,将会延伸出不同的意境。如为亭子取名为爱晚亭,会让人联想到杜牧诗"停车坐爱枫林晚,霜叶红于二月花"。取名前,亭是亭;取名后,亭非亭,而是引人遐想的一处风景。给景点取名,在一定程度上取决于命名人的文学内涵和语文积累。

名称取好后,还要将文字在平面上进行排版。排版的方式或者是拉线在外面标注,或者是在平面上标上序号,统一排版。

第五步:设计透视效果表达

1. 鸟瞰图

设计者为更直观地表达景观设计的意图,更直观地表现设计中各景点、景物以及景区的景观形象,通过鸟瞰图进行表现有很好的效果。鸟瞰图制作要点:

(1)无论采用一点透视、二点透视或多点透视、轴测画都要求鸟瞰图在尺度、比例上尽可能准确反映景物的形象。

(2)鸟瞰图除表现景观设计本身,又要画出周围环境,如居住小区周围的道路交通等市政关系;居住小区周围城市景观;居住小区周围的山体、水系等。

(3)鸟瞰图应注意"近大远小、近清楚远模糊、近写实远写意"的透视原则,以达到鸟瞰图的空间感,层次感,真实感。

(4)为表现绿化效果,园林树木不宜太小及太少。

某小区设计鸟瞰图表现

2. 节点效果图表达

对于重点设计区域，为了表达清楚需要绘制节点透视效果图。可以用一点透视、两点透视角度，可以用手绘或者草图大师建模表现。

效果图主要以表现水景、亭廊花架等景色为主，同时增添植物、人物的活动，渲染场景的气氛。

如果利用草图大师建模，则可以多角度的取景，根据需要出图，是一个方便、节省时间的工作方式。

本项目中儿童活动区景观节点透视效果图

第六步：种植设计

方案设计阶段需要考虑园区的种植主题，例如下图中，将整个小区的景观划分为春夏秋冬四级景观，保证三季有花。每个景观节点的打造的内容不一样，春天的景观以玉兰海棠为主，夏季以修竹茂林为主，秋季以季相彩叶植物为主。种植的搭配烘托造景的主题。

在方案设计阶段，不需要确定具体植物的株数，但需要提供园区种植品种意向，乔冠草的苗木种类，以及相应的种植效果意向图片。

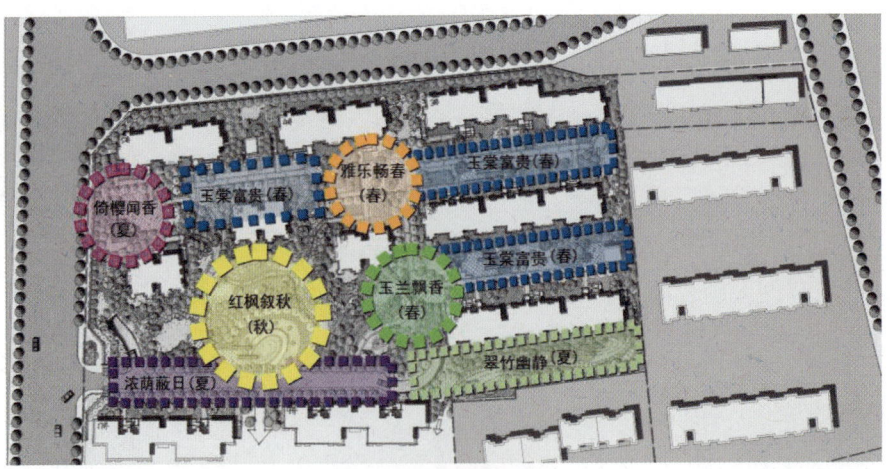

某小区的种植主题

植物意向图

植物意向图

第七步：灯光布置设计

方案设计阶段需要提供景观小品、座椅、花钵、垃圾桶、灯具的意向图片。园林常用的景观灯具有：路灯、庭院灯、壁灯、地灯、水下灯、投射灯等。这些灯具大致的位置需要在总平面图上标识出来。

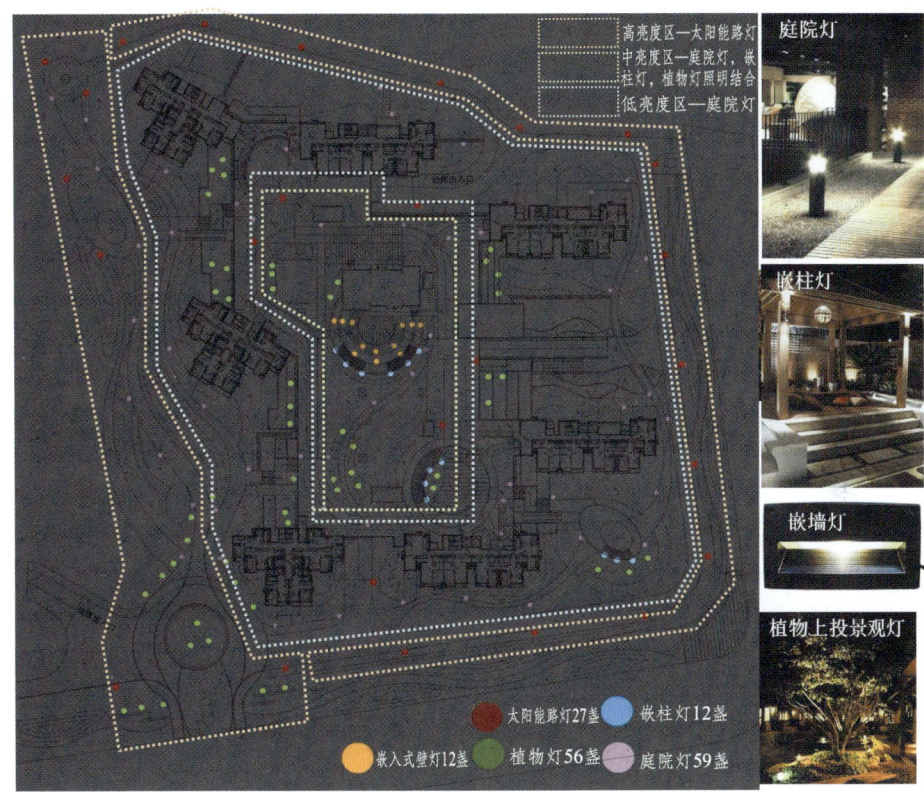

本项目中灯光布置设计图及灯具意向图

基本技能训练三-1　　居住区景观设计

技能训练题目：居住区景观设计
技能训练学时：8学时

技能训练目的：

（1）能够对居住区环境进行场地分析，找出问题及限制，寻找设计改造的可能。
（2）合理分区，布局美观大方，造型优美。
（3）道路分级明确并且通畅。
（4）地形改造合理，山水骨架优美。
（5）建筑小品布置恰当，满足功能要求。
（6）合理运用植物进行配置造景。

技能训练条件：

设计工作室（机房）。

设计软件 CAD、Photoshop、Sketchup。

A3 图纸、草图纸、绘图铅笔、针管笔、马克笔。

训练内容及要求：

完成某小区组团绿地景观设计平面图，设计分析图及效果表现图纸。

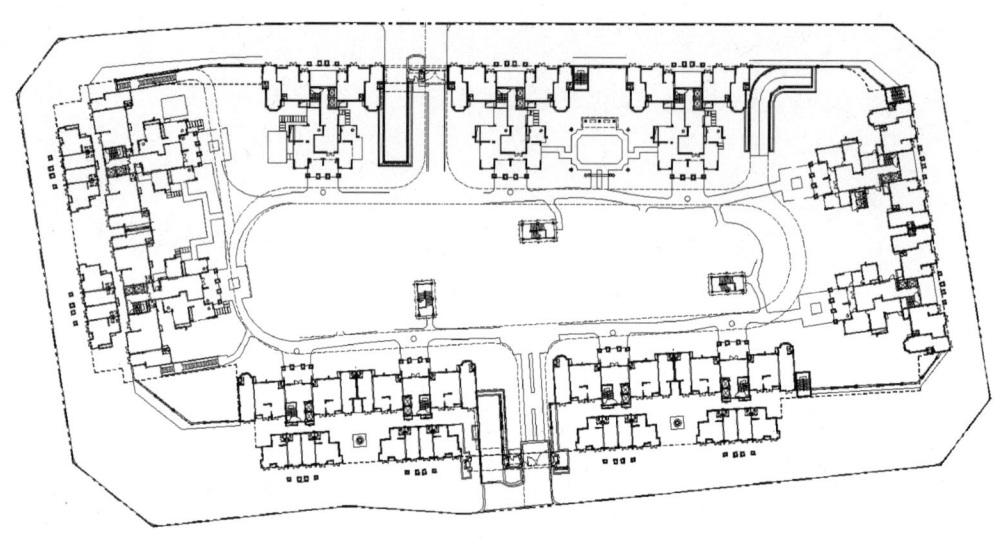

小区总平面图

1. 设计依据

由指导老师提供小区的平面底图（CAD 版本）。

2. 需要注意的问题

（1）小区主要是高层建筑，所以景观设计的构图很重要，影响人从高处观景的质量。

（2）高层建筑沿街道布置，底层为商铺。退红线，留出人行道和绿地空间。人行道应按照商业景观进行打造。

（3）小区有两个出入口，每个出入口都设有地下停车场出入口，车辆在小区入口处直接进入地下停车场，做到小区内部人车分流。

（4）建筑围合出中庭空间，成为主要的景观打造区域。

（5）在中庭空间处，需要注意留出消防通道，供消防车驶入。消防通道可作为隐蔽式通道。

（6）中庭空间有连接地下停车场的人流出入口，需要在景观设计时，留出人行道进行连接。

（7）由于中庭空间下部都是地下停车场，所以挖湖堆山的荷载不能够太大。

（8）景观设计风格应该与小区住宅建筑风格相适应，建筑风格为 Art deco 欧式风格，打造具有国际化品质的楼盘。

3. 设计要求

（1）道路通顺。人车分流。人行道连接住宅入户口与景观节点。
（2）美观、合理。小区景观设计美观，设置相应的居民活动空间，空间布局合理。
（3）经济。合理选用材料，做到经济。场地因地制宜、土方平衡，降低工程造价。
（4）生态。选用本地植物，合理配置，形成具有生态意义的种植群落。采用环保材料、生态技术，做到低能源消耗降低碳排放。

4. 设计成果

（1）场地分析图。
（2）设计总平面图。
（3）鸟瞰图。
（4）设计分析图（道路分析、功能分区、景观分析、水体分析等）。
（5）景观节点平面图。
（6）节点透视图。
（7）节点剖面图。
（8）室外景观小品、建筑设计图（大门、亭、廊、花架、花钵、种植池、栏杆、座椅、园灯等。
（9）种植设计图、种植意向图片。
（10）设计说明文字。

考核方法：

此部分考核学生的分析能力、规划设计能力以及设计表现能力。

设计内容	评分标准
场地分析	（1）用箭头、泡泡图等图例和文字表达场地分析要点 （2）分析合理 （3）功能分区和场地分析相适宜
总平面设计	（1）功能空间布局合理 （2）造型协调、统一 （3）比例、尺度合适 （4）道路系统通畅 （5）园林要素搭配适当 （6）种植搭配要合理 （7）图面表达干净、清晰
局部透视图	（1）能够清楚的表达景观设计想法 （2）能够熟练运用设计软件或者手绘的方式进行表达 （3）透视关系正确 （4）图纸美观
方案文本	（1）版式布局美观，主次安排合理 （2）逻辑顺序清楚 （3）设计说明辅助设计图纸进行设计表达

项目阶段二　局部详细设计阶段

教学目标：

（1）深化方案设计，掌握材料、尺寸、构造。
（2）掌握景观建筑、小品平、立、剖设计及表达。

技能要求：

（1）运用材料、构造、种植配植知识的能力。
（2）能够运用 CAD、Photoshop 等设计制图软件及手绘表达的能力。
（3）具有平、立、剖制图的能力及色彩、造型的能力。

任务目标：

（1）完成局部节点的详细设计，平面图、透视图。确定空间尺寸、高差、铺装材质、颜色、景观小品设置等。
（2）完成建筑小品的平、立、剖设计图，确定建筑小品所用的材质、颜色、尺寸、构造做法。
（3）确定植物种类，及配植设计方式。

完成任务的要点：

（1）方案设计进行深化，放大比例，确定设计中的细节问题。例如地形高差、道路广场尺寸、材质、颜色、构造做法。水景、景墙、亭、廊尺寸、高度、颜色、材质、构造等。
（2）局部景观节点，需要绘制节点平面图，指明材质、颜色、尺寸。绘制节点透视图，表现设计效果。对于高差复杂的景观节点，需要绘制剖面图，表现地形的变化。
（3）建筑小品设计，需要绘制平、立、剖面，指明材质、颜色、尺寸等。
（4）种植需要提供苗木表，包括苗木名称、规格。对于重要景观节点，需要绘制种植的效果图及配植图。
（5）家具等需要提供意向图片。

工作情景：

工作地点：综合设计工作室
工作场景：采用学生设计操作、教师引导的学生主体、工学一体化教学方式。教师以居住小区设计为例，把设计任务完成过程进行逐步演示示范，学生根据教师演示操作和教材涉及步骤进行逐步设计操作。完成本次设计任务工作内容后，教师对学生设计过程和成果进行评价和总结，并布置与本次任务相关的实践训练进行拓展和巩固。

设计实践操作：任务设计过程与设计要点分析

方案设计完成后，应按协议要求及时间向委托方汇报，听取委托方的意见和建议，然后根据反馈结果对方案进行修改和调整。方案确定后就要对整个方案进行各方面的详细设计。

详细设计也称为技术设计，即根据方案设计的要求，进行每个局部的技术设计。详细设计介于总体规划与施工设计阶段之间，包括确定准确地形状、尺寸、色彩和材料，完成定稿总平面图、各专项（包括地形、给排水、道路、种植、建筑等）总图及局部详细的平、立、剖面图，景点详图等。

扩初设计阶段的图纸包括：

（1）封面：方案名称，编制单位、日期。

（2）扉页：注明编制单位技术负责人，单位负责人，方案设计人员。

（3）设计说明。

（4）总平面图。

（5）分区介绍。

① 组团内容描述、意境表达。

② 组团平面图及景点。

③ 效果图。

④ 剖面图。

（6）其他：

① 铺装总平面图。

② 材料设计说明。

③ 基础设施及节点设计大样详图。

④ 分区绿化设计说明。

第一步：认识材料、收集材料、形成材料列表

一、认识材料属性

景观材料的一般分类有：

（1）铺砖分类：石材、铺砖、鹅卵石、木头。

（2）建筑小品：玻璃、钢、木头、钢筋混凝土。

（3）土方工程材料：砂土、素土、碎石等。

（4）植物材料：乔木、灌木、地被、草坪、水生植物。

每种景观要素都有自己的一些材料属性，例如木材制定较轻，一般用作木平台或是花架等景观构筑物；钢筋混凝土较为稳固，常用来做亭廊的基础，等等。

二、收集数据资料

在方案设计阶段，景观意向材料以图片形式予以展示，从方案反馈的信息中，设计师了解到业主喜欢哪种倾向的图案、材料、造型。接下来，设计师就可以有目的性地根据材料的样式，收集、采集相关的资料数据，列出这些材料的尺寸、性质、色彩、产地、价格等数据。

例如下表中黑色花岗岩材料的收集及比较：

名称	产地	性质价位
蒙古黑	内蒙	其颗粒较细密,磨光后板面颜色是黑色但有一点点偏黄的感觉,板面也有带一些白点
山西黑	山西	山西黑是世界上最纯最黑的花岗岩,其结构均匀,光泽度高,纯黑发亮,质地温润雍容
芝麻黑G654	福建	作为板材、地铺、台面、雕刻、工程外墙板、室内墙面板、地板、广场工程板、环境装饰路沿石等各种建筑和庭院石材的材料
福鼎G684	福建	低辐射,是环保型产品,且质量上乘,价位适中

三、形成材料列表

在扩初阶段,需要对每个场地的材料选择存在唯一性。因而,在选定了材料之后,设计师需要在现有材料的基础上,选定将要使用材料的位置。这时,可以在平面图上,大致将该材料的一些位置进行布局。

某园林工程中铺装材料用表

类型	编号	材料名称	规格(mm×mm×mm)	面积(m^2)
铺地	1	浅灰色高压混凝土砖(不透水)	100×200×60	917
	2	深灰色高压混凝土砖(不透水)	100×200×60	458
	3	芝麻白烧面花岗岩	500×300×30	181
	4		300×300×30	520
	5		400×200×30	83
	6		500×200×30	8
	7		1500×500×50	97块
	8		600×600×50	2块
	9		850×500×30	187
	10		600×200×30	17
	11		600×300×30	110
	12	沥青路面		1 955
	13	鲁灰色烧面花岗岩	400×200×30	133
	14		600×600×30	7
	15		500×200×30	457
	16	鲁灰色烧面花岗岩	500×300×30	29
	17		40×400×30	11

续表

类型	编号	材料名称	规格（mm×mm×mm）	面积（m²）
铺地	18	丙烯酸硬地球场		37
	19	芝麻白烧面花岗岩碎拼	D=300~500，厚30	335
	20	浅灰色植草砖	200×200×60	1 683
	21	深灰色植草砖	200×200×60	124
	22	鲁灰机加花岗岩边石	150×250×500	1 695（m）
	23	鲁灰磨光花岗岩边石	100×150×400	1 489（m）
	24		600×100×400	18（m）
	25	橡胶地垫	厚20	132
	26	黑色海卵石	D=40~80	240
	27	成品水泥车挡	100×200×600	153
	28	防腐木	L×150×50	338
	29	黄色太平洋砖	200×100×60	80
	30	中国黑花岗岩火烧板	500×500×30	5
	31		500×300×30	50

注：铺装材料数量是理论数据仅供参考，施工时以实际发生数量为准。

第二步：景观铺装节点详细设计

1. 平面图

根据工程大小不同分区，划分若干局部，每个局部根据总体设计的要求，进行局部详细设计。一般比例尺为1∶500，等高线距离为0.5 m，用不同等级粗细的线条，画出等高线、园路、广场、建筑、水池、湖面、驳岸、树林、草地、灌木丛、花坛、山石、雕塑等。

详细设计要求标明：建筑平面、标高及与周围环境的关系；道路的宽度、形式、标高；主要广场、地坪的形式、标高；花坛、水池面积大小和标高；驳岸的形式、宽度、标高。同时平面上标明园林小品的位置。

2. 横纵剖面图

为更好地表达设计意图，在局部艺术布局最重要部分，或局部地形变化部分，做出断面图，一般比例尺为1∶200~1∶500。

在扩初设计中，铺装占据重要的部分，需要在平面上填充并标识出各硬质铺装的材料、颜色、规格、尺寸等信息。有时，还需要对铺装的结构进行扩初，表明各层的厚度、材料。

例如下图中，入户的中心铺装250×250黄色荔枝面花岗石，边缘是灰色洗米石。踏步为400×900灰色烧毛面花岗岩。残疾人坡道为灰色火烧面花岗岩。

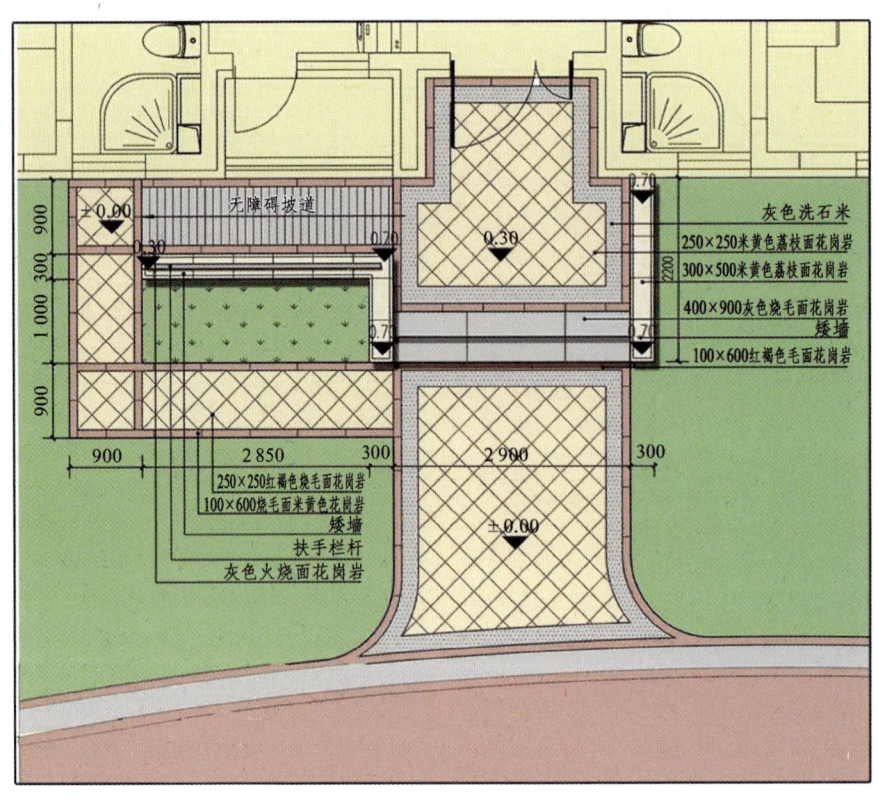

入口的节点扩初详图

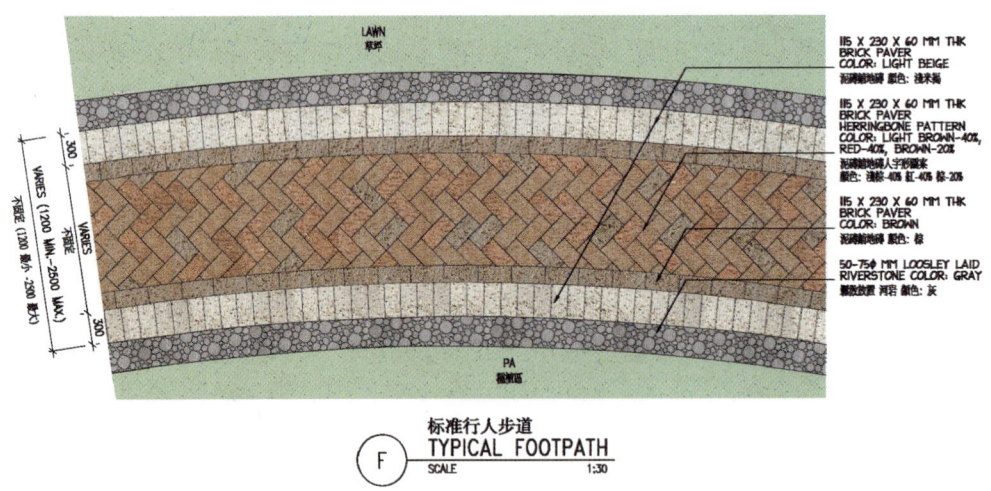

上图,为某居住小区标准人行步道铺装平面图。中间115×230×60陶土砖人字形图案,浅棕色陶土砖占40%,红色占20%,深棕色占40%,交错布置。路缘石为115×230×60棕色陶土砖。再外侧为115×230×60浅棕色陶土砖垂直排布。最外缘是50～75直径的黑色卵石散置。

第三步:建筑小品详细设计

景观建筑小品的设计包括亭、廊、花架、栏杆、大门、座椅等设计。如果没有给出厂家提供的成品，一般就需要进行设计。需要对建筑小品确定其大小尺寸、颜色、所用材料、构造做法。为了清楚表达设计，需要绘制以下图：

1. 平面图

确定建筑小品所在的环境，占地尺寸，地面的材料、规格、颜色。

2. 立面图

确定建筑小品的标高、立面效果、面饰材料、颜色、构造等。

3. 剖面图

标明材料、规格、构造层次关系。

主入口正立面图

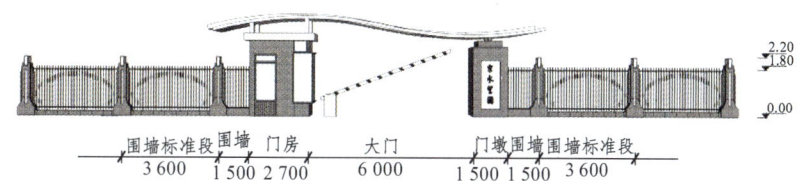

方案一：造型简洁大方，通过顶部的流线型装饰，突出富有韵律感的现代风格

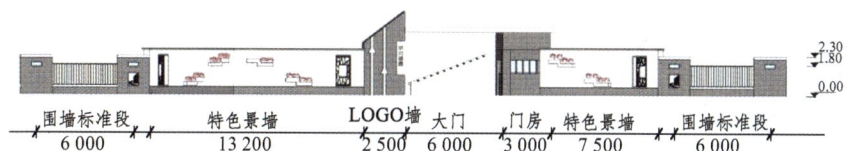

主入口效果图

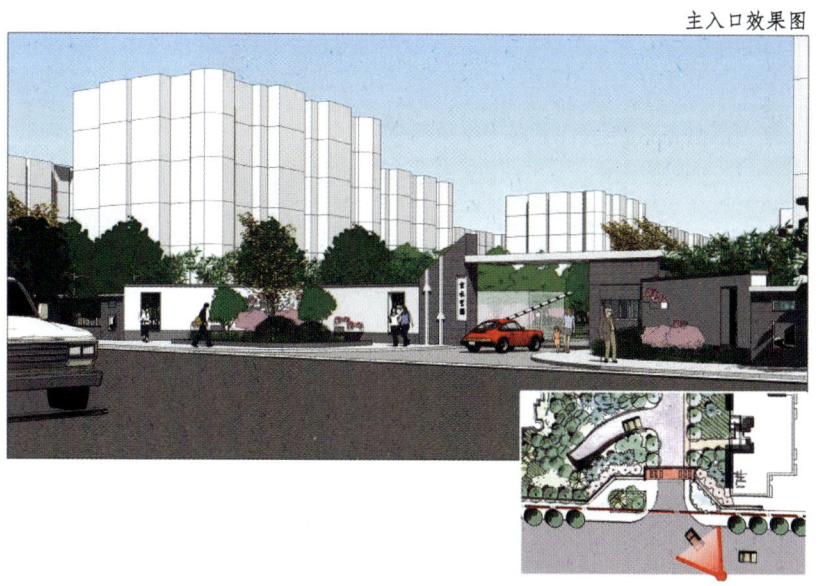

某居住小区大门详细设计

在方案设计中,大门景墙只是一个符号,在扩初设计中,需要设计出具体的大门样式、材料及颜色。大门入口设计中,主要人车分流,岗亭管理,景墙门牌设计。立面图上表示出标高、设计样式。如上图。

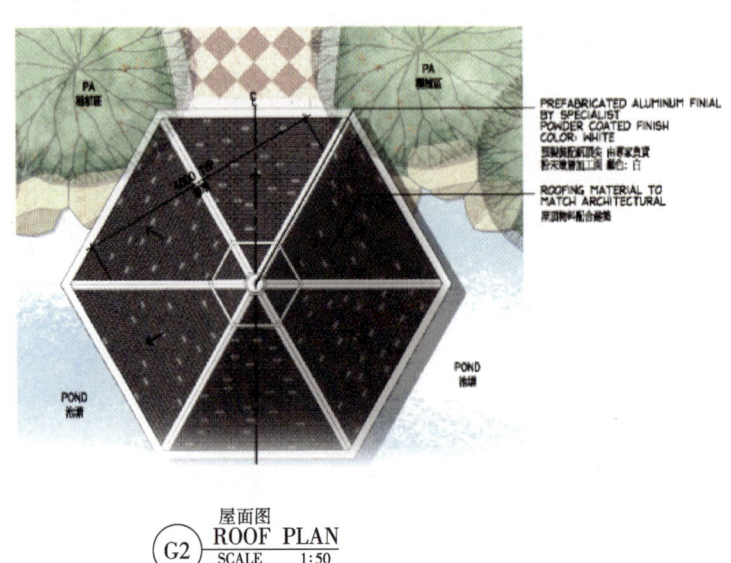

屋面图
ROOF PLAN
G2 SCALE 1:50

远景图
G4 PERSPECTIVE
   SCALE   NTS

特色凉亭
G FEATURE PAVILION
   SCALE   AS SHOWN

亭子,在方案设计阶段,只是一个平面符号,对于它长什么样一无所知。进行扩初时,需要对亭子屋顶,柱子样式及与四周环境景观空间关系进行表现。

第四步：水体景观的扩初设计

水体景观是居住区中永恒的主题，水景在居住区的形式多种多样，大致有以下几种形式：溪流、瀑布、喷泉、跌水、旱喷、游泳池、水池等。方案设计阶段，每种水体只是一个初步形象设计。初步设计时，需要对水景中各个部位的一些景观元素进行定位，将水景中各个部分的材料明确下来。

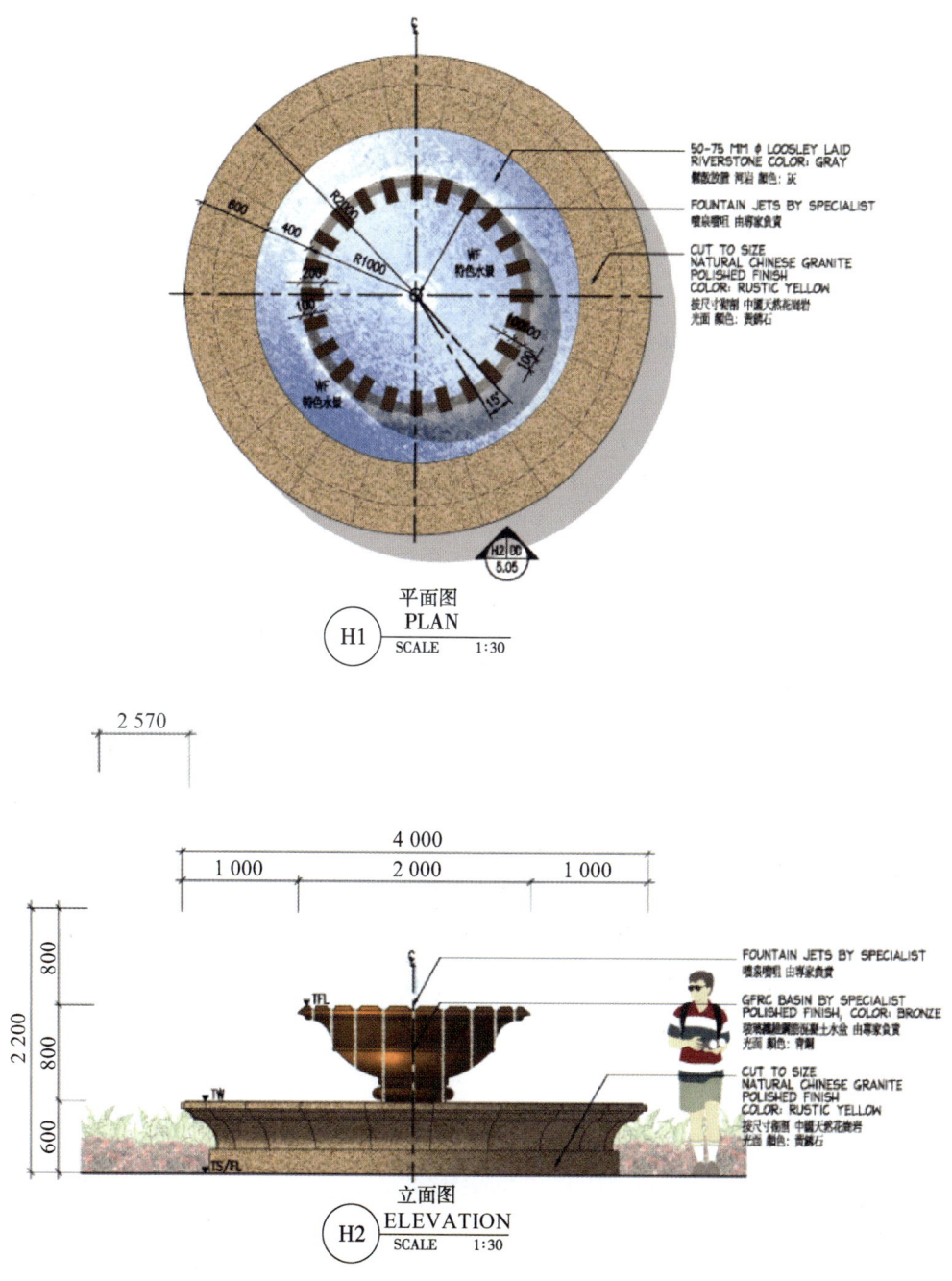

喷泉设计：例如上图中，平面图将喷泉的直径尺寸表示出来。池壁的材料为中国天然花岗岩光面，颜色为黄锈石。立面图上，将喷泉的高度表示出来。具体的喷泉口详见厂家设计。

第五步：局部种植设计图

在总体设计方案确定后，着手进行局部景区、景点的详细设计的同时，要进行1：500的种植设计工作。一般1：500比例尺的图纸上，能较准确地反映乔木的种植点、栽植数量、树种。树种主要包括密林、疏林、树群、树丛、园路树、湖岸树的位置。

案例：本项目的景观扩初

一、景观节点详细设计

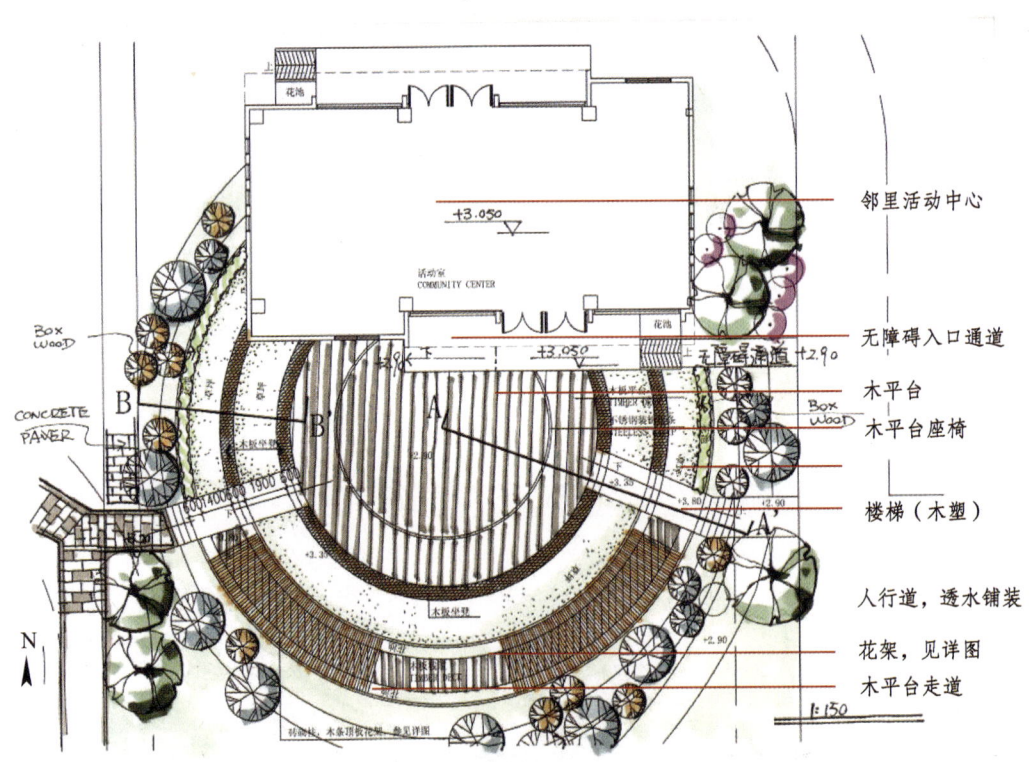

露天表演场平面图

露天表演场效果图

露天表演台为下沉阶梯式广场，毗陵邻里活动中心，成为室内活动室外的延伸。阶梯铺设草坪边缘铺设木板形成看台座椅。花架围合广场，遮阴避暑赏花，亲近自然。

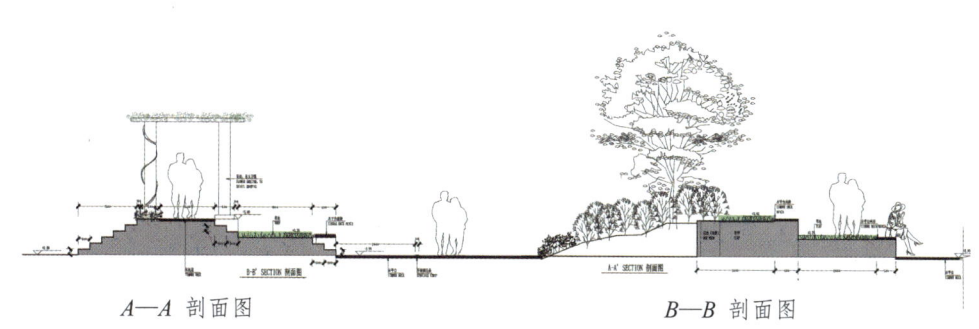

A—A 剖面图　　　　　　　　　B—B 剖面图

露天表演场剖面图

二、建筑小品详细设计

1. 入口景观设计

入口岗亭及景墙设计

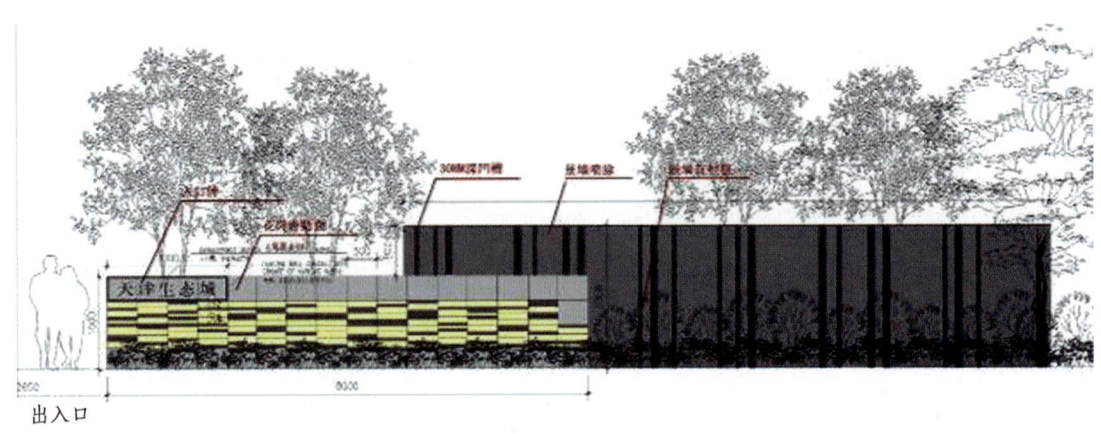

景墙设计

2. 铺装设计

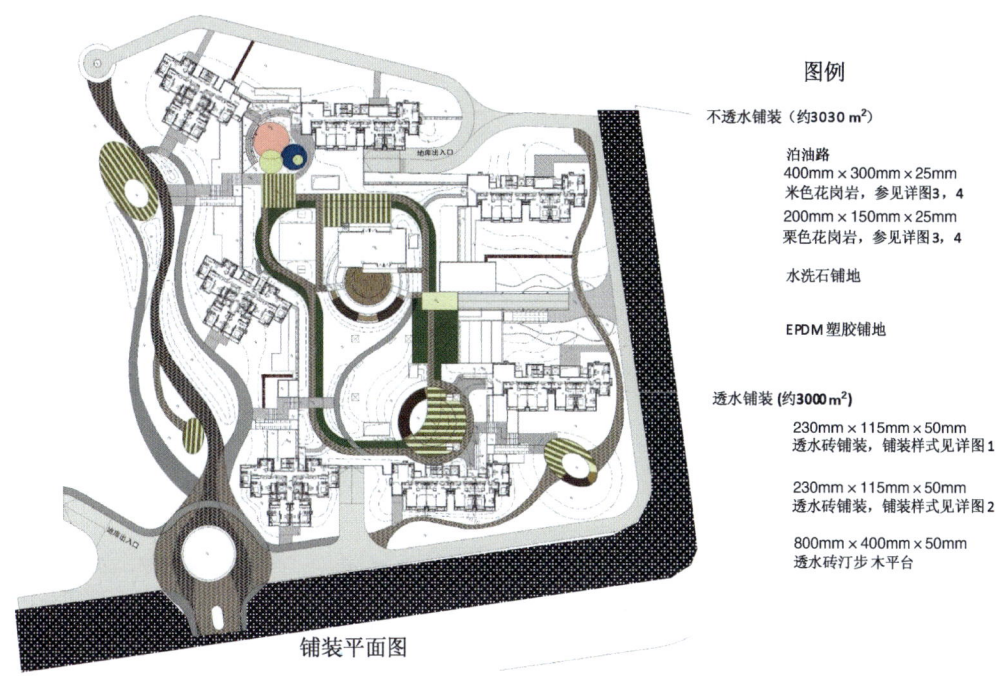

铺装平面图

铺装材料

铺装设计充分利用场地雨水，道路采用透水铺装材料，透水铺装约占铺装面积的 49.7%。广场采用花岗岩，就近取材。

铺装样式

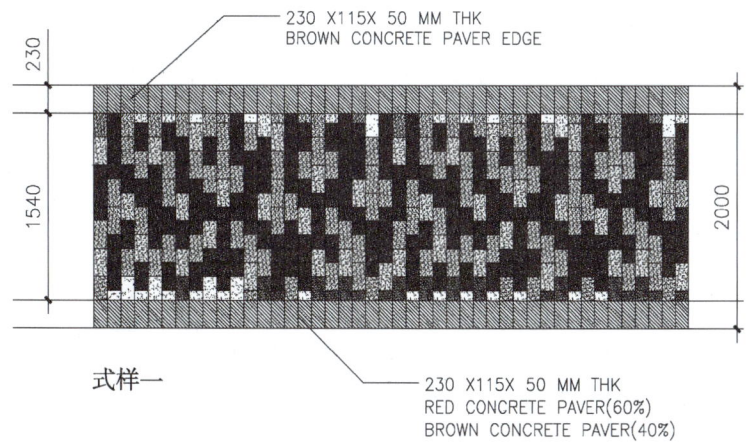

式样一

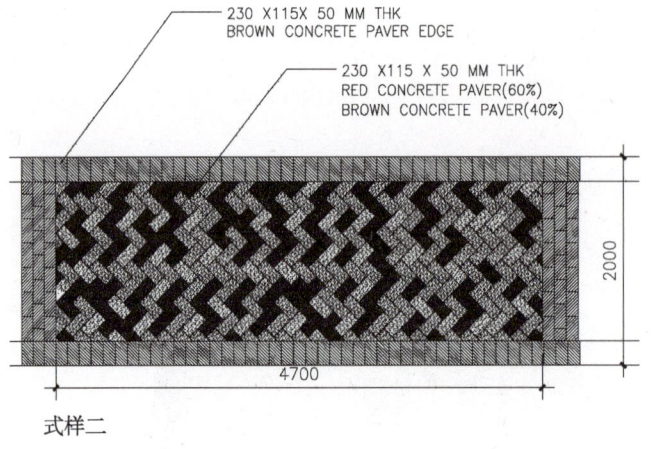

式样二

3. 栏杆设计样式

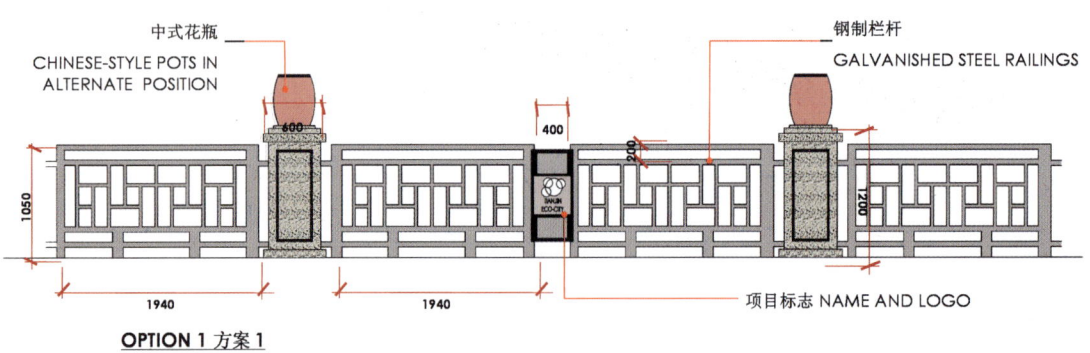

OPTION 1 方案1

4. 花架样式设计

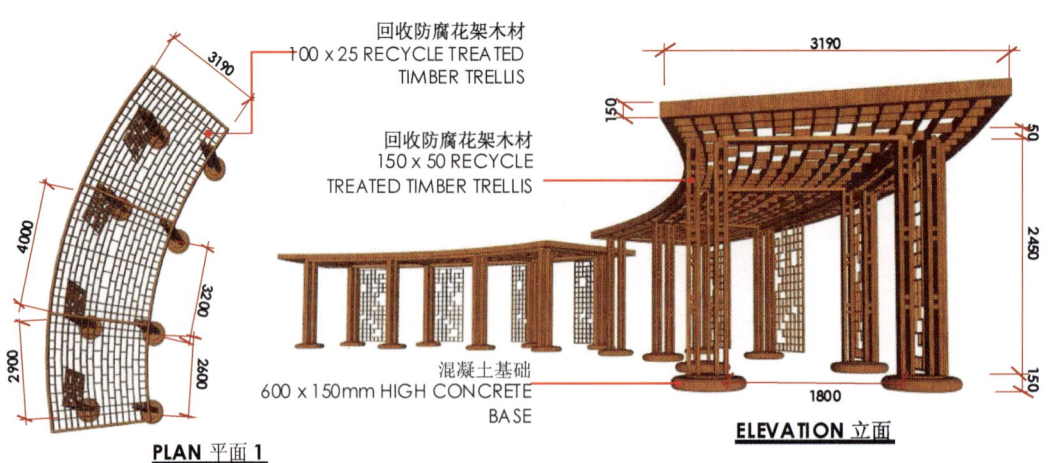

PLAN 平面1　　ELEVATION 立面

基本技能训练三-2 居住小区景观扩初设计

技能训练题目：居住小区扩初设计

技能训练学时：4学时

技能训练目的：

（1）能够对居住小区的景观方案进行深化，确定方案里使用的材料、颜色、尺寸及规格。

（2）能够对园林建筑、小品、水景、园路铺装等，进行深入设计，绘制平、立、剖图纸，确定构造做法。

（3）能够确定竖向标高等技术性问题，将方案构思可实施化。

技能训练条件：

设计工作室（机房）。

设计软件CAD、Photoshop、Sketchup。

A3图纸、草图纸、绘图铅笔、针管笔、马克笔、比例尺。

训练内容及要求：

某居住小区景观扩初设计（4学时）

根据上一步完成的方案，进行扩初设计，设计内容包括场地尺寸，园林铺装样式、铺装材质（颜色、规格、质地），园林建筑小品平面、立面、剖面（材质、构造做法、尺寸等）。

要求完成A3扩初设计图纸、材料表及构造做法表，建议用CAD绘制，方便之后的施工图设计。也可以用手绘快速表达。图纸内容需要标明尺寸、材质、颜色、规格、质地等文字内容，需要注意图纸排版。

考核方法：

此部分考核学生对于材料运用的能力，对构造知识运用的能力，对规范性图纸表达的能力。

设计内容	评分标准
施工图设计	（1）场地竖向标高设计合理 （2）各专业之间协调，设计满足结构、水、电专业的要求，调整不合理之处 （3）设计选用材料尺寸、规格、颜色合理 （4）建筑小品尺寸用材合理 （5）种植植物选择合理 （6）材料表、构造做法表正确

项目阶段三　居住小区景观施工图设计

任务：施工图的组成及设计

教学目标：

（1）了解一套完整的景观施工图组成的内容。
（2）掌握图纸的顺序及编排。
（3）掌握施工图设计说明的编写内容。
（4）掌握施工图各专业设计的深度。
（5）掌握施工图设计的表达方法，及常用的施工图图例。
（6）掌握设计规范内容。
（7）熟练运用CAD按照制图规范绘图。

技能要求：

（1）能够读懂一套完整的景观施工图设计所包含的内容，读懂各专业技术图纸。
（2）能够分析图纸的内容、深度、表示方法。能够归纳、总结、评论施工图纸的设计要点。
（3）能够将设计深化，完成选材、构造设计、施工深度设计。
（4）能够运用CAD熟练、准确、快速地完成施工图的绘制。

任务目标：

（1）阅读一套完整的施工图纸。
（2）总结评析施工图纸的内容及深度。

完成任务的要点：

（1）理解施工图所涉及的规范《城市居住区规划设计规范》（GB 50180—93）等，掌握制图规范。
（2）结合之前的分部分项的施工技术要点理解各专业图纸设计的内容、表达方法、设计深度。
（3）归纳汇总图纸，了解图纸的编排顺序、详图指引对应关系，设计说明的编写。
（4）完成一套完整的景观施工图，从图纸目录到总平面放线到种植、水电图纸。
（5）需要对方案和施工技术、构造、材料等内容有深入的了解。并且具有电脑软件制图的能力，会灵活运用制图命令，快捷、准确的进行工作。
（6）按照各专业分步骤绘制。先完成总平面放线图、总平面竖向设计、总平面铺装详图。再完成各分部分项工程图，建筑小品大样详图、种植设计图、水电施工图等。参考标准图集及设计规范、制图规范。
（7）完成各项施工图后，完成总平面图上的大样详图指引，完成指引图。

（8）完成设计说明。
（9）图纸汇总，完成图纸目录、各图纸编号和图纸封面。
（10）打印出图、装订成册。

工作情景：

工作地点：综合设计工作室

工作场景：采用学生设计操作、教师引导的学生主体、工学一体化教学方式。教师以居住小区设计为例，把设计任务完成过程进行逐步演示示范，学生根据教师演示操作和教材涉及步骤进行逐步设计操作。完成本次设计任务工作内容后，教师对学生设计过程和成果进行评价和总结，并布置与本次任务相关的实践训练进行拓展和巩固。

设计实践操作：任务设计过程与设计要点分析

第一步：施工图设计总要求

施工图的设计文件要完整，内容、深度要符合要求，文字、图纸要准确清晰，整个文件要经过严格校审，避免"错、漏、碰、缺"。施工图设计应根据已通过的初步设计文件及设计合同书中的有关内容进行编制，内容以图纸为主，应包括：封面、图纸目录、设计说明、图纸、材料表及材料附图等。施工图设计文件一般以专业为编排单位。各专业的设计文件应经严格校审、签字后，方可出图及整理归档。

施工图的设计深度应满足以下要求：

（1）能据以编制施工图预算。
（2）能据以安排材料、设备订货及非标准材料的加工。
（3）能据以进行施工和安装。
（4）能据以进行工程验收。

在设计中应因地制宜地积极推广和正确选用国家、行业和地方的建筑标准设计，并在设计文件的设计说明中说明图集名称和页次。

这里关于设计说明书和图纸应表达的内容、深度等要求，是考虑对园林景观工程通用而编制的。在进行一项园林工程具体设计时，应根据设计合同书的要求，参照本文对相应内容的深度要求编制设计文件；当工程项目中有本文未列入的内容时，宜参照本文对深度的要求，将其增加编入设计文件中。

施工图绘制过程中需要各专业及时沟通和协调，在项目的设计过程中，与建筑、水、电等专业进行沟通；消除专业之间的矛盾和错、漏、碰、缺。完成施工图后，需要校审与会审。各专业设计图纸的校审包括：

（1）专业内部校审：二审一校，二审二校。
（2）专业互校：专业之间会签。
（3）项目设计主持人协调职责：项目设计主持人组织和参与项目的专业协调、图纸会签等工作。

图纸幅面：

尺寸代号	幅面代号				
	A0	A1	A2	A3	A4
B×L	841×118	594×841	420×594	297×420	210×297
C	9	10		5	
A	25				

注：表中尺寸单位为毫米（mm）。加长图幅为标准图框根据图纸内容需要在长向 L 边加长 L/4 的整数倍。

绘图比例：

图纸内容	常用比例	可选用比例
总平面图	1∶200，1∶500，1∶1 000	1∶300，1∶2 000
放线图、竖向图	1∶200，1∶500，1∶1 000	1∶300
植物种植图	1∶50，1∶100，1∶200，1∶500	1∶300
道路铺装及部分详图索引平面图	1∶100，1∶200	1∶500
园林设备、电气平面图	1∶500，1∶1 000	1∶300
道路绿化断面图及标准段立面图	1∶50，1∶100	1∶200
建筑、建筑物、山石、园林小品等平立、剖面图	1∶50，1∶100，1∶200	1∶30
详图	1∶5，1∶10，1∶20	1∶30

施工图绘制前的准备工作：

（1）打印方案总平面图：

了解设计师的设计意图。整体布局和各节点代表什么。打印一张总平面图标注节点名称，需要注意的问题。

（2）原始资料：

建设单位提供建筑施工图一层总平面图，管网、竖向、红线、地下车库边界范围、建筑施工图等。

需要自己整理原始资料：现场勘察，发现方案设计没注意的。

（3）参照：

对于用 CAD 绘制的园林施工图，一般会将设计并整理好的总平面图作为底图单独 DWG 文件。

用插入外边参照的方式，将总平面底图插入到总平面放线图、竖向设计图、总平面索引、总平面种植图等中去。

第二步：施工图的内容

施工图阶段是将设计与施工连接起来的环节。根据方案设计、技术设计资料和要求进行设计，结合各工种的要求分别绘制出能具体、准确地指导施工的各种图纸。要求在技术设计中未完成的部分都应在施工设计阶段完成。施工图是施工和预算的基础图纸。需要准确标明使用设计尺寸、材料的颜色、规格、名称、节点构造做法。作图的深度应该满足施工人员能够根据图纸完成各级施工任务。

施工图应能清楚、准确地表示出各项设计内容的尺寸、位置、形状、材料、种类、数量、色彩以及构造和结构。

施工图包括了四个大类：园施、建施、水施、电施等。

在施工设计阶段要作出的图纸有：施工总平面图、竖向设计图、道路广场设计图、园林建筑施工图（平面、立面、剖面）、假山雕塑栏杆标牌等小品设计、水景施工图、种植设计平面图（并作出苗木表）、给排水管线及电气设计图。

施工图的顺序是从整体到细部。整体是指园区的定位、放线、竖向控制设计。细部是指各景观节点区域的设施。

第三步：各图纸的内容及设计

1. 封 面

需要写上项目名称，设计施工图公司名称及设计资质。

XXXX居住区项目(第二号地块C2区)
施 工 图 集
设计号 087-8

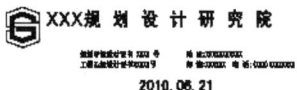

XXX规划设计研究院

2010.06.21

2. 目 录

绘制表格，在表格里写有页码、类别、图号、名称、图幅。页码是指图纸序列号。有时同一图名的图纸有2页以上，页码就依次顺延。

园林施工图的类别一般分为园施图、建施图、绿施图、水施图以及电施图。园施图主要包括总平面指引图、总平面放线图、竖向设计图、铺装图。建施图指园林建筑施工图，包括亭、廊、花架的施工图、大门设计施工图，这类施工图需要的时候应该增加结构施工图纸相配套。绿施图主要指种植施工图以及种植施工图设计说明。水施图在设计有水景的时候需要进行水管的布置及泵房的设计。电施图主要指园林供电。有时还有设施图，指的主要是园林设施例如喷灌系统等。

图号，指的是图纸的编号。根据公司项目管理的要求不同有不同的书写方式。一般由类别的拼音简称加图纸编号组成。有时需要在前面加上项目编号。

图幅指打印规格。在出图前应该规定由图纸空间出图还是模型空间出图。

XXXX 居 住 区 项 目
（图 目 索 引 表）

建设单位 Developer	XXXX地产开发有限公司		专业 Discipline	景观	设计号 Design NO	087-8	建设单位 Developer	XXXX地产开发有限公司		专业 Discipline	景观	设计号 Design NO	087-8
项目名称 Project Name	XXXX居住区项目		阶段 Status	施工图	图纸数量 Amount	共53张	项目名称 Project Name	XXXX居住区项目		阶段 Status	施工图	图纸数量 Amount	共53张
页码 Page No	类别 Drawing Type	图号 Drawing NO	名称 Drawing Title		幅面 Size		页码 Page No	类别 Drawing Type	图号 Drawing NO	名称 Drawing Title		幅面 Size	
01	园施	YS0-0	图目索引表		A1		28	建施	JS2-8	景观二区详图三		A1	
02		YS1-1	施工图设计说明（一）		A1		29		JS2-9	景观三区详图、地下车库挡墙详图		A1	
03		YS1-2	施工图设计说明（二）		A1		30		JS2-10	景观四区详图		A1	
04		YS1-3	园林构造表（一）		A1		31		JS2-11	垃圾房详图一		A1	
05		YS1-4	园林构造表（二）		A1		32		JS2-12	垃圾房详图二、景观五区详图		A1	
06		YS1-5	总平面图		A1		33		JS2-13	围墙一详图		A1	
07		YS1-6	总平面索引图		A1		34		JS2-14	围墙二详图		A1	
08		YS2-1	竖向设计图		A1		35		JS2-15	中轴井盖详图、地下车库顶及景观六区详图一		A1	
09		YS2-2	园区雨水排水管道平面图		A1		36		JS2-16	景观六区详图二		A1	
10		YS3-1	定线定位图（一）		A1		37		JS2-17	会所logle墙、私家花园围墙园区井盖做法详图		A1	
11		YS3-2	定线定位图（二）		A1		38		JS2-18	湖区观景平台详图一		A1	
12		YS4-1	铺装设计说明		A1		39		JS2-19	湖区观景平台详图二		A1	
13		YS4-2	铺装系统图（一）		A1		40		JS2-20	湖区观景平台详图三		A1	
14		YS4-3	铺装系统图（二）		A1		41		JS2-21	湖区观景平台详图四		A1	
15		YS4-4	节点详图		A1		42		JS2-22	湖区观景平台详图五		A1	
16		YS4-5	铺装大样图		A1		43	绿施	LS-01	植物种植设计说明		A1	
17		YS4-6	铺装定线图（一）		A1		44		LS-02	植物种植总平面图		A1	
18		YS4-7	铺装定线图（二）		A1		45		LS-03	上木种植形式图		A1	
19		YS5-1	公共设施分布图		A1		46		LS-04	上木种植定线图		A1	
20	建施	JS1-1	建（结）施设计说明		A1		47		LS-05	下木种植形式图		A1	
21		JS2-1	景观一区详图一		A1		48		LS-06	下木种植定线		A1	
22		JS2-2	景观一区详图二		A1		49	水施	SS-01	给排水设计说明及喷泉水景管道平面图		A1	
23		JS2-3	景观一区详图三		A1		50		SS-02	水景管图		A1	
24		JS2-4	景观一区详图四		A1		51		SS-03	绿化浇灌给水点		A1	
25		JS2-5	景观一区详图五		A1		52	电施	DS-01	电气设计说明及配电系统图		A1	
26		JS2-6	景观二区详图一		A1		53		DS-02	电气平面图		A1	
27		JS2-7	景观二区详图二		A1								

3. 图纸说明

图纸说明主要对该项目的施工图纸在图面上未标明的内容、施工材料、施工工艺、施工单位在施工时应该注意的内容进行总体说明。设计说明的文字内容可根据已经完成的相似项目参考借鉴。

设计说明中应包含的内容：

（1）设计依据及设计要求：应注明采用的标准图及其他设计依据。

（2）设计范围。

（3）标高及单位：应说明图纸文件中采用的标注单位，坐标采用的为相对坐标还是绝对坐标；如为相对坐标，须说明采用的依据。

（4）材料选择及要求：对各部分材料的材质要求及建议。一般应说明的材料包括：饰面材料、木材、钢材、防水疏水材料、种植土及铺装材料等。

（5）施工要求：强调需注意工种配合及对气候有要求的施工部分。

（6）用地指标：总占地面积、绿地面积、道路面积、铺地面积、绿化率及工程的估算总造价等。

（7）技术设计内容，各类施工需要注意的问题。各专业需要强调的内容及做法。

×××居住区项目景观施工图设计说明（一）

4. 构造表

提供项目里涉及的工程做法的构造表。主要指地面铺装、水池壁贴面、景墙贴面的构造做法。

景观分项	面层材料类别	构造做法	应用部位
沥青类铺装	沥青路面（承载）	中粒式沥青混凝土40厚 粗粒式沥青混凝土50厚 乳化沥青透层 水泥稳定砂砾200厚 级配砂石300厚 素土夯实密度不小于95%	园区主干路

续表

景观分项	面层材料类别	构造做法	应用部位
砖类铺装01	高压混凝土砖（承载）	混凝土砖200×100×60？中粗砂扫缝？ 1：3干硬性水泥砂浆结合层30厚 C10素混凝土150厚 级配砂石垫层250厚 素土夯实密实度不小于95%	园区次干路
砖类铺装02	混凝土砖（非承载）	混凝土砖200×100×60？中粗砂扫缝？ 1：3干硬性水泥砂浆结合层30厚 C10素混凝土100厚 级配砂石垫层250厚 素土夯实密实度不小于95%	步行路
砖类铺装03	透水砖（非承载）	透水砖200×100×60？中粗砂扫缝？ 1：3干硬性水泥砂浆结合层30厚 水泥稳定砂砾100厚 级配砂石垫层200厚 素土夯实密实度不小于95%	步行路

5. 总平面图

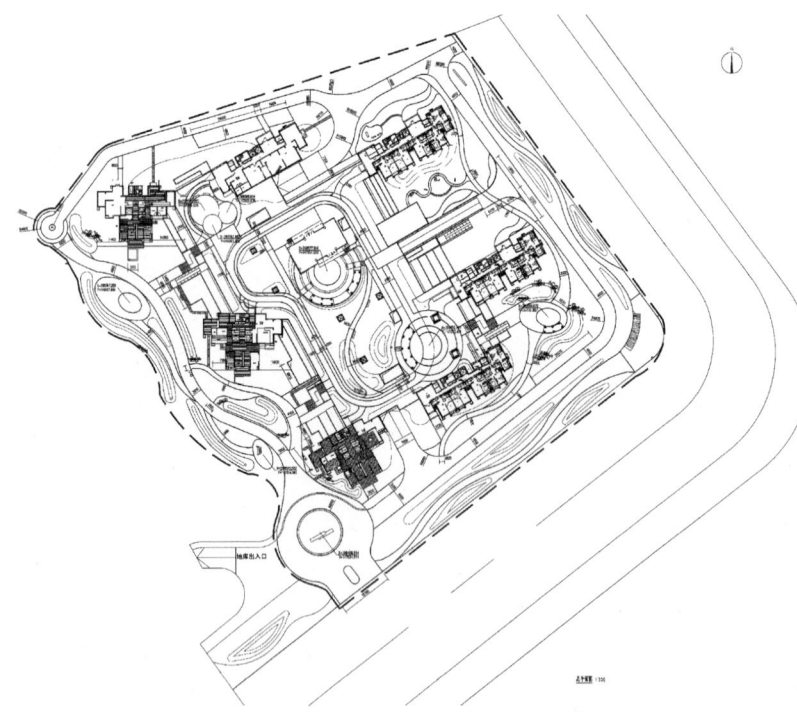

景观总平面是作为之后总平面指引图、竖向设计、种植设计、灯光布置等图的基础，经常单独存在一张图。

在总平面图上，需要标注出园林设施的名称及经济技术指标。

6. 总平面索引图

总平面索引图是指，在总平面上用索引符号标注出各景观设施所对应的具体施工构造设计图纸编号。景观所在的室外空间比较大，经常将整个园林划分为几个节点区域，对各节点区域进行深入详细的绘制，这些区域的划分需要在索引平面图上将区域位置标明，并且指引出详见的图纸编号。

设计要求：

1）总平面图

总平面图中应包括以下内容：

（1）建筑物的编号，建筑物、构筑物、出入口、围墙的位置；建筑物及构筑物在总平面图中采用轮廓线表示，采用粗实线。

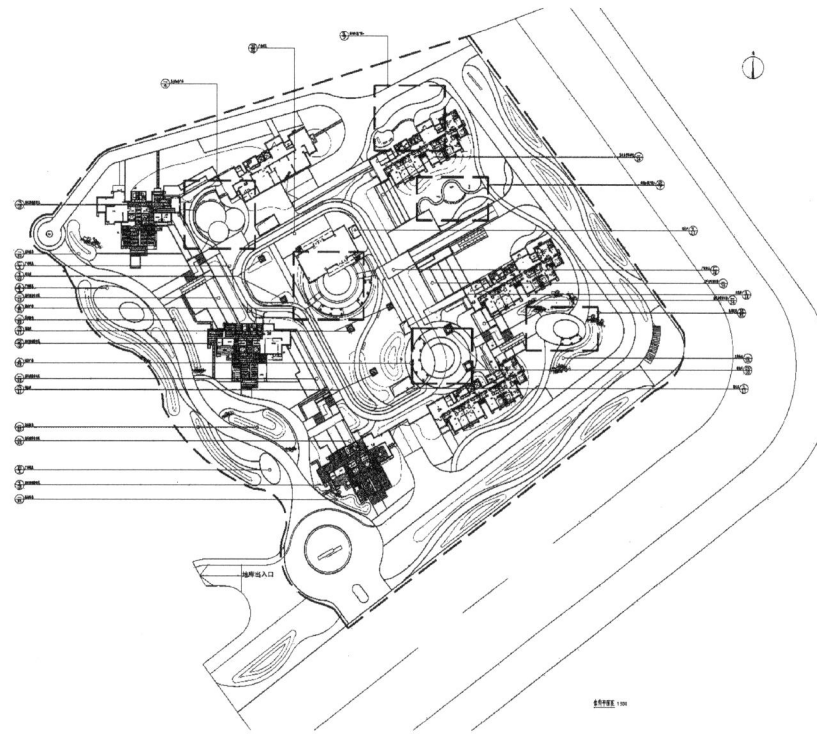

（2）停车库（场）的车位位置，绿化、小品、道路及广场的位置示意；当有地下车库时，地下车库位置应用中粗虚线表示出来；小品中的花架及景亭应采用顶平面图在总平面图中示意。

（3）应用粗虚线将建筑红线表示出来。

（4）广场、小品及构筑物的名称。

（5）指北针，绘图比例。

2）分区平面图

对于复杂园林工程，应采用分区将整个工程分成 3~4 个区，分区范围用粗虚线表示，分区名称宜采用大写英文字母或罗马字母表示。

设计方法及要点：

（1）根据详图的内容，返回总平面中，用线框框出放大部分的区域，用索引符号表示。

索引文字：××参见详图。标注索引的详图页码，及详图号。

（2）索引剖切图图标、定位轴线的圆用粗实线，直径 800~1 000 mm；索引详图：圆用粗实线，直径 1 200 mm，圆内横线用细实线绘制，索引详图圆内文字字高 350~400 mm。

7. 放线图

放线图用于施工时放线定位。在绘制时，一般以方格网进行绘制。纵向和横向的网格线需要编上编号。例如竖向是 A1，A2，A3…，横向是 B1，B2，B3…每根网格线的距离为 1 000 mm，并且应该在图上标明每根网格线的距离数值，线用直线表示。两根网格线中间又划分为 4 根等距的线，划分为 5 段，线用虚线表示。

在方格网上应该标出放线的原点，需要用城市坐标系 X，Y 轴线值表示。由于在园林施工时，建筑已经定位，可以用建筑的定位交点作为景观方格网的坐标原点。并且在说明里写清楚，由横向第几根网格线和竖向第几根网格线的交点为坐标原点。

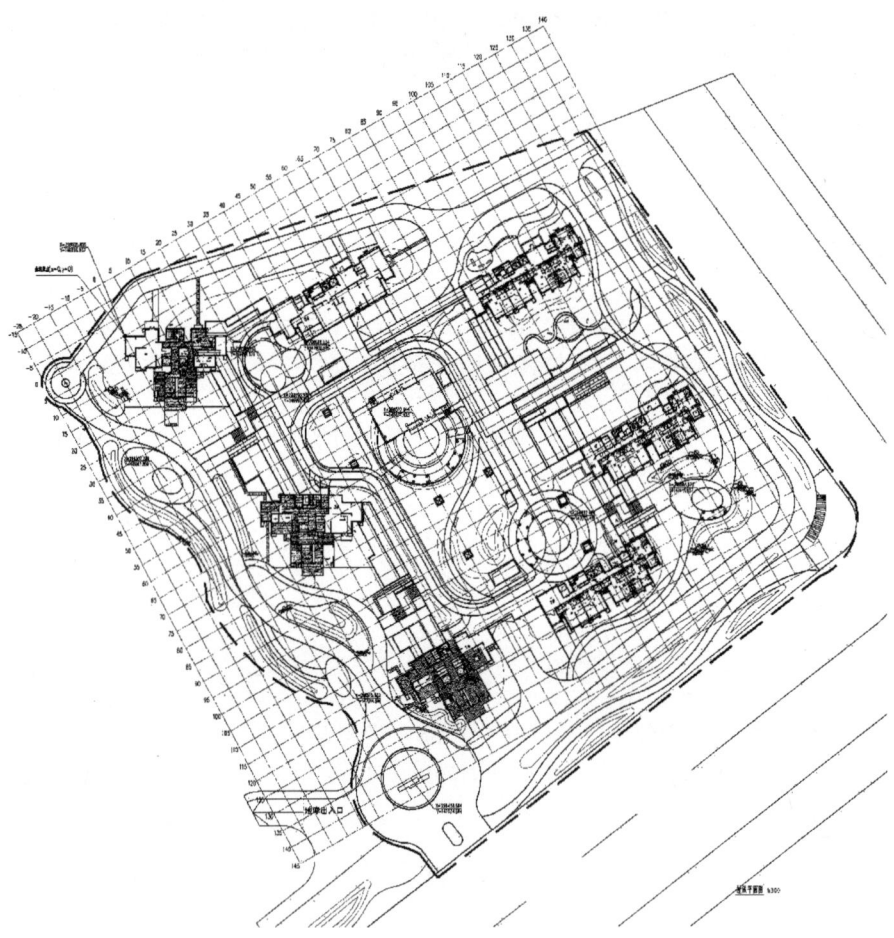

方格网放线平面图

在园路放线的时候，应该标明园路的宽度，园路边界线距离网格的距离。如果为圆或者圆弧造型的园路、广场等，应该用坐标标出圆心的位置以及圆的半径。如果园路为不规则造型，应在以每个的虚线网格线为单位划分标注出距离大方格线的数值，标注得越细，放线定位就会越准确。

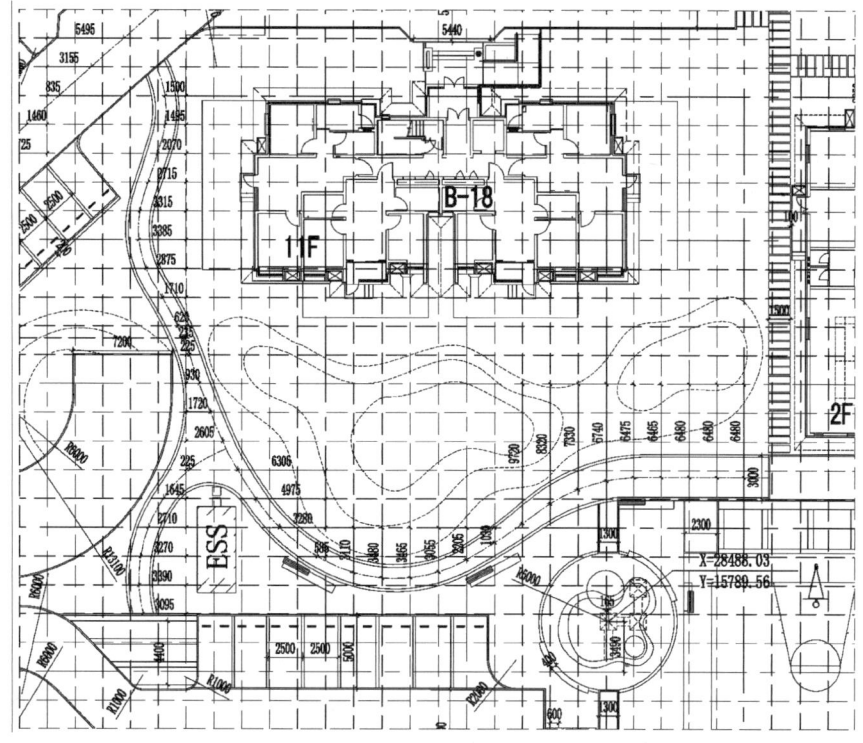

定位定线图

设计要求：

放线定位图中应包括以下内容：

（1）路宽大于等于 4 m 时，应用道路中线定位道路。道路定位时应包括：道路中线的起点、终点、交叉点、转折点的坐标，转弯半径，路宽（应包含道路两侧道牙）。对于园林小路，可用道路一侧距离建筑物的相对距离定位，路宽已包含路两侧道牙宽度。

（2）广场控制点坐标及广场尺度。

（3）小品控制点坐标及小品的控制尺寸。

（4）水景的控制点坐标及控制尺寸。

（5）对与无法用标注尺寸准确定位的自由曲线园路、广场等，应做该部分的局部放线详图，用放线网表示，但须有控制点坐标。

（6）指北针、绘图比例。

（7）图纸说明中应注明相对坐标与绝对坐标的关系。

设计方法及要点：

理解原来的方案设计，对原来的方案设计底图进行审核，修改。审核修改的内容：

（1）道路系统是否合理，消防道首先要闭合，单车道 4 m，双车道 6 m，消防车转弯半径 12 m，小车转弯半径 9 m（也有消防车 9 m，小车 6 m 之说，详见各地的规范），回车场 15 m×15 m（有些城市是 18 m×18 m），尽端式道路超过 40 m 要设置回车场。

（2）登高面（施救面，扑救面），着火时消防车开进来时用的，一般在建筑出入口一侧，建筑往外 5 m 内的植物不得超过 4 m，5～12 m 内不得有超过 0.8 m 的植物，而且是软质植物，车可以碾过去的。

（3）构筑物要把底层平面放进去，屋顶面用虚线。

（4）网格图和坐标图的放样基准点、基准轴先移动到（0，0）点。而后al对齐。

（5）确定出图比例，添加文字。

（6）对于其他总平面施工图，第一步确定好底图很重要，可以用CAD插入外部参照，直接插入底图。

在放线图上，园林工程一般以方格网进行放线。根据园区的大小，确定出方格网的大小尺寸，确定出方格网的坐标原点。在标记尺寸的时候，都应该跟方格网线发生关系。在绘制的时候应该注意：

（1）尺寸标注与小品界线必须保持距离，以免打印出来后二者混淆。

（2）尺寸标注的线型建议采用最细线等在打印出的图纸上容易区别的线宽。

（3）尺寸不是越多越好，要不现场不知道从哪儿开始放样。

（4）尺寸图要给放样基准点。

8. 竖向设计图

竖向设计需要在图纸上标明设计标高，场地排水坡向及雨水口的位置。

设计标高包括：市政道路设计标高、建筑室内设计标高（相对标高）、室外场地设计标高、道路设计标高、园路及场地设计标高。如果有湖区等水面的，需要标明常水位标高。一般园林标高都采用绝对标高值。

图 例：

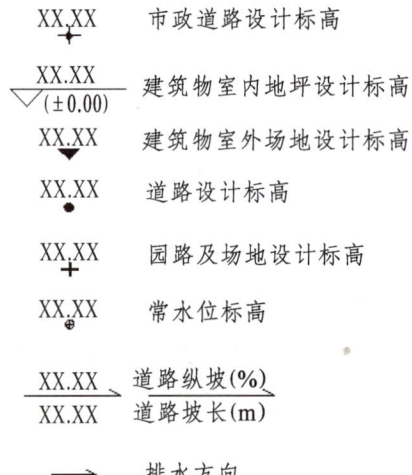

竖向设计应该有一定的排水坡向，避免雨水在场地堆积甚至倒灌回建筑基部，能够满足排水坡度要求，保证雨水顺利的流入排水沟。

- 地面收水口（沥青道路立箅式铸铁收水口）做法详见《雨水口标准图集05S518》第15页
- 地面收水口（宅前道路成品复合材料平箅式收水口）做法详见《雨水口标准图集05S518》第6页
- 成品地漏用ND150UPVC排水管与园区最近污水管网连接

主要需要在道路上标明排水的纵向坡度。至少需要满足 0.1%～0.2% 的纵向坡度，绘制排水方向，最终让雨水流向地面收水口。按照排水需要在道路两侧设置雨水收集口。选择收水口的样式，引出收水口的做法图籍，标明收水口和水管相接。

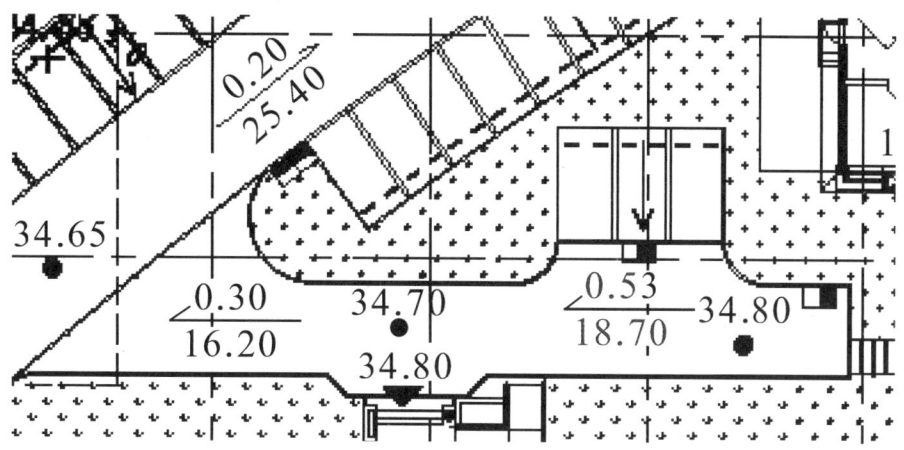

竖向设计，绝对标高和排水方向、坡度

设计要求：

竖向设计图中应包括以下内容：

（1）建筑物、构筑物的室内标高。

（2）场地内的道路（含主路及园林小路）、道牙标高，广场控制点标高，绿地标高，小品地面标高，水景内水面、水底标高。

（3）道路转折点、交叉点、起点、终点的标高；排水沟及雨水箅子的标高。

（4）绿地内微地形的标高。

（5）用坡面箭头表示地面及绿地内排水方向。

（6）指北针，绘图比例；在竖向设计图中，可采用绝对标高或相对标高表示。

规划设计单位所提供的标高应与园林设计标高区分开，园林设计标高应依据规划设计标高而来，并与规划设计标高相闭合；可采用不同符号来表示如绿地、道路、道牙、水底、水面、广场等标高。

各种场地的适用坡度，应符合下表规定。

各种场地的适用坡度　　　　　　　　　　　　　　　　　%

场地名称	适用坡度
密实性地面和广场	0.3～3.0
广场兼停车场	0.2～0.5
室外场地： 　1. 儿童游戏场 　2. 运动场 　3. 杂用场地	0.3～2.5 0.2～0.5 0.3～2.9
绿　地	0.5～1.0
湿陷性黄土地面	0.5～7.0

当自然地形坡度大于8%，居住区地面连接形式宜选用台地式，台地之间应用挡土墙或护坡连接。

居住区内地面水的排水系统，应根据地形特点设计。在山区和丘陵地区还必须考虑排洪要求。

地面水排水方式的选择，应符合以下规定：

（1）居住区内应采用暗沟（管）排除地面水。

（2）在埋设地下暗沟（管）极不经济的陡坎、岩石地段，或在山坡冲刷严重，管沟易堵塞的地段，可采用明沟排水。

设计方法及要点：

（1）在总平面图的基础上，画出地形设计（包括山体、水池）：等高线或全面标高，并注明设计标高和原地形标高（可用括号表示），用箭头标明地形坡向。

（2）标明挡土墙、护坡，水池、假山等处顶、底标高，出入口、溢水口、集水口位置及标高，标注详图索引号。

（3）标明广场、道路排水方向、坡度、汇水口。

9. 雨水排水管道布置图

雨水由雨水口收集后，需要通过排水管流向雨水井，多余的雨水由雨水井连接园区雨水管道，流向市政雨水管网。

园区排水管需要连接上各个雨水收集口，标明排水管的长度和管径。在排水管尽头上应该设置雨水井，将各个雨水收集口的雨水汇集排走，并便于日常检修。

园区雨水管连接各雨水井和市政雨水管，应该标明雨水管的管径和长度。

雨水排水管道布置图应附上放线方格网，以方便雨水收集口、雨水井及各管道的定位。

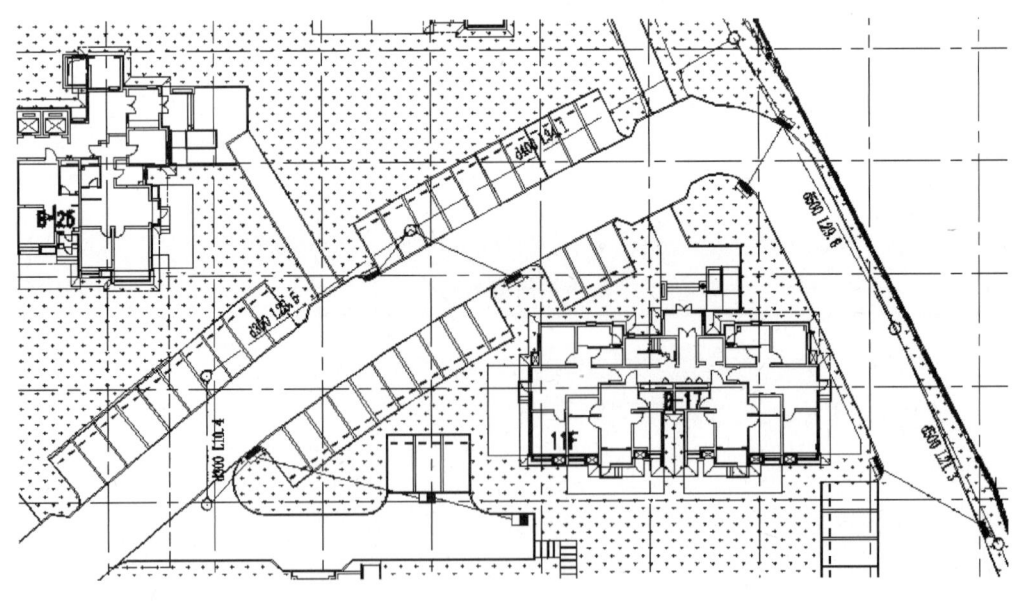

雨水管道布置图

10. 园路工程

1）铺装设计说明

对园区园路的材质和施工进行说明。表明通用节点构造做法，列出材质表。园路通用节点构造做法包括：园路的道牙做法、垃圾筒基座详图、停车位成品水泥车挡等。铺装材料表的内容包括材料名称、材料规格、各类材料使用的面积大小。

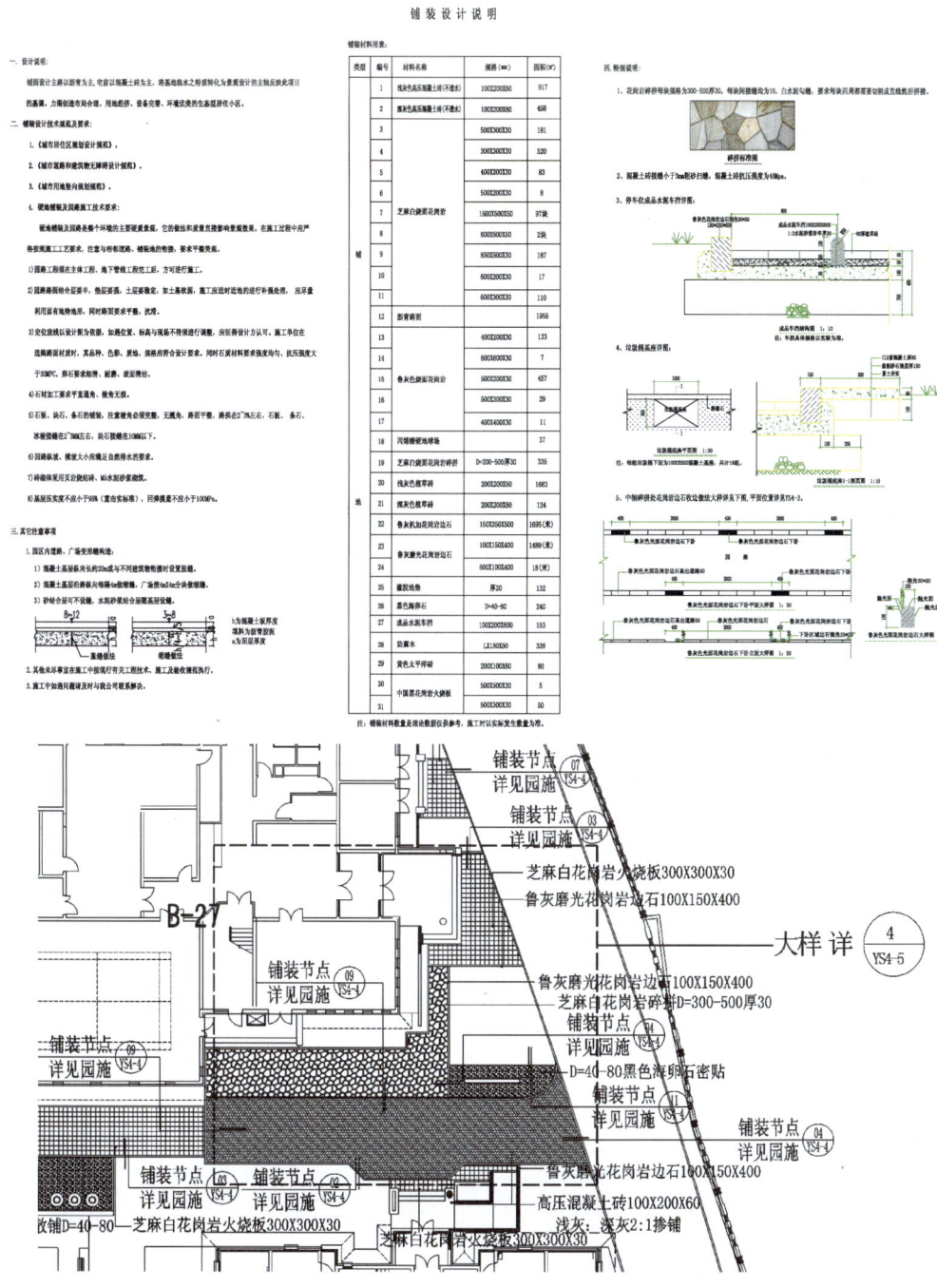

总平面上布置铺装系统图，标明铺装索引和铺装材料及样式

2）铺装系统图

这张图上主要标注园路及广场地面铺装所用的材质、颜色、质地及规格（例如，鲁灰磨光花岗岩边石 100×150×400 下卧），并标示出园路大样详图及铺装节点的索引位置（例如，铺装节点详见××）。一般需要将节点详图绘制完成编排图号后，再在本图中标注出详图索引及图号。

3）铺装大样图

由于整个园区在图纸上比例过小，需要对局部铺装做详细设计说明的时候，需要将图纸放大，绘制铺装大样。一般，不同的铺装样式都会对应其大样详图。

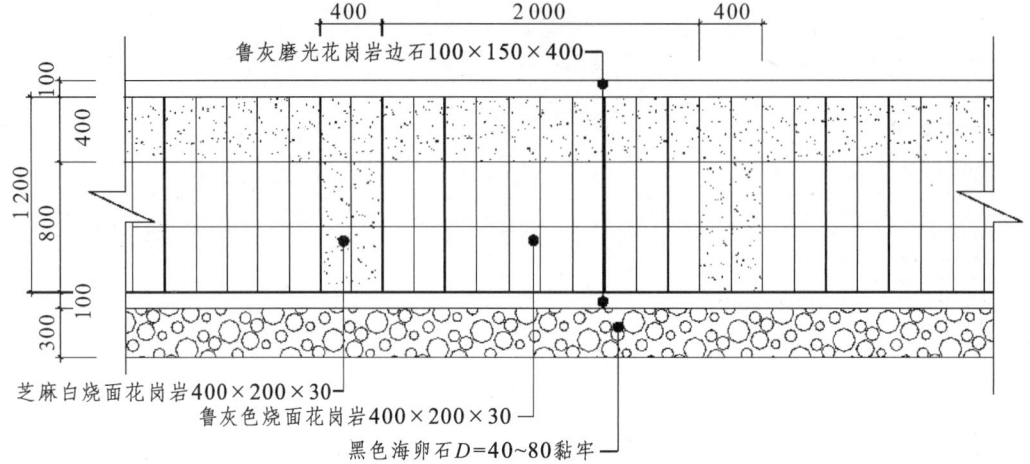

在详图上，需要绘制出铺装图案样式，标注出各种材质颜色、质地和规格。并且标注出园路、广场的尺寸，主要在每个转折点的尺寸，道牙和园路宽度尺寸。

4）铺装节点图

铺装节点图主要为铺装构造的剖面图，表现基层、垫层、结合层、面层的材料、厚度、构造做法。一般节点剖面的位置选择在两种铺装的结合处，铺装与种植区的结合处，室外踏步等铺装有高程变化处。

图纸上应绘制出铺装的各个构造层次，各层次需要用图例进行填充以示区分，用文字指引出各个层次的名称、用材及厚度。同时用标高和尺寸标注出各个层次的厚度。

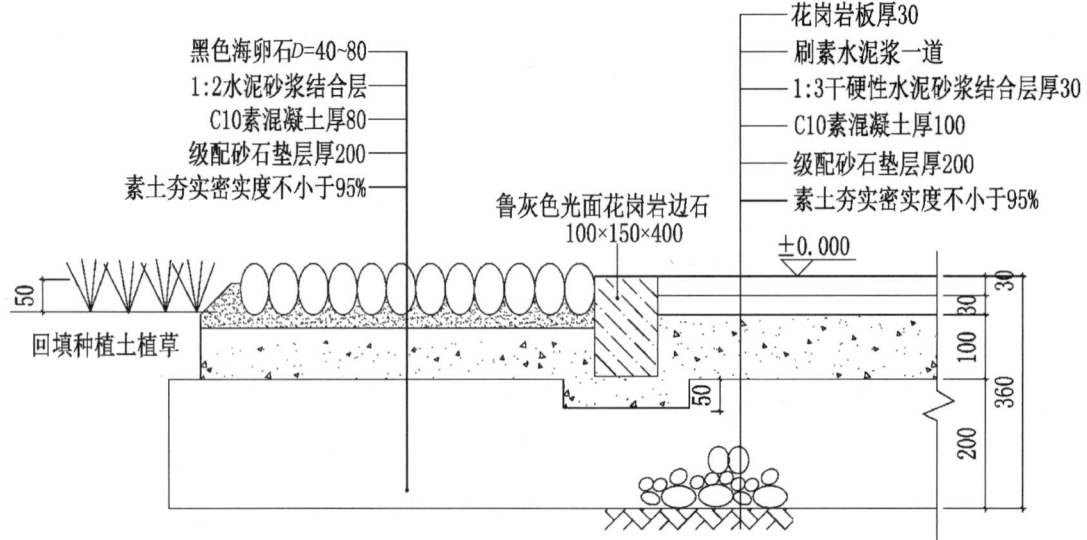

踏步的节点图在以上基础之上，应表明踏步的踏面宽度、踏步的高度。室外踏步应该满足宽度在 300～450 mm，高度在 100～150 mm。

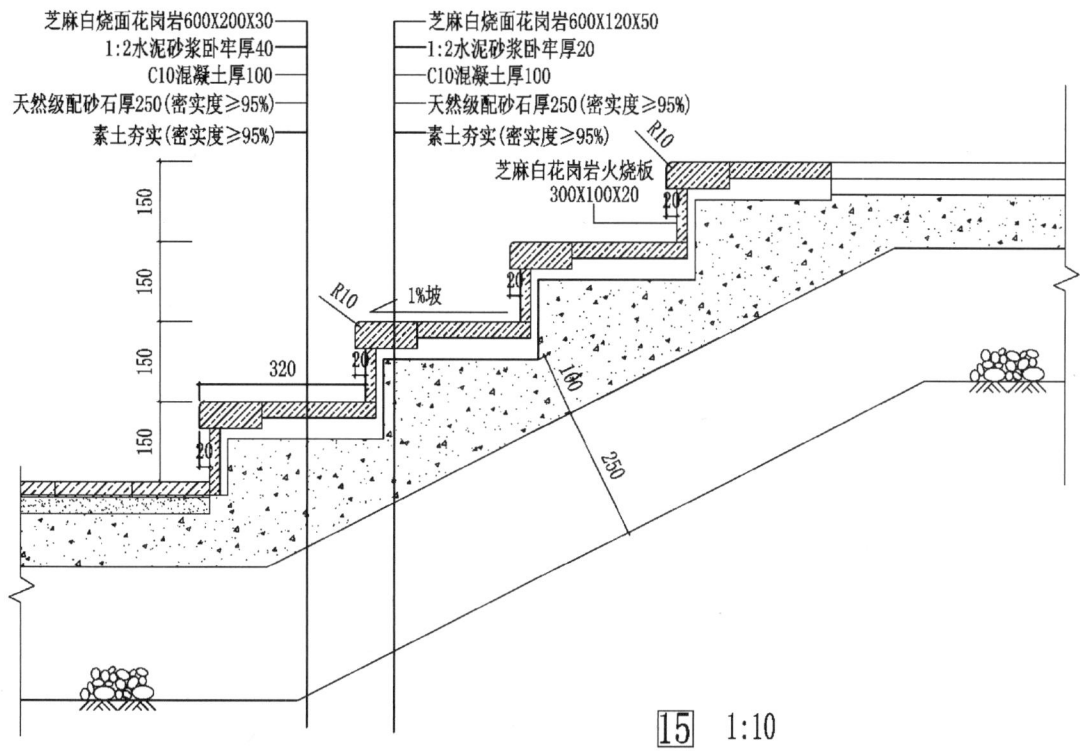

有水面驳岸的，需要以剖面图的形式表示出驳岸的坡度及驳岸处理手法。

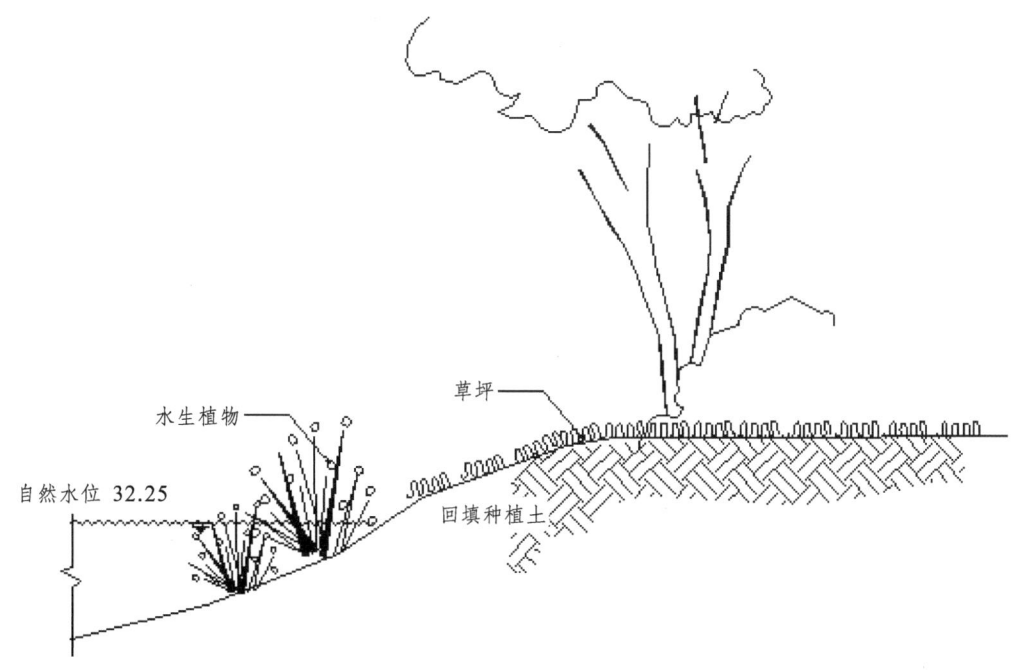

5）铺装定线图

铺装定线图主要确定各园路、广场铺装的宽度、道牙的宽度。如果园路、广场内的铺装有两种以上,需要表明各种铺装的边界线和边界的长宽。铺装定线图,需要结合场地放线的方格网,以准确的定位定尺寸。

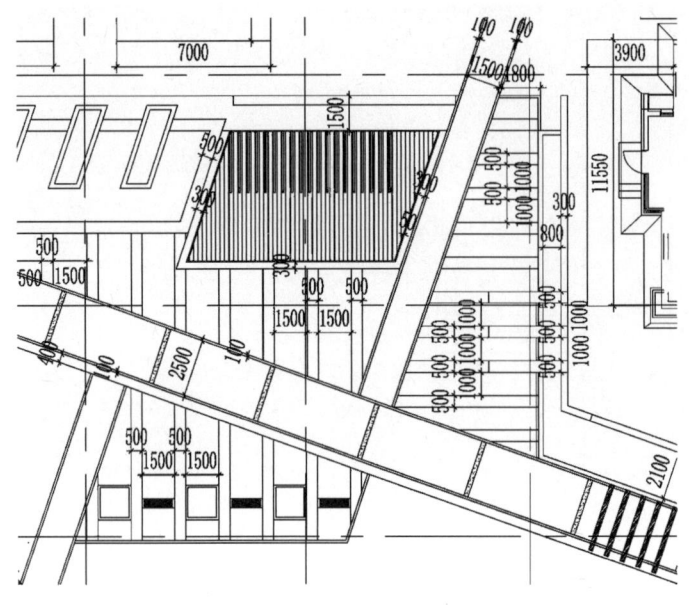

铺装定位定线

汀步的定位尺寸需要标明两个踏面板的中心距离及边缘相隔距离。中心距离应该以人的一个步长(600 mm)为宜。

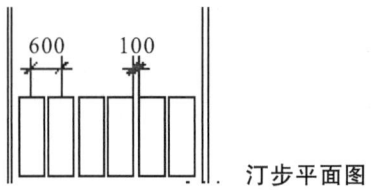

汀步平面图

设计要求:

铺装平面图中应包括以下内容:

(1)铺装道路的材质及颜色。

(2)铺装广场的材质及颜色。

(3)道牙的材质及颜色。

(4)铺装分格示意。

(5)对不再进行铺装详图设计的铺装部分,应标明铺装的分格、材料规格、铺装方式,并应对材料进行编号。

对于儿童活动区的铺装,要求铺以柔性材料。儿童活动区的沙坑深 40~45 cm,砂子必须以中砂为主,并经过冲洗。

设计方法及要点:

(1)在平面图上用图案填充出铺装材质,标示出材质名称、制定、规格、颜色等信息。

(2)在平面图上绘制出道路广场的尺寸。如果与填充图案相冲突,表示不清楚,可另行绘制无填充的尺寸图。

(3)铺装构造需要绘制剖面详图,需要在详图上将各层次用填充符号分开,用指引线指出各层次名称。

（4）道路材料：

材料名称	使用部位	相关材料（规格）
沥青	居住区主干道及小区主干道的机动车路面	彩色沥青 不透水沥青 透水沥青
混凝土	小区支路机动车路面，道路人行道	剁斧/扫毛/切割 透水混凝土
混凝土小豆石	人行道、广场	水刷石
混凝土卵石嵌砌	人行道、广场上的节点	卵石满铺 卵石间铺
混凝土预制块	小区支路机动车路面，停车场、广场	
水泥砖	小区支路机动车路面，道路人行道	渗水砖 石粉砖
花岗岩	园路、广场	片岩 整石
砂石散铺	园路——跑步道	砂石散铺
木栈道	园路——水岸道；游乐场	木砖 木屑
弹性橡胶路面	园路——活动场地跑步道；屋顶广场、露台	合成树脂 人工草皮

（5）道牙的做法：

类别	材料	尺寸	部位
侧石	预制混凝土	一字形道牙上口 80 或 100，L 形道牙上口 80 或 100，下口 300，高 100 或 120	沥青路的有高差的道路收边
	同质的石料		与重要广场相接
缘石	预制混凝土	外露尺寸：一字形道牙上口 600 或 80，与 L 形道牙相配对平放	沥青路无高差的道路收边
	立砖	外露尺寸：上口 100 或 200	铺砖路无高差的道路收边
	木条	外露尺寸：上口 10 或 15	水泥路、砂石路无高差的道路收边
	同质的石料	外露尺寸：上口 100	石板铺装路无高差的道路收边

（6）边沟的做法：

位　置	形　式	技术参数
车行道	带铁箅子的L形边沟和U形	平面型边沟水箅宽度要参考排水量和排水坡度确定，一般采用250
广场地面	碟形状和缝形	
铺地砖的地面	卵石明沟、混凝土暗沟	

（7）常用的铺装工程构造做法：

工程做法

做法位置	做法名称	用料及分层做法	备注
地面	1. 石材铺地（一）	（1）50厚天然石料（具体石材样式详见铺装详图） （2）25厚1:3干硬性水泥砂浆粘结层，上撒素水泥 （3）120厚C25细石混凝土 （4）300厚3:7灰土垫层 （5）路基土壤碾压密实>93%（环刀取样）	车行路做法
	2. 石材铺地（二）	（1）20(30)厚天然石材面层，缝宽5，打胶封缝 （2）25厚1:3干硬性水泥砂浆粘结层，上撒素水泥 （3）60厚C25细石混凝土 （4）150厚3:7灰土垫层 （5）素土夯实	人行路做法
	3. 混凝土浇水砖铺地（一）	（1）60厚混凝土砖，干石灰粗砂扫缝后洒水封缝 （2）25厚粗砂垫层 （3）150厚3:7灰土垫层 （4）素土夯实	
	4. 混凝土透水砖铺地（二）	（1）80厚预制混凝土砌块干砂填缝（铺置于平整后的砂层上，再用强力振动压实机，压实平整） （2）25厚粗砂垫层 （3）300厚3:7灰土，分两步夯实 （4）路基土壤碾压密实>93%（环刀取样）	车行路做法
	5. 沥青路面	（1）30厚中细质沥青混凝土压实 （2）50厚粗质沥青混凝土压实 （3）沥青结合层一道 （4）150厚二灰碎石垫层 （5）300厚3:7灰土垫层，分两步夯实 （6）素土夯实	
	6. 木塑地板路面	（1）30厚150宽木塑（防腐处理） （2）30×30木龙骨600（防腐处理） （3）100厚C25细石混凝土垫层 （4）150厚3:7灰土垫层 （5）素土夯实	木塑地板做法

续表

做法位置	做法名称	用料及分层做法	备注
地面	7. 安全地垫	（1）25 mm 厚安全橡胶地垫 （2）25 厚 C25 细石混凝土垫层 （3）150 厚 3：7 灰土垫层 （4）素土夯实	儿童活动场地
	8. 塑胶跑道	（1）8 mm 光面胶 （2）30 mm 细粒式沥青混凝土 （3）40 mm 粗粒式沥青混凝土 （4）50 mm 石屑石粉稳定层 （5）100 mm 碎石垫层 （6）200 mm12%石灰土 （7）原土夯实（压实度为93%）	塑胶跑道
	9. 隐蔽式消防通道	（1）100～150 种植土（种植草皮） （2）80 厚植草水泥砖平铺密实 （3）30 厚粗砂垫层 （4）80 厚碎石过滤层 （5）250 厚 C25 混凝土整体路面 （6）300 厚级配砂石 （7）原土夯实（压实度为93%）	消防通道

11. 公共设施分布图

公共设施分布图主要是在图上标明各类设施名称、所在位置及数量。园林的公共设施主要有垃圾箱、座椅、健身器械、儿童游乐器具、景观装饰花钵、标示牌等。如果这些设施都是购买成品，设计方需要提供成品的参考图片以示说明。如果这些设施是特别设计定做，需要附上具体设计图纸。各类公共设施需对应单独的图例，在图上进行表示。

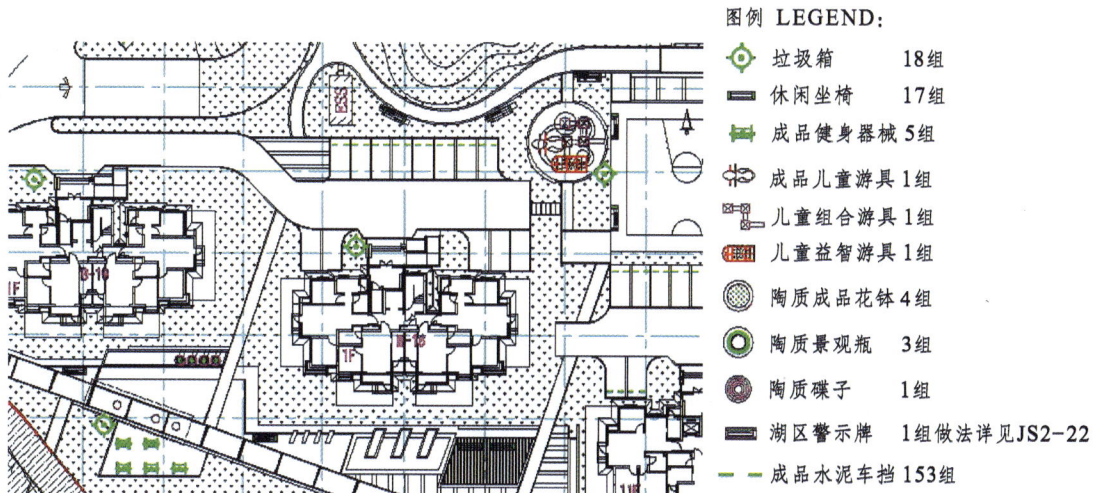

12. 建施图

建施图主要包括园林建筑、小品、水景施工图纸。主要需要绘制建筑构筑物的平面、立面、剖面。对于复杂构筑物涉及结构问题的，需要结构工程师配合完成结构施工图、配筋图纸。

1）建施设计说明

建施主要涉及景墙、围墙、水池、亭、廊、花架等园林建筑构造做法。涉及基础、结构配筋、钢结构等内容。所以需要按照涉及的标准规范对其分部工程进行说明。例如：栏杆施工、地基与基础施工、钢结构施工、混凝土施工、砌体施工等。

常用到的设计规范有：《混凝土结构设计规范》；《建筑地基基础设计规范》；《砌体结构设计规范》(GBJ50003—2001)。如果有钢结构构筑物，需要参考的规范有：《建筑钢结构设计规范》(GBJ50017—2003)；《建筑抗震设计规范》(GBJ50011—2001)；《钢结构工程施工质量验收规范》(GB50205—2002)；《建筑钢结构焊接技术规程》(JGJ81—2002)。

需要对材料类型、级别进行说明。例如使用混凝土的级别、砖的抗压强度等。

另外需要补充说明：施工中发现有错、漏、碰、缺等问题请及时与设计人联系，共同协商解决。其他未尽事宜应按现行相关的规范、规定施工。

其说明内容以防漏缺和未知的情况，让施工图更加完善。

2）各区建施图

由于园林小品建筑分散在各个景观节点区，一般分区，对各节点区域的小品建筑进行绘制。不论是水池、景墙、围墙、亭廊、花架等小品建筑，都需要绘制平面图、立面图及剖面图。在平面图上主要标出小品建筑的长宽尺寸，地面/水池底面的面层材质、颜色、质地、规格。在立面图上主要标出各部分的标高尺寸，立面贴面的材质、颜色、质地、规格。

剖面图的剖切位置一般在具有代表性的地方，节点转换处，高差变化处等。剖面图主要表现的是建筑基础、结构和构造做法。需要在剖面图上绘制出基础的基层、垫层、基础结构、材质、大放脚的尺寸；景墙、水池、亭廊等混凝土/砌块/钢结构，混凝土/砌块的饰面构造层次、做法、饰面材料。水池需要表明水位线的标高、水池壁和水池底的完成面标高。一般水池用混凝土砌筑，需要配筋。景墙用砖砌筑，但压顶需要用钢筋混凝土。跨度比较大的结构需要用钢筋混凝土。木质花架、亭廊与混凝土基础连接时，需要用钢板预埋件进行连接。

设计要求：

建筑小品设计中应标明：

（1）总平面布置。

（2）建筑小品的位置、坐标（或与建筑物、构筑物的距离尺寸）、设计标高。

（3）建筑小品的平、立、剖面图。

（4）指北针。

（5）说明栏内应标明尺寸单位、比例、图例、施工要求等。

设计方法及要点：

建筑小品设计图包含假建筑小品平面、立面、侧面、剖面图和结构设计图：

（1）建筑小品平面、立面、侧面、剖面图标注详细的相关尺寸和装修材料的材质。

（2）建筑小品结构详图及基础详图。

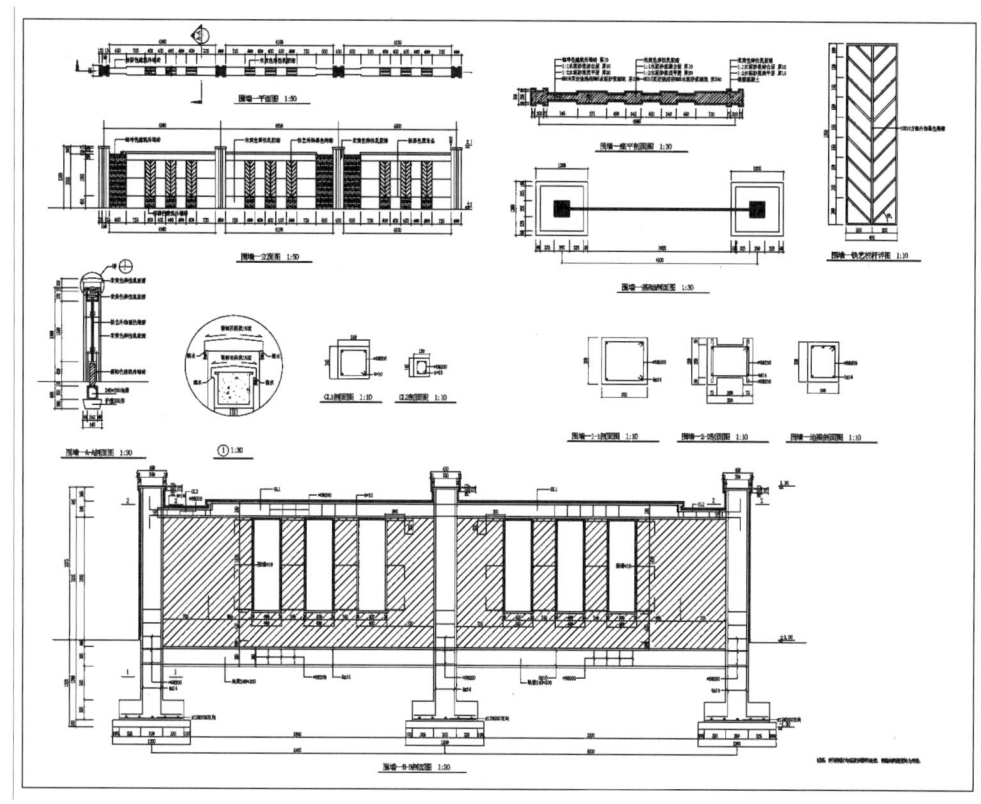

（1）亭：

亭的檐口高度宜在 2.4 m 左右，宽度 2.4~3.6 m，立柱间距宜为 1.8~3 m。

亭屋顶的排水最好不要安排在亭的主入口方向。

（2）廊：

廊的宽度和高度设定应该按人的尺度比例关系加以控制，避免过宽过高，一般高度宜在 2.2~2.5 m，宽度宜在 1.8~2.5 m。居住区内建筑与建筑之间的连廊尺度控制必须与主体建筑相适应。廊柱与横架必须采用有效的连接方法，牢固连接，具有相应的防风能力。

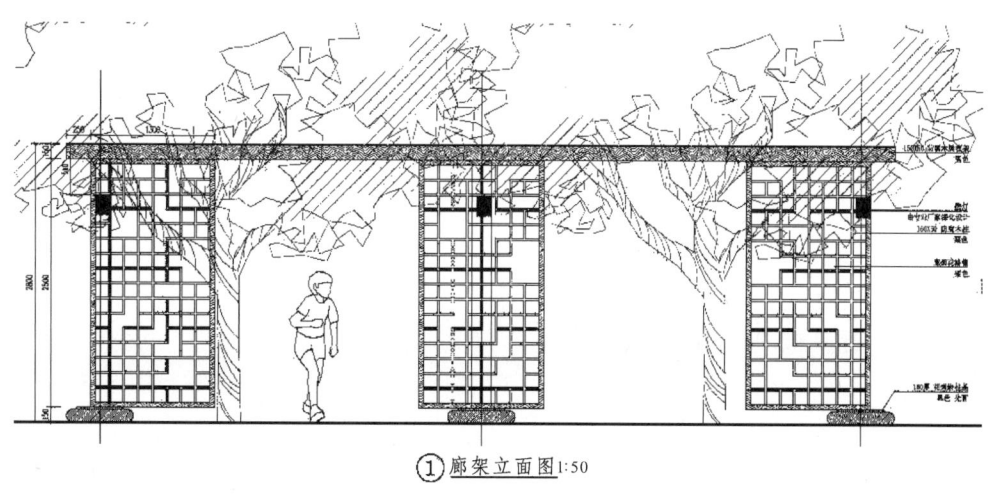

① 廊架立面图 1:50

（3）花架：

花架的高度宜在 2.2~2.5 m，宽度宜在 2.5~4 m，长度宜在 5~10 m，立柱间距 2.4~2.7 m。

花架四方柱截面应考虑倒角处理。如果考虑攀爬植物，则要有相应的植栽设计，预留植栽土的位置。并且要有花架与攀爬植物的维护保养的说明。

（4）景墙：

连续长度宜在 3~5 m，高度宜在 1.5~2.5 m，厚度宜为 200 mm。

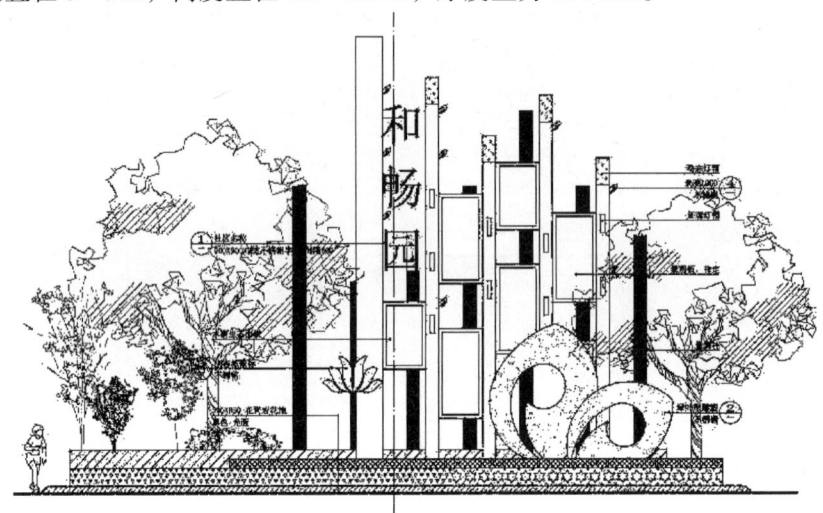

入口景墙施工图

（5）水池：

① 水池设计要求：

a. 可涉入式水景的水深应小于 0.25 m，以防止儿童溺水，同时水底应做防滑处理。

b. 汀步，面积不小于 0.4 m×0.4 m，并满足连续跨越的要求。

c. 池岸必须作圆角处理，铺设软质渗水地面或防滑材料。

d. 水景下建筑功能对渗漏要求不高时，可将结构板直接作为水景的底板；水景下建筑功能对渗漏要求高时，水景结构自成体系，与结构板脱离，内防水处理。

e. 结构找坡 1%坡向泄水口。

f. 2.0 mm 厚防水涂膜，管道周边 300 mm 宽范围做附加 2.0 厚防水层。

g. 考虑设置可靠地自动补水装置和溢流管路。

h. 游泳池结构为钢筋混凝土结构。休息平台与游泳池边界交界处，考虑设计截水沟，避免雨水、污水进入游泳池。

i. 游泳池壁压顶可采用花岗岩，厚度不超过 50 mm。

② 水池设计方法及要点：

a. 以总平面设计图为依据，放大水池、河湖、溪流、瀑布等水景平面图。

b. 标注详细的相关尺寸和定位尺寸，标明水流方向、池岸、坡度、进出水口、水位标高（最高、最低、经常水位），标明相邻建筑物、构筑物标高和相关尺寸。

c. 画出水体纵横剖面图，画出池壁（岸）、池底、汀步、水闸、涵洞等构造详图。

d. 画出给排水、循环水管网布置图。

e. 重点水景应画立面或效果图。

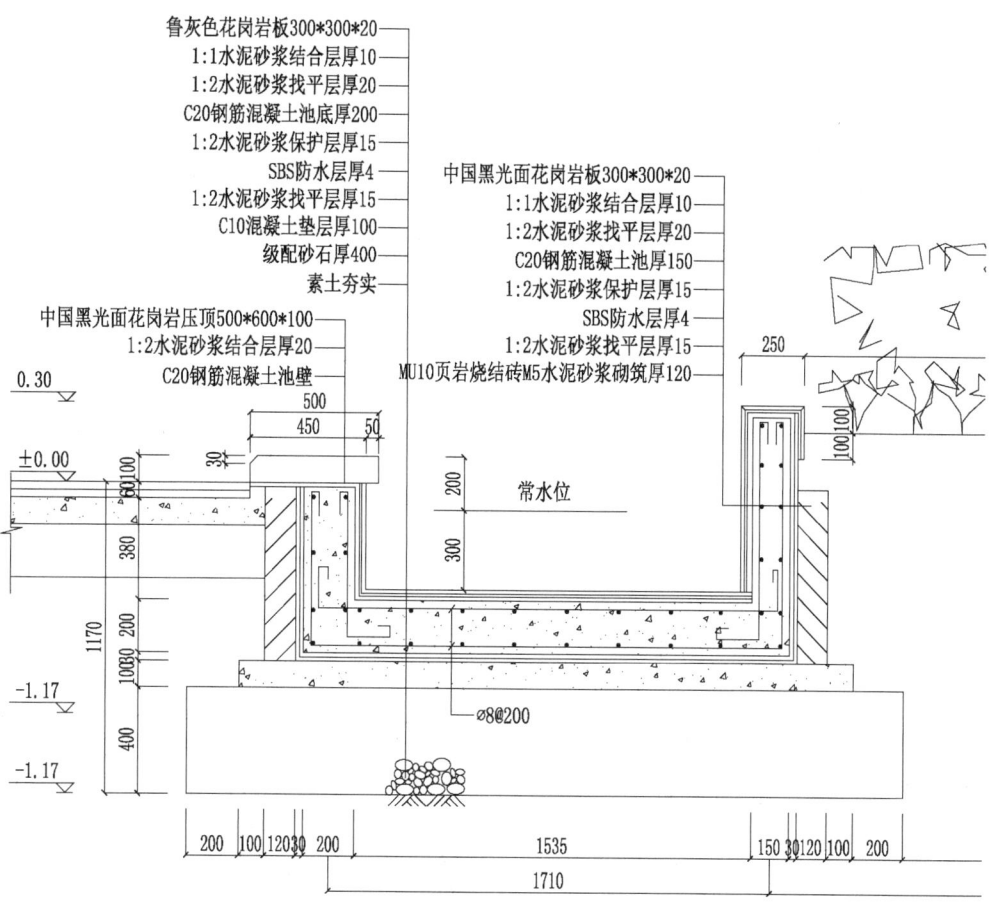

水池构造

③ 水池壁构造:
$\begin{cases} 面层 \\ 25厚1:2.5聚合物水泥砂浆 \\ 2厚聚氨酯防水涂料 \end{cases}$
C25 S6 钢筋混凝土墙体结构

④ 水池池底构造做法:
$\begin{cases} 面层 \\ 20厚1:3水泥砂浆结合层 \\ 2厚聚氨酯防水涂料 \\ 20厚1:3水泥砂浆压实收光 \\ C25 S6 钢筋混凝土墙体结构 \\ 100厚C10混凝土垫层 \end{cases}$
素土夯实

⑤ 游泳池的构造做法参见水池的构造做法。对于游泳池的面层材料,可选用马赛克或瓷片等。注意预留进、出水管,溢流管及水泵的位置。

13. 种植施工图

1）种植设计说明

设计依据：《中华人民共和国行业标准 CJJ/T82—99 城市绿化工程施工及验收规范》。

设计说明中应该表明种植应该距离地下管线的距离表、种植与其他构筑物之间的距离表。种植表土的厚度的要求。挖取的种植穴大小、深度与苗木胸径规格表。同时应该对大树移栽起球、运输、种植前保护、种植时的方式（图示）、种植后的养护管理进行说明。

一、沈阳市于洪区沙岭新城镇居住区景观环境设计植物种植设计依据：
 1、建设方审查通过的环境设计方案。
 2、《中华人民共和国行业标准CJJ/T82-99城市绿化工程施工及验收规范》。

二、植物配置说明：
 沈阳市于洪区沙岭新城镇居住区景观环境设计植物配置上根据本案整体设计理念，注重"春花、夏绿、秋色、冬枝"的色相变化，精心打造自然植物形态最佳观赏性。植物配置形成高、中、低各层次，打造植物自然美的层次性、多样性、动态性。

三、树木栽植技术规范及要求：
 1、辽宁省相关绿化标准。
 2、园林绿化标准合订本和中华人民共和国行业标准CJJ/T82-99城市绿化工程施工及验收规范。
 3、以上规范均适用于正常植树季节施工，若在非正常季节进行栽植时，需对上述规范作相应的调整。
 4、植物材料应选择根系发达、生长旺壮、无病虫害及机械损伤，品种规格及形态符合设计要求。
 5、行道树苗木其相邻同种苗木的高度要求相差不超过50cm干径不超过1cm。
 6、苗木的挖掘、包装应符合标准《城市绿化和园林绿地用植物材料-木本苗》CJ/T34。
 7、苗木的运输、栽植、后期养护管理及其它未尽事宜皆参照以上规范进行施工。
 8、设计按现场平整为准，如有土方侧运及客土改良，以现场监理签证量为准。
 9、现场乔木种植点按实际地下电缆铺设地点进行调整，乔木中心距离最小距离为1.0米。
 10、模纹藤篱横向每隔3.0米留0.30米宽作业路。
 11、园林植物生长所必需的最低种植土层厚度应符合表1-1规定。

表1-1
植物类型	草本花卉	草坪地被	小灌木	大灌木	浅根乔木	深根乔木
土层厚度(cm)	30	30	45	60	90	150

12、挖植穴、槽必须垂直下挖，上口下底相等，规格应符合表1-2~1-5的规定。

常绿乔木种植穴规格(cm) 表1-2 绿篱类所需植穴规格(cm) 表1-3
树高	土球直径	种植穴深度	种植穴直径	种植方式 苗高×深×高	单行	双行
150	40-50	50-60	80-90	50-60	40×40	40×60
150-250	70-80	80-90	100-110	50-80		
250-400	80-100	90-110	120-130	100-120	50×50	50×70
400以上	140以上	120以上	180以上	120-150	60×60	60×80

落叶乔木类种植穴规格(cm) 表1-4
胸径	种植穴深度	种植穴直径	胸径	种植穴深度	种植穴直径
2-3	30-40	40-60	5-6	60-70	80-90
3-4	40-50	60-70	6-8	70-80	90-100
4-5	50-60	70-80	8-10	80-90	100-110

花藤木类种植穴规格(cm)表1-5　　土球规格 表1-6
冠径	种植穴深度	种植穴直径	胸径	土球直径	土球高度	留底直径
200	70-90	90-110	10-12	胸径8-10倍	60-70	土球直径的1/3
100	60-70	70-90	13-15	胸径7-10倍	70-80	

13、种植胸径5cm以上的乔木，应设支柱固定。支柱应牢固，捆扎树木处应夹垫物，捆扎后的树干应保持直立。
14、攀援植物种植后，应根据植物生长需要，进行绑扎或牵引。
15、大树移栽，必须按树木胸径的 倍挖掘土球及方形土台装箱。土球规格参考表1-6。
16、大树移栽后，两年内应配备专职人员做好修剪、剥芽、喷雾、叶面施肥、浇水、设置风障、荫棚、包裹树干、防寒和病虫害防治等一系列养护管理工作，在确认成活后，方可进入正常养护管理。

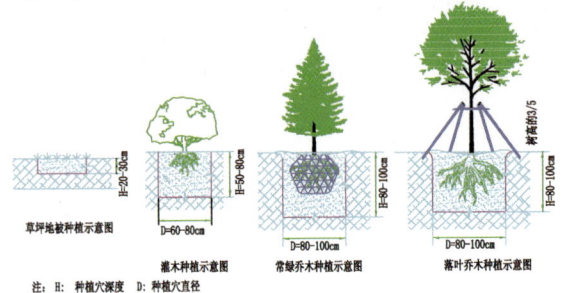

注：H：种植穴深度　D：种植穴直径

草坪地被种植示意图　　灌木种植示意图　　常绿乔木种植示意图　　落叶乔木种植示意图

四、1、绿化树木与地下管线外缘的最小水平距离宜符合表2-1的规定，行道树绿带下方不得敷设管线。

树木与地下管线外缘最小水平距离 表2-1
管线名称	距乔木中心距离(m)	距灌木中心距离(m)
电力电缆	1.0	1.0
电信电缆（直埋）	1.0	1.0
电信电缆（管道）	1.5	—
给水管道	1.5	—
雨水管道	1.5	—
污水管道	1.5	—
燃气管道	1.2	1.2
热力管道	1.5	1.5
排水盲沟	1.0	—

2、绿化树木与其他设施的最小水平距离应符合表2-2的规定。

树木与其他设施最小水平距离 表2-2
设施名称	至乔木中心距离(m)	至灌木中心距离(m)
低于2m的围墙	1.0	—
挡土墙	1.0	—
路灯杆柱	2.0	—
电力、电信杆柱	1.5	—
消防龙头	1.5	2.0
测量水准点	2.0	2.0

2）种植总平面图

种植总平面图表示出整个园区的乔木、灌木、地被的种植情况，并配以种植苗木表。苗木表内容包括：植物图例、植物名称、拉丁名、科名、属名、规格、造型特点、生长习性、总量。对于点状种植的植物，例如乔木、小乔木、灌木、苗木的规格按照胸径、树高、冠幅、分枝点来确定。总量按照苗木的棵数来确定。对于片状种植的苗木如地被植物、多年生花卉、藤本、草皮等，规格按照植物高度、冠幅确定。总量按照株/米^{2}的密度与栽植的面积乘积来确定。植物图例：对于点状种植的植物，图例用树平面；对于片状种植的植物，图例用填充图案表示。

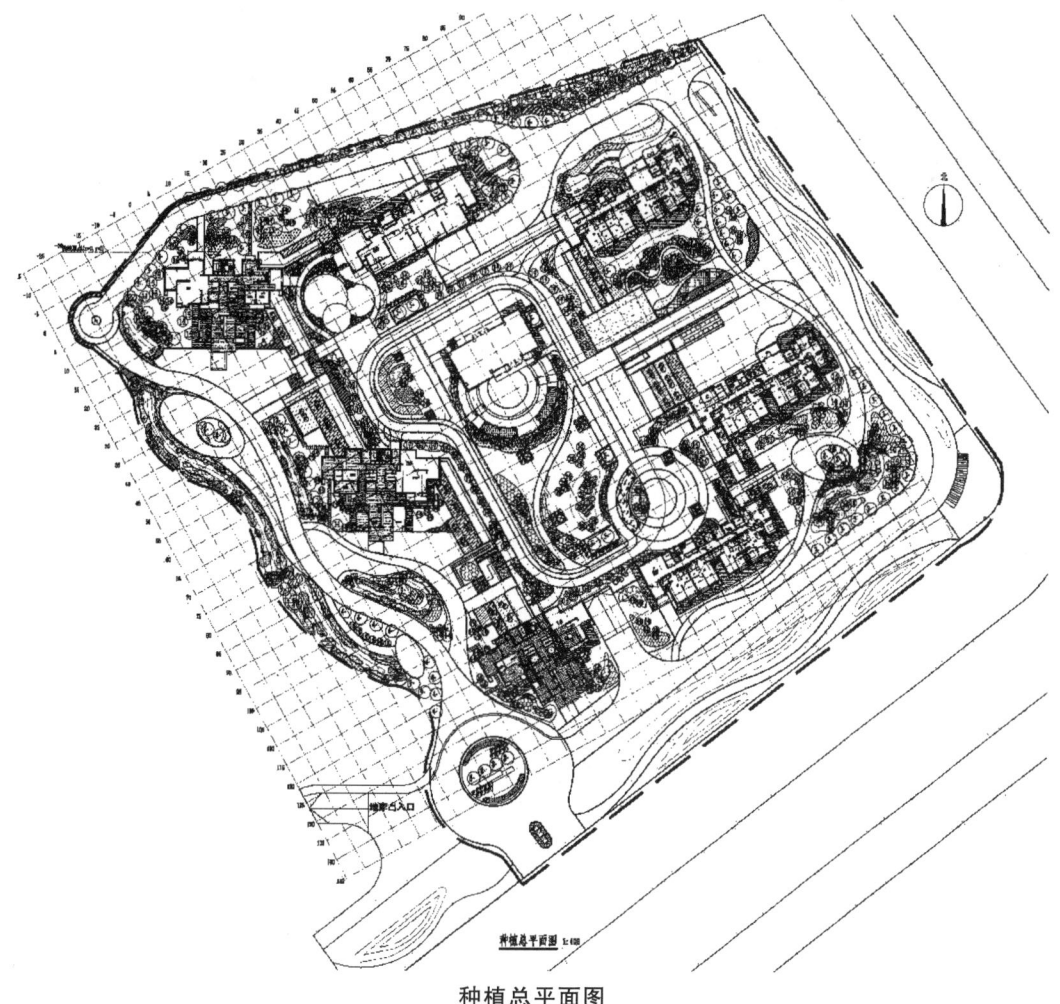

种植总平面图

种植总平面设计要求:

种植总平面需要将种植的苗木用对应的苗木图例在有放线网格的总平面上表示出来。

在种植总平面图上配有种植苗木表。苗木表的主要内容与格式:

(1) 配合图面的植物编号标注,标明植物名称。

(2) 写出植物的拉丁学名,避免由于同名异物而造成的误解。

(3) 规定种植施工所采用的苗木规格、造型要求、种植面积、密度和数量等。内容及格式可参考相关图纸。

种植总平面设计方法及要点:

(1) 用外部参照的方式插入底图,插入放线方格网。

(2) 上层苗木和下层苗木需要分两个图层绘制,方便之后的上层种植图和下层种植图出图。

(3) 苗木表可以在以往相关图纸的苗木表上进行修改。填写上本项目所用的苗木及规格。可以先确定苗木表及各苗木对应的图例。再从苗木表上将图例复制,放大,在总图上进行布局绘制。这样保证图例和苗木种类能对应。

(4) 种植应该以块的方式进行绘制,方便之后苗木数量的统计。苗木数量用 CAD 中提取块属性的方式进行统计。

植 物 种 植 材 料 表

点状种植苗木

序号	图例	植物名称	学名	科名	属名	规格 胸径(CM)	规格 树高(M)	规格 冠幅(M*M)	规格 分枝点(M)	造型形式	生态习性	总量(株)
一、乔木 (Arbor)												
常绿乔木 (Evergreen Arbor)												
E1		红皮云杉	Picea koraiensis	松科	云杉属	8.0-10.0	4.0-6.0	2.0-2.5	0.8-1.0	树冠丰满自然形态	喜阳,耐湿,耐寒	24
E2		油松	Pinus tabulaeformis	松科	松属	8.0-10.0	3.0-4.0	2.5-3.0	1.7-2.0	树冠丰满自然形态	喜阳,耐旱,耐寒	48
落叶乔木 (Hardwood Arbor)												
H1		绒毛白蜡	Fraxinus velutina	木犀科	白蜡属	12.0-15.0	7.0-8.0	3.0-4.0	2.0-2.5	树冠丰满自然形态	喜光,耐旱,耐湿,耐寒	51
H2		五角枫	Acer mono	槭树科	槭树属	8.0-10.0	6.0-7.0	3.0-4.0	2.0-2.5	树冠丰满自然形态	喜光,耐旱,耐湿,喜温,耐寒	33
H3		垂柳	Salix babylonica L	杨柳科	柳属	10.0-12.0	6.0-7.0	3.0-4.0	2.0-2.5	树冠丰满自然形态	喜光,耐旱,耐湿,喜温,耐寒	20
H4		国槐	Sophora japonica	豆科	槐属	12.0-15.0	7.0-8.0	3.0-4.0	2.1-2.5	树冠丰满自然形态	喜光,耐旱,耐湿,耐寒	66
H5		京桃	Prunus davidiana	蔷薇科	李属	10.0-12.0	5.0-6.0	2.5-3.0	1.8-2.0	树冠丰满自然形态	喜光,耐旱,不耐湿,耐寒	67
H6		香花槐	Robinia Idaho	豆科	槐属	10.0-12.0	7.0-8.0	3.0-4.0	2.0-2.5	树冠丰满自然形态	喜光,耐旱,耐湿,耐寒	7
H7		山杏	Prunus armeniaca var.ansu	蔷薇科	李属	8.0-10.0	5.0-6.0	2.5-3.0	1.8-2.0	树冠丰满自然形态	喜光,耐旱,耐湿,耐寒	84
H8		梓树	Catalpa ovata	紫葳科	梓树属	10.0-12.0	6.0-7.0	3.0-4.0	2.0-2.5	树冠丰满自然形态	喜光,耐旱,耐湿,耐寒	4
H9		山楂	C.pinnatificla var.major	蔷薇科	山楂属	8.0-10.0	3.0-4.0	2.5-3.0	2.0-2.5	树冠丰满自然形态	喜光,耐旱,耐湿,耐寒	32
H10		紫叶李	Prunus cerasiferacv. Atropurpurea	蔷薇科	李属	8.0-10.0	4.0-5.0	3.0-4.0	1.8-2.0	树冠丰满自然形态	喜光,耐旱,耐湿,耐寒	7
H11		暴马丁香	Fraxinus mandshurica	木犀科	白蜡属	8.0-10.0	3.0-4.0	2.5-3.0	2.0-2.5	树冠丰满自然形态	喜光,耐旱,耐湿,耐寒	12
H12		栾树	Koelreuteria paniculata	无患子科	栾树属	10.0-12.0	7.0-8.0	3.0-4.0	2.0-2.5	树冠丰满自然形态	喜光,耐旱,耐湿,较耐寒	32
H13		臭椿	Ailanthus altissima	苦木科	臭椿属	12.0-15.0	7.0-8.0	3.0-4.0	2.0-2.5	树冠丰满自然形态	喜光,耐旱,耐湿,耐寒	63
H14		银杏	Ginkgo biloba	银杏科	银杏属	6.0-8.0	3.0-3.5	2.0-3.0	1.2-1.5	树冠丰满自然形态	喜光,耐旱,耐湿,耐寒	27

二、灌木 (Bush)

序号	图例	植物名称	学名	科名	属名	树高(M)	冠幅(M*M)	枝条数(N)	造型形式	生态习性	总量(株)
B1		红王子锦带	Weigela*vanilaki	忍冬科	锦带花属	1.2-1.5	1.0-1.2	8-10	自然形态	喜光,耐旱,耐旱,耐寒	97
B2		紫丁香	Syringa oblata	木犀科	丁香属	1.2-1.5	1.0-1.2	8-10	自然形态	喜光,耐旱,耐湿,耐寒	49
B3		鸾枝榆叶梅	Prunus triloba var.atropurpurea	蔷薇科	李属	1.2-1.5	1.0-1.2	8-10	自然形态	喜光,耐旱,耐寒	82
B4		连翘	Forsythia suspensa	木犀科	连翘属	1.2-1.5	1.0-1.2	8-10	自然形态	喜光,稍耐阴,耐寒	58
B5		红瑞木	Cornus alba	山茱萸科	株木属	1.2-1.5	1.0-1.2	8-10	自然形态	喜光,耐耐湿,耐寒,耐湿	51
B6		丹桧球	Sabina chinensis	柏科	圆柏属	1.0-1.2	1.2-1.5	8-10	自然形态	喜光,耐旱,耐湿,较耐寒	70

片状种植苗木

序号	图例	植物名称	学名	科名	属名	树高(M)	冠幅(M*M)	造型形式	生态习性	密度(株/平米)	全园面积(平米)	总量(株)
一、地被植物 (Cover Plante)												
D1		丹东桧柏	Sabina chinensis cv. Dandongbai	柏科	圆柏属	修剪后中心0.7M	0.30*0.30	依据设计要求部分需要进行修剪	喜光,耐旱,耐湿,耐寒	16	165	2640
D2		朝鲜黄杨	Buxus sinica var. koreana	黄杨科	黄杨属	修剪后中心0.5M	0.20*0.20	依据设计要求部分需要进行修剪	喜半阴,耐旱,耐寒性差	25	123	3075
D3		紫叶小檗	Berberis thunbergii	小檗科	小檗属	修剪后中心0.4M	0.20*0.20	依据设计要求部分需要进行修剪	喜光,耐旱,耐寒	25	33	825
D4		珍珠绣线菊	Speraea thunbergii	蔷薇科	绣线菊属	修剪后中心0.5M	0.25*0.25	依据设计要求部分需要进行修剪	喜光,不耐阴,耐旱,耐修剪	16	40	640
D5		金焰绣线菊	Spiraea x bumalda cv.Goldflame	蔷薇科	绣线菊属	0.4-0.6	0.25*0.25	自然形态密植	喜光,耐旱,耐寒	25	201	5025
D6		金山绣线菊	Spiraea x bumalda cv. Goldmound	蔷薇科	绣线菊属	0.4-0.6	0.25*0.25	自然形态密植	喜光,耐旱,耐寒	25	159	3975
D7		红瑞木	Cornus alba	山茱萸科	株木属	修剪后中心0.5M	0.35*0.35	依据设计要求部分需要进行修剪	喜光,耐旱,耐湿,耐寒	16	163	2608
D8		水腊	Ligustrum obtusifolium	木犀科	女贞属	修剪后中心0.8	0.35*0.35	依据设计要求部分需要进行修剪	喜光,耐旱,耐寒,耐修剪	16	900	14400
D9		红王子锦带	Weigela florida	忍冬科	锦带花属	修剪后中心0.5M	0.35*0.35	依据设计要求部分需要进行修剪	喜光,耐旱,耐寒	16	108	1728
D10		连翘	Forsythia suspensa	木犀科	连翘属	修剪后中心0.5M	0.35*0.35	依据设计要求部分需要进行修剪	喜光,稍耐阴,耐寒	16	145	2320
D11		榆叶梅	Prunus triloba	蔷薇科	李属	修剪后中心0.5M	0.35*0.35	依据设计要求部分需要进行修剪	喜光,耐旱,耐寒	16	129	2064
D12		大花水桠木	Hydrangea paniculata var.grandiflora	虎耳草科	绣球属	修剪后中心0.5M	0.35*0.35	依据设计要求部分需要进行修剪	耐阴,喜湿,耐寒	16	103	1648
D13		小叶丁香	Syringa microphylla Diels	木犀科	丁香属	修剪后中心0.5M	0.35*0.35	依据设计要求部分需要进行修剪	喜光,耐旱,耐寒	16	68	288
D14		珍珠梅	Sorbaria kirilowii	蔷薇科	荚蒾属	修剪后中心0.5M	0.35*0.35	依据设计要求部分需要进行修剪	喜光,耐旱,耐寒	16	440	7040
二、花卉 (PerenniJl Root Flower)												
P1		鸢尾	Iris germanica	鸢尾科	鸢尾属	H=30-40CM	0.25*0.2	自然形态密植	耐寒,喜光,适宜排水足,淡土壤	25	139	3475
P2		芦苇	Phragmites communis	禾本科	芦苇属	H=50-60CM	0.30*0.30	自然形态密植	耐寒,喜温湿,喜阳光充足,淡水	25	40	1000
P3		千屈菜	Lythrum salicaria	千屈菜科	千屈菜属	H=20-30CM	0.25*0.25	自然形态密植	耐寒,喜温湿,喜阳光充足,淡水	25	74	1850
P4		水葱	Scirpus tabernatani Gmel.	莎草科	藨草属	H=20-30CM	0.25*0.25	自然形态密植	耐寒,喜温湿,喜阳光充足,淡水	25	126	3150
P5		玉簪	Hosta plantaginea	百合科	玉簪属	H=30-40CM	0.25*0.25	自然形态密植	较耐阴,喜微湿,忌阳光	25	136	3400
P6		大花萱草	H.middendorffii Trantv.et	百合科	萱草属	H=40-60CM	0.20*0.20	自然形态密植	耐寒,喜光,也耐干旱与半阴	25	109	2725
P7		马蔺	Iris Iactea	鸢尾科	鸢尾属	H=40-60CM	0.20*0.20	自然形态密植	喜阳,稍阴,耐干旱,耐寒	25	90	2250
P8		八宝景天	Sedum spectabile Boreau	景天科	景天属	H=30-40CM	0.25*0.25	自然形态密植	耐寒,耐热,耐旱,不择土壤	25	78	1950
P9		荷兰菊	Aster novi-belgii L.	菊科	紫菀属	H=50-100CM	0.20*0.20	自然形态密植	喜光,耐旱,较耐寒	25	131	3275
P10		时令花卉								64	6	384
三、藤本 (Liana)												
L1		五叶地锦	Parthenocissus quinquefolia	葡萄科	爬山虎属	L=200CM		自然形态密植	喜光,耐阴,耐寒	9	15	135
三、草坪 (Grass)												
G1		早熟禾	Poa Pratensis L.	禾本科	早熟禾属	H=6-8CM			喜光,耐半阴,耐寒,耐修剪,不耐践踏			7360

由于种植分上层乔木、中层灌木、下层地被植物，上下有重叠，在一张图上不能清楚表明其具体种植情况，需要进行分层绘制，对上木（乔木）、下木（灌木和地被植物）分别绘制形式图和定位图。

3）上木种植形式图

在图上用图例表示出不同的植物，用指引文字说明植物名称与棵数。

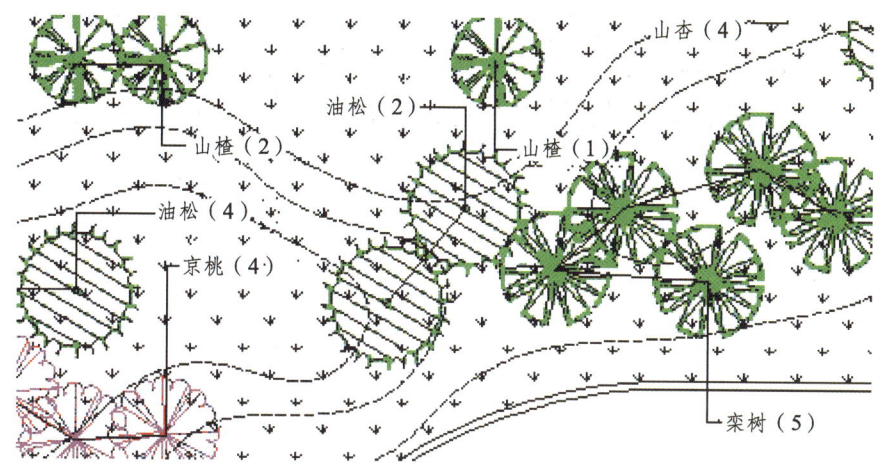

配以上木的苗木种植表。表中包含上木种植形式图中所有标注出的苗木种类。

设计要求：

上层乔木的表示方式通常以一棵棵树的点状种植方式进行表示。点状种植有规则式与自由式种植两种。对于规则式的点状种植（如行道树、阵列式种植等）可用尺寸标注出株行距、始末树种植点与参照物的距离。而对于自由式的点状种植（如孤植树），可用放线方格网进行辅助定位，也可以用坐标标注（AutoCAD可辅助坐标定位）。并在图上标明苗木的名称、棵数。

4）上木种植定线图

种植定线图需要用方格网进行放线，放线的方式与园区总平面放线一致。苗木在图上的图例用圆圈加苗木在苗木表中的序号进行表示，替代之前的树平面图例。定线图也配以图中定线的种植苗木表。

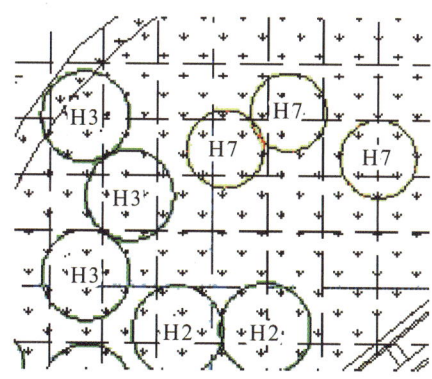

方格网放线，植物图例

5）下木种植形式图

在图上用图例表示出不同的植物，点状种植的灌木用指引文字说明植物名称和棵数；片状种植的地被、多年生花卉、草坪等用指引文字说明植物名称与种植面积。

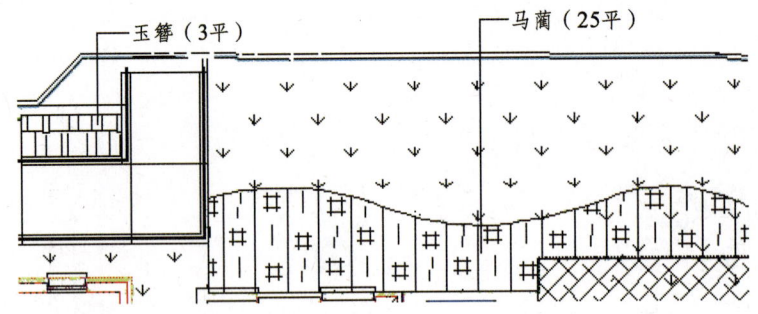

配以下木的苗木种植表。表中包含下木种植形式图中所有标注出的苗木种类。

设计要求：

下层种植植物主要包括灌木、地被草花、草坪等。通常以片状种植的方式进行。片状种植是指在特定的边缘界线范围内成片种植乔木、灌木和草本植物（除草皮外）的种植形式。对这种种植形式，施工图应绘出清晰的种植范围边界线，标明植物名称、规格、密度等。

对于边缘线呈规则的几何形状的片状种植，可用尺寸标注方法标注，为施工放线提供依据，而对边缘线呈不规则的自由线的片状种植，应绘方格网放线图，文字标注方法见，与苗木表相结合，用PQ、PG加阿拉伯数字分别表示片状种植的乔木、灌木。

草皮种植是在乔木、灌木、草花等种植范围以外的绿化种植区域种植，图例是用打点的方法表示，标注应标明其草坪名、规格及种植面积。

6）下木种植定线图

种植定线图需要用方格网进行放线，放线的方式与园区总平面放线一致。灌木在图上的图例用圆圈加灌木在苗木表中的序号进行表示，替代之前的树平面图例；地被、花卉、草坪用苗木表中相对应的图案填充加苗木表中的序号表示。定线图也配以图中定线的种植苗木表。

14. 给排水专业

1）给排水设计说明

给排水设计依据：《室外给水设计规范》（GB50013—2006），《室外排水设计规范》（GB50014—2006），《景观娱乐用水水质标准》（GB50）。

在景观给排水设计中分水景给排水和绿化用水。

水景设计中需要明确给水、排水管道直径大小，水压大小及水压测试。需要水泵设计的，应该对水泵型号进行说明。

绿化用水设计主要指绿地浇灌系统设计。需要说明的内容有：对取水方式，管道的规格，水压大小及测试，喷灌喷头类型，阀门井的设计。

2）水景管道图

需要在水景平面图上表示出给水管、排水管、溢水管的位置、管径、泵房的位置、水管与喷水口和泵房连接情况，必要时要表示出水管的埋深标高。

需要绘制给水管的透视图，以清楚表示出水管与喷水口和泵房连接情况。

构造复杂的水池、跌水及喷泉，需要绘制剖面图，以表示水管、喷头、水阀、泵房的连接。

剖面图能更好地表示出水管的埋深标高情况。

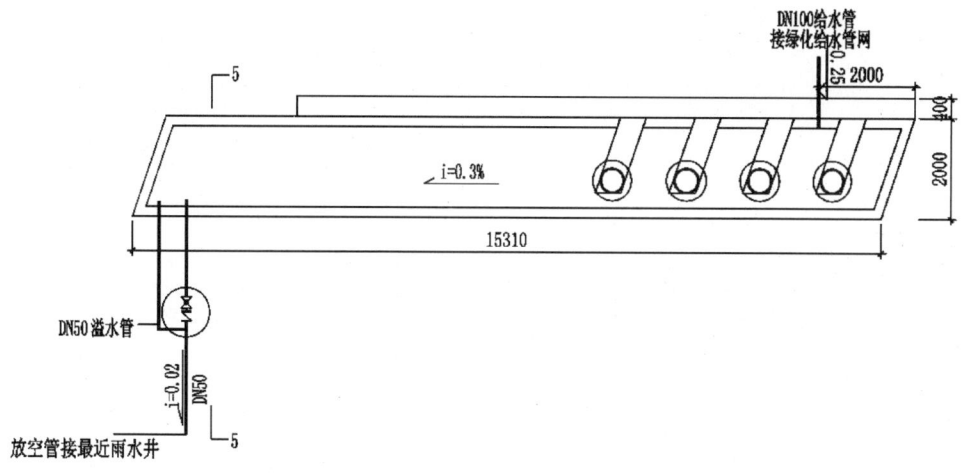

景观三区水池管道布置平面图 1:100

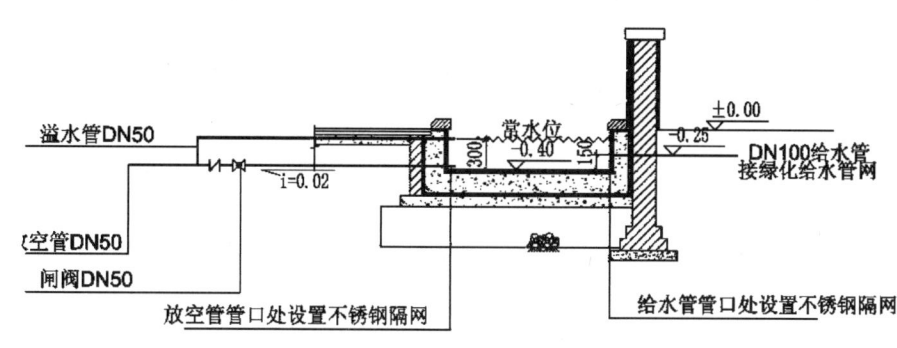

5-5剖面图 1:50

3）绿化浇灌图

喷灌系统由取水阀、给水发门井、绿化给水管、倒流防止器、球阀、水表组成。

绿化用水需要确定水管接取位置，在接取位置处设置总水表、倒流防止器、给水阀门井、球阀。总水表外再连接绿化给水管供给各处喷灌取水阀，再连接喷头浇灌。取水阀处同时需要设置给水阀门井、球阀。取水阀能够满足直径 20 m 范围内的用水需要，所以取水阀的位置确定应该按照其服务半径大小而设置。

各绿化给水管应该标明管道直径、管道长度。

由于需要对取水阀、给水管道定位，需要用场地网格线进行放线定位。

景观供水管道可以连接绿化供水管，这样整个园区只用设置一处园林取水位置和一个水表。

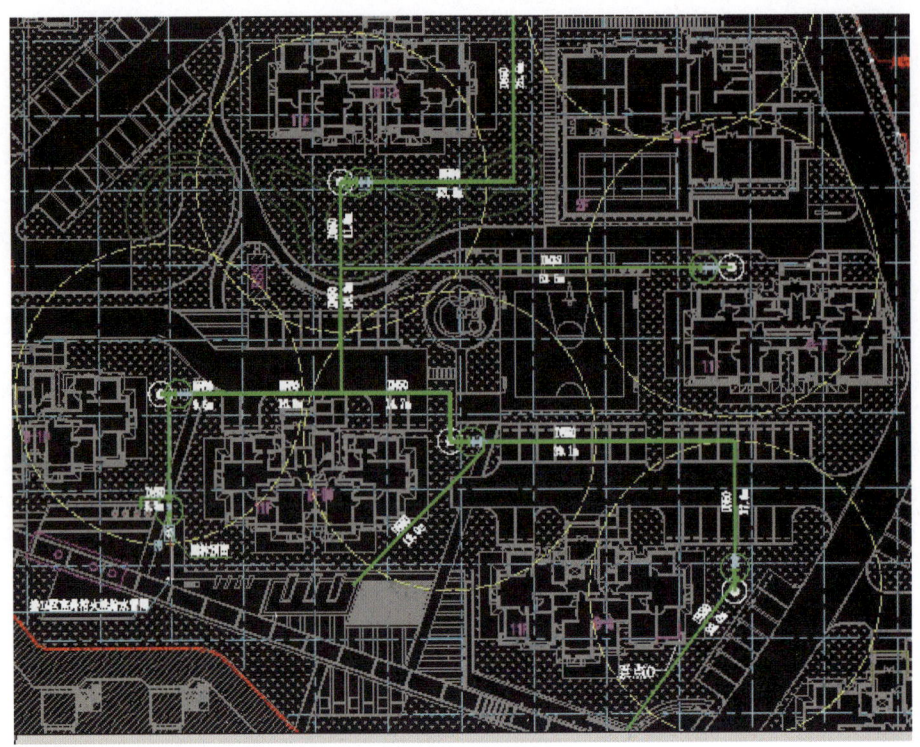

绿化浇灌水管布置图

给排水设计方法及要点：

（1）水景用水由建设单位提供的小区低区给水管道引入，在设有防倒流装置的阀门井后为水景用水专用管道。

（2）水景给水管道采用 1 PE 给水管。排水及溢流管道采用 UPVC 排水管。

（3）水景给水管道安装完毕后要进行冲洗和水压试验。

（4）所有管道若与其他管道或构筑物发生冲突，可于现场适时调整。

（5）绿化用水由小区低区给水管道引入，在低给水管道引入管处设一座给水阀门井，并且设防倒流装置，在阀门井后为绿化浇灌管道系统，绿化浇灌采用人工轮流浇灌方式。

（6）绿化给水管，采用 PE 管道。绿化给水管道安装完毕后要进行冲洗和水压试验。喷灌喷头采用鸟雨喷头。

15．电气设计

1）电气说明及系统图

设计依据：《民用建筑电气设计规范》（JGJ16—2008），《供配电系统设计规范》（GB50052—95），《低压配电设计规范》（GB50054—95），《通用用电设备配电设计规范》（GB50055—93），《城市道路照明设计标准》（CJJ45—91）。

说明内容包括：供电电源及控制方式、设备选择及安装、导线的选择及敷设方式、电气安全等。

需要配灯具图例及规格表、灯具安装示意图、配电系统图。

灯具图例及规格

序号	图例	灯具名称	型号规格	功率	数量	说明
1		庭院灯	3.5m	150W	18	节能灯
2		草坪灯1	0.8m	13W	28	节能灯
3		草坪灯2	0.4m	13W	43	节能灯
4		灯柱	3.5m	150W	12	节能灯
5		小投光灯		70W	16	金卤灯
6		水下投射灯		50W	20	
7		防水灯		50W	1	节能灯
8		水泵	4kW(2.2)		2	

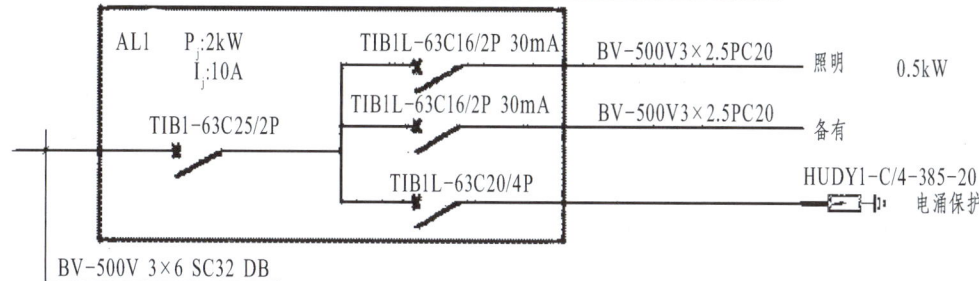

某垃圾房配电系统图

2）灯具布置图

投光灯、水下射灯等。同类型灯具在同一条电缆线上连接，最后接到配电箱。在图面表示上，不同类型灯具的连接线用不同颜色以示区分。灯具布置图需要配上灯具图例及规格表。表中标明各类灯具对应的图利、个数、型号、功率等内容。灯具的样式需要由设计方提供备选样式供甲方选择。

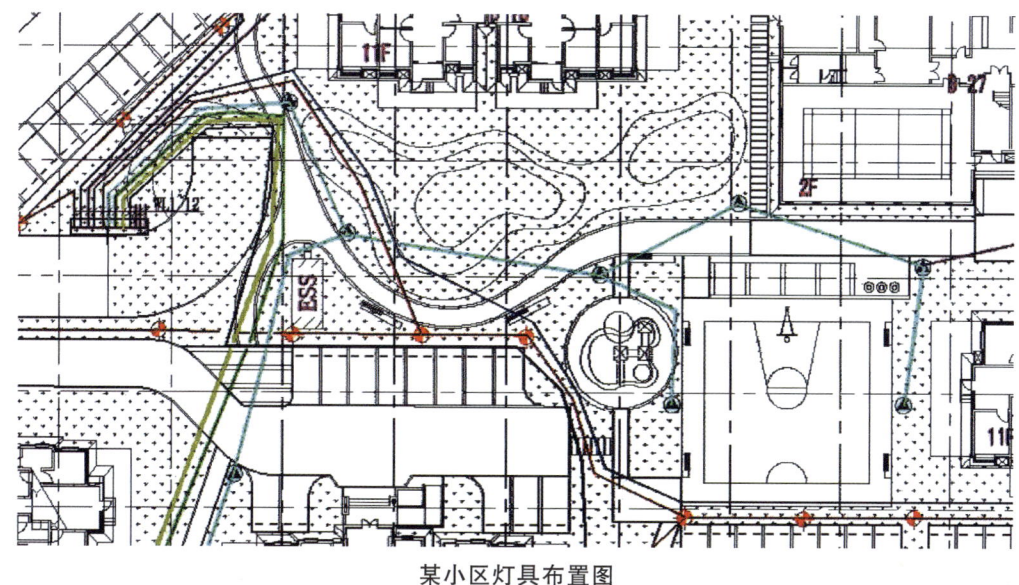

某小区灯具布置图

照明设计方法及要点：

居住区中的夜景照明一般分为直接照明、简介照明、投射照明、轮廓照明和内透光照明。

（1）直接照明就是以常见的路灯照明为主，是居住景观中最直接的照明方式。但其光线直接由光源照射出来，容易造成光污染，应该注意避免发生眩光。路灯的间距一般为 10~40 m。

① 如果园路宽度在 7 m 以上，可采用沿道路双边对称或双边交错方式。

② 如果园路宽度在 7 m 以下，路灯一般都采用单边单排的方式布置。

③ 在园路的弯道处，路灯要布置在弯道的外侧。

④ 在道路的交叉节点部位，路灯要布置在弯道的外侧。

（2）简介照明主要以庭院、草坪灯或其他反射类灯具为主。其优势在于多利用灯光的反射或折射简介的照射出来，从而可以大大降低出现眩光的可能性。

（3）投射照明是运用灯具将光线投射到绿地或树木上，形成照明的方式。这种照明形式表现多样。投射照明一般分为：上射光、下射光和定向射光。

（4）轮廓照明一般用于建筑或其他景观设施的照明，光源多为线状光源。这种方法较能突显出建筑的轮廓特征，并且安装简便。

第四步：施工阶段工地服务

从甲方签署确认施工图设计完成之日起至项目竣工验收完成。

（1）出席甲方施工招标会及图纸交底会议。

（2）在施工期间要求乙方工程师每周一次到现场，协助甲方解决现场景观施工的技术性问题（特殊情况除外），在每次工地服务之后就工程的质量改良或工地问题提供书面意见。

（3）协助甲方控制设计效果，对承建商预备之硬质及种植材料进行考察和核验。

（4）协助甲方确定订购苗木清单，并配合甲方现场选苗及施工定苗期间的指导工作、定期到现场审查指导。

（5）乙方应就施工中遇到的问题或甲方提出的现场要求在 3 天内（含法定节假日）书面回复。

（6）参加工程验收，并提交验收意见。

基本技能训练三-3　居住小区景观施工图设计

技能训练题目：居住小区施工图设计

技能训练学时：8 学时

技能训练目的：

能够对居住小区的景观方案进行深化，完成庭院景观的施工图纸。

技能训练条件：

设计工作室（机房）。

设计软件 CAD、Photoshop、Sketchup。

A3 图纸、草图纸、绘图铅笔、针管笔、马克笔。

训练内容及要求:

某居住小区景观施工图设计(8学时)

根据上一步完成的方案,进行深化,用电脑CAD软件,完成一套A3的施工图纸。最后打印装订成册上交。

图纸内容包括:

(1)施工图图纸目录。
(2)施工图设计说明。
(3)总平面指引图。
(4)总平面放线图。
(5)竖向设计图。
(6)建施图。
①道路铺装图。
②建筑小品。
③水景。
(7)种植设计图。
①上层乔木种植图。
②下层地被种植图。
③苗木表。
(8)水、电图纸。

考核方法:

此部分考核学生的园林工程技术能力,制图的规范能力。

设计内容	评分标准
施工图设计	(1)施工图技术内容正确 (2)图纸表达正确,所用图例正确 (3)放线定位准确 (4)竖向设计排水坡向正确 (5)选用材料尺寸、规格、颜色合理 (6)建筑小品尺寸用材合理 (7)种植植物选择合理 (8)水电管线布置合理 (9)图纸合理编排,索引正确

项目四　公园景观设计

项目阶段　公园方案设计

任务一：承接项目任务书

教学目标：

（1）了解设计任务书的内容和最后需要提交的成果。
（2）掌握公园景观设计的发展历程。
（3）掌握各类型公园设计的要点。

技能要求：

（1）能够理解和分析设计任务书的要求。
（2）能够分析公园设计的经典案例。

任务目标：

（1）根据项目任务书的要求，开始准备公园设计资料。
（2）根据经典案例的分析，能够对本项目用地提出概念性的开发意向关键词。

完成任务的要点：

（1）分析项目任务书。
（2）提出公园景观设计的意向关键词。

工作情景：

工作地点：综合设计工作室

工作场景：采用学生设计操作、教师引导的学生主体、工学一体化教学方式。教师以公园设计为例，把设计任务完成过程进行逐步演示示范，学生根据教师演示操作和教材涉及步骤进行逐步设计操作。完成本次设计任务工作内容后，教师对学生设计过程和成果进行评价和总结，并布置与本次任务相关的实践训练进行拓展和巩固。

设计实践操作：任务设计过程与设计要点分析

第一步：公园设计的发展

一、近代公园设计的开始

最初的西方传统园林主要为少数统治阶级和私人服务，很少有为大众开放的公共园林，所以尽管世界造园已有 6 000 多年的历史，但是公园的出现却只是近一二百年的事。1843 年，英国利物浦建造了公众可免费使用的伯肯海德公园，标志着第一个城市公园正式诞生。

伯肯海德公园平面图

伯肯海德公园 1843 年由帕克斯顿（Joseph Paxton）负责设计，1847 年工程完工。公园内人车分流是帕克斯顿最重要的设计思想之一。公园由一条城市道路（当时为马车道）横穿，方格化的城市道路模式被打破，同时大大方便了该城区与中心城区的联系蜿蜒的马车道构成了公园内部主环路，沿线景观开合有致、丰富多彩。步行系统则时而曲径通幽，时而极目旷野，在草地、山坡、林间或湖边穿梭。四周住宅面向公园，但由外部的城市道路提供住宅出入口。

公园水面按地形条件分为"上湖"和"下湖"。开挖水面的土方在周围堆成山坡地形。水面自然曲折，窄如溪涧，宽如平湖。湖心岛为游人提供了更为私密、安静的空间环境。公园绿化以疏林草地为主，高大乔木主要布局于湖区及马车道沿线，公园中央为大面积的开敞草地。公园内的建筑采用地方材料，建筑风格为"木构简屋"（Compendium Cottage）。

二、近代公园的发展

被称为"美国现代景观之父"的弗雷德里克·劳·奥姆斯特德（1822—1903年）等许多的西方现代景观设计先驱们怀着服务社会的理想，规划和建设了许多的城市公园系统。这一时期的城市公园大多抛弃了集权式的古典主义景观和体现绝对君权的象征，设计作为民主社会普通人生活的一部分来到公众的生活中。

弗雷德里克·劳·奥姆斯特德（1822—1903年）是美国19世纪下半叶最著名的规划师和景观设计师，设计覆盖面极广，从公园、从城市规划、土地细分，到公共广场、半公共建筑、私人产业等，对美国的城市规划和景观设计具有不可磨灭的影响。1857年被指定为中央公园设计阶段项目的主要负责人。被认为是美国景观设计学的奠基人，是美国最重要的公园设计者。

1. 奥姆斯特德的设计原则

（1）保护自然景观，某些情况下，自然景观需要加以恢复或进一步加以强调（因地制宜，尊重现状）。

（2）除了在非常有限的范围内，尽可能避免规则式（自然式规则）。

（3）保持公园中心区的草坪或草地。

（4）选用当地的乔灌木。

（5）大路和小路的规划应成流畅的弯曲线，所有的道路成循环系统。

（6）全园靠主要道路划分不同区域。

2. 奥姆斯特德的代表项目

1）纽约中央公园

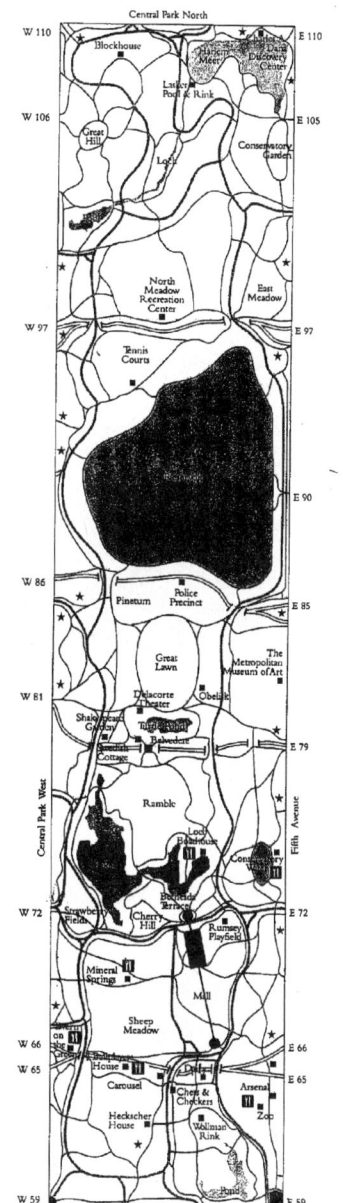

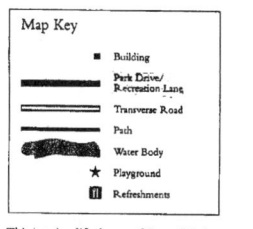

纽约中央公园平面图

中央公园占地 31 公顷，其矩形用地被第 59 大街（59 th St.）、第 110 大街（110 th St.）、5 路（5 th Ave.）、中央公园西部路（Central Park West）围绕着。为了保证在都市中创造一个自然风景的公园，设计师将穿越公园的 65 大道、79 大道、85 大道、97 大道设置为下穿道路，让整个公园免受城市交通的干扰。

道路：公园有 3 个不同相互分开的道路系统，有车行道、人行道以及骑马专用道。

种植：公园边缘的种植用来限定边界线，阻隔视线。公园内部的种植用来创造自然休闲的景观，让游人远离城市的喧嚣。

活动空间：公园提供丰富多样的活动空间，例如绵羊草原（Sheep Meadow）提供人们野餐与享受日光浴的好地方，四周以栅栏围起来，这里可以看到很壮观的日光浴场景。

建筑小品：公园提供了很多小品、建筑、喷泉等景观设施。例如毕士达喷泉（Bethesda duntain）及广场位于湖泊与林荫之间，是中央公园的核心。

毕士达喷泉

纽约中央公园是城市公园建设的里程碑，为以后很多城市公园效仿。

2）波士顿城市公园系统

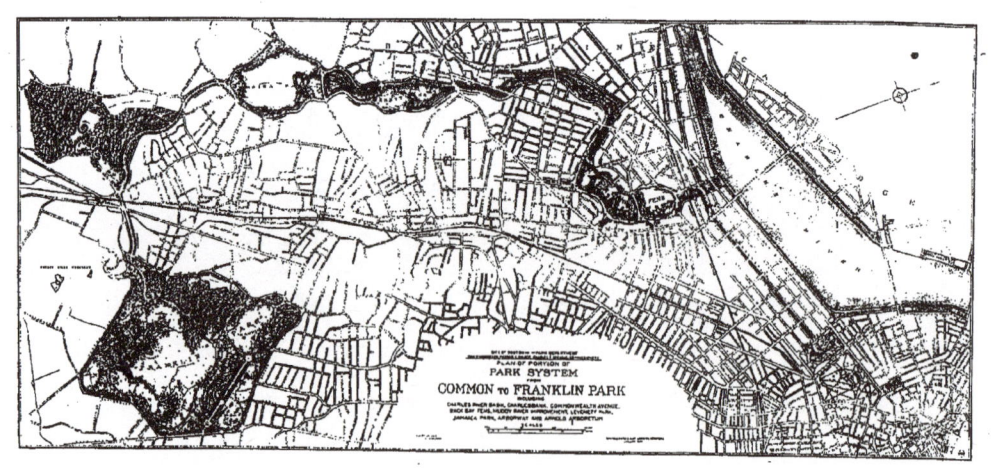

波士顿城市公园系统，总图体现了奥姆斯特德 1880 年的城市公园系统

奥姆斯特德用种植的大道将波士顿的各公园连接起来。这个景观大道 60 m 宽，两边种植高大乔木，提供骑马道、车型道和人行道。整个公园系统是世界上第一个城市公园系统，从波士顿公共区（Boston Common）到弗兰克林公园（Franklin Park）提供了 9 km 的公共活动景

观空间，成为了波士顿的"绿翡翠项链"。

这个城市公园系统，为之后的城市规划建设提出了绿地系统的概念，将独立的绿地公园，连接成具有生态效益的系统空间，像生生不息的血管一样深入到城市的各个角落。也成为之后田园城市构想的启蒙。

三、现代公园

现代的城市发展，越来越注重城市绿地的保留、开发。城市公园的发展能够提升城市的形象，楼盘的开发受到重视。

现代公园类型逐渐增多，有满足人们多种需要的综合公园，有性质比较单一的专类公园，如儿童公园、纪念性公园、名胜古迹公园、动物园、植物园、文化公园、森林公园、科学公园、体育公园等，还有其他公园绿地，如居住区公园，滨水绿带、街心公园等。在公园内容和设施方便也不断充实和提高，满足不同年龄段居民的需要。在规划设计方面，充分体现现代城市生态环境、游人活动要求和使用。

第二步：公园的规划分类和设计功能

一、明确公园基本概念

城市公园一般是位于城市范围之内经专门规划建设的绿地，供居民观赏、休息、保健和娱乐等，并起到美化城市景观面貌、改善城市环境质量、提高城市防灾减灾能力等作用。

按 2002 年我国颁布的《城市绿地分类标准》，公园绿地的定义为：向公众开放、以休憩为主要功能，兼具生态、美化、防灾等作用的绿地。

二、明确需要设计公园用地类型

随着公园事业的发展，为了统一全国城市绿地分类，2002年颁布的《城市绿地分类标准》

(CJJ/T85—2002)，明确了公园绿地的分类：

公园绿地分类

类别代码			类别名称	内容与范围	备注
大类	中类	小类			
G1			公园绿地	向公众开放，以游憩为主要功能、兼具生态、美化、防灾等作用的绿地	
	G11		综合公园	内容丰富、有相应设施、适合于公众开展各类户外活动的规模较大的绿地	
		G111	全市性公园	为全市居民服务，活动内容丰富、设施完善的绿地	
		G112	区域性公园	为市区内一定区域的居民服务，具有较丰富的活动内容和设施完善的绿地	
	G12		社区公园	为一定居住用地范围内的居民服务，具有一定活动内容和设施的集中绿地	不包括居住组团绿地
		G121	居住区公园	服务于一个居住区的居民，具有一定活动内容和设施，为居住区配套建设的集中绿地	服务半径：0.5~1.0 km
		G122	小区游园	为一个居住小区的居民服务，配套建设的集中绿地	服务半径：0.3~0.5 km
	G13		专类公园	具有特定内容或形式，有一定游艺，休憩设施的绿地	
		G131	儿童公园	单独设置，为少年儿童提供游戏及开展科普、文体活动、有安全、完善设施的绿地	
		G132	动物园	在人工饲养条件下、移动保护野生动物、供观赏、普及科学知识、进行科学研究和动物繁殖、并具有良好设施的绿地	
		G133	植物园	进行植物科学研究和引种驯化，并供观赏、游憩及开展科普活动的绿地	
		G134	历史名园	历史悠久、知名度高、体现传统造园艺术并被审定为文物保护单位的园林	
		G135	风景名胜公园	位于城市建设用地范围内、以文物古迹、风景名胜（区）为主形成的具有城市公园功能的绿地	
		G136	游乐公园	具有大型游乐设施、单独设置、生态环境较好的绿地	绿化占地比例应大于等于65%
		G137	其他专类公园	除以上各种专类公园外具有特定主题内容的绿地，包括雕塑园、盆景园、体育公园、纪念性公园等	绿化占地比例应大于等于65%
	G14		带状公园	沿城市道路、城墙、水滨等，有一定游憩设施的狭长形绿地	
	G15		街旁绿地	位于城市道路用地之外，相对独立成片的绿地，包括街道广场绿地、小型沿街绿化用地等	绿化占地比例应大于等于65%

三、城市公园需要设计的主要功能

1. 休闲是城市公园的首要功能

现代城市公园是为城市居民提供的具有一定使用功能的自然化游憩空间。城市公园作为城市的公共空间,最直接、最重要的功能是满足城市居民的休闲、游憩活动的需要,能够满足不同年龄人群对于活动的需要,让市民在工作之余能够休息、小孩能够玩耍、老人能够锻炼等,以此推动城市生活质量的持续改善。

2. 防灾避险是公园的重要功能

城市公园由于具有大面积的公共开放空间,在城市的防火、防灾、避难等方面具有很大的保安作用。在《关于加强防灾减灾工作的通知》(国发 2004-25 号)中明确指出"要结合城市广场、绿地、公园等建设,规划设置必需的应急疏散通道和避险场所,配备必要的避险救生设施"。例如,5·12 汶川大地震后,成都市城市绿地建设重点增加了"防灾避险绿地规划",启动了城市绿地系统规划修编,发布了首批 26 个应急避难场所。其中望江楼公园等纳入了首批防灾避险绿地系统。在此之后,成都市还将在东南西北四个方向建设四个大型避灾公园,分别位于上府河湿地、北湖公园、"五朵金花"郊野公园以及江安河生态公园。

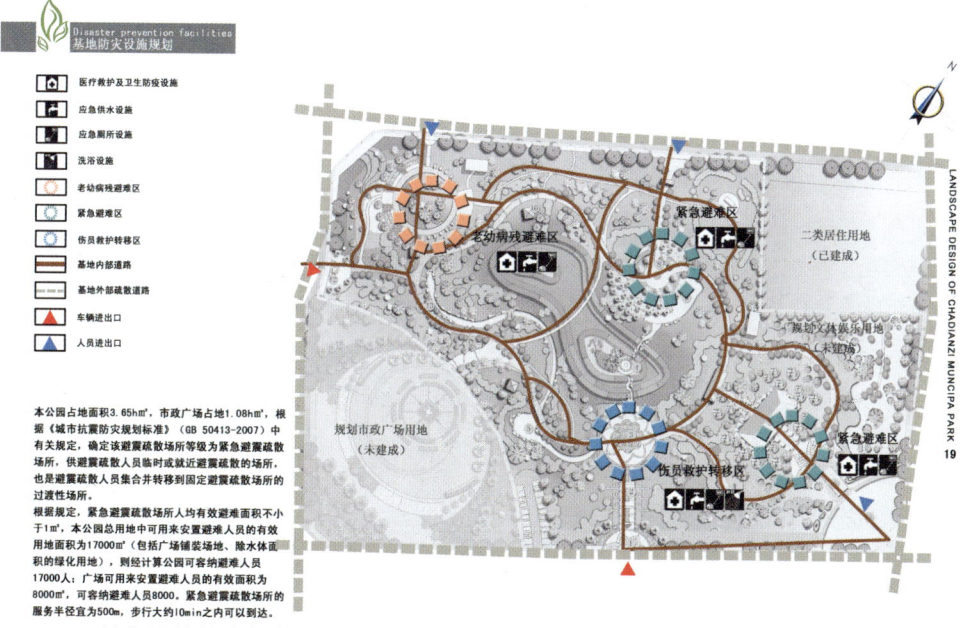

某公园的救灾备灾规划,在救灾备灾区设置有水源、搭建帐篷的空地,并且此区域都靠近公园出入口,与城市道路靠近

3. 维持城市生态平衡是城市公园的主要功能

城市公园环境功能的主要任务是维持生态平衡，改善人类生存环境。主要包括以下几个方面：①维持氧气和二氧化碳的平衡；②净化空气中的有害物质；③减少噪声；④调节气候；⑤涵蓄降水，减少径流；⑥为鸟类和昆虫提供食物和栖息地等。例如在城市内设置湿地生态公园能改善城市的水质，为候鸟提供栖息繁殖的场所。

四川遂宁河东湿地公园，设置有木平台架空在岸边，
保证水岸边的生态环境和生态廊道不受破坏

4. 城市公园的经济功能对当地经济发展具有积极的作用

城市公园自身能够产生一定的经济价值。例如现在田园城市设计趋势，有些公园栽植具有观赏性质的农作物（如下图），能够让人在游憩的时候能够参与到城市农业活动中，产生直接经济效益。并且，由于城市环境日益恶化，城市公园能够极大地带动周边的地价和不动产升值，吸引投资，推动该区域的经济和社会的发展。

芝加哥公园 Urban Farm

第三步：承接项目任务书

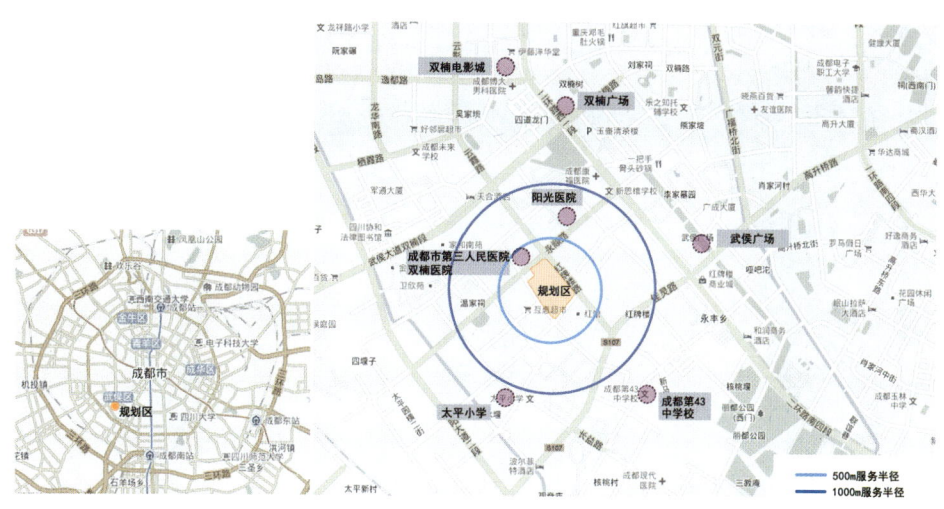

公园位置的区域地理图

本项目是位于××市××区，三环以内，紧临2.5环，位于城市的西南部，交通便利，地理环境优越。占地总面积有4.2万平方米。

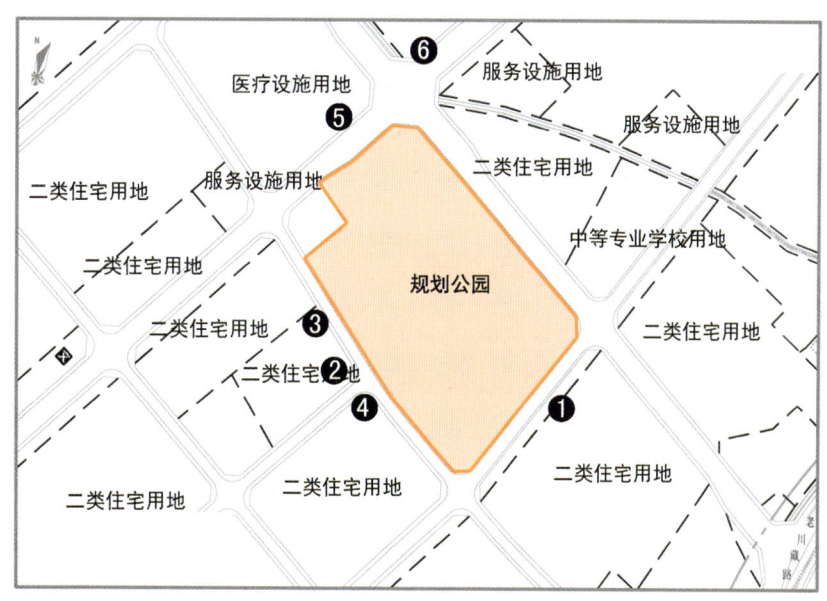

本公园与周围的环境关系

本项目周边主要为二类居住用地、服务设施用地、文化娱乐用地等，其中包括医院、学校。公园的建造，需要为周围的住户、学生、医疗病患、家属提供休闲文化的绿地场所。在设计时需要考虑不同的人群对于公园的使用情况。

本场地为上图红线框范围，四周为城市道路。设计本地块为公共开发绿地公园。

设计时遵循以下原则：

（1）总体性原则。遵循城市总体绿地系统规划，使公园在全市分布均匀，方便市民使用为目的。

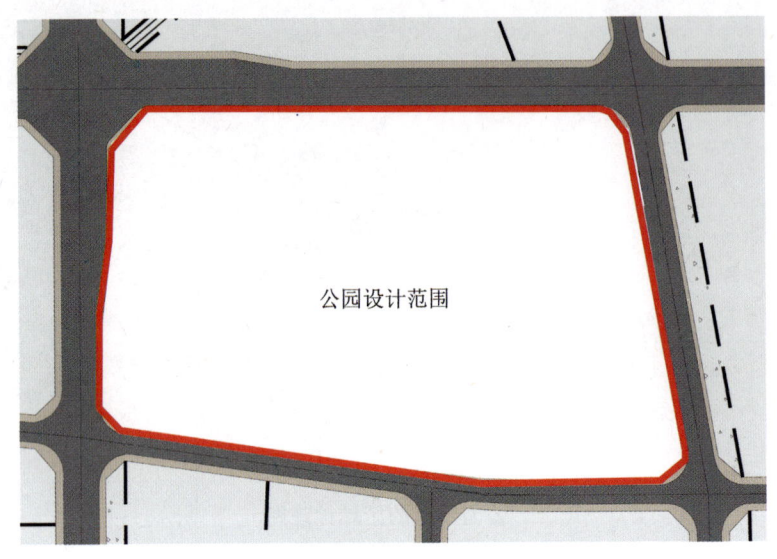

公园场地平面图

（2）适地性原则。认真调查分析公园所处地形、地貌、地质情况及周边环境景观，使设计能充分利用现状现貌，做到因地制宜、合理布局。

（3）特色性原则。充分了解本地人民的生活习惯、爱好，公园所处地理的历史事迹、民俗文化传说人文资源。使公园建成后具有地方特色。

（4）人性化原则。设计时需要考虑不同性别、不同年龄阶段及不同需求的游人，力求公园内景点及设施做到全面合理、使用率高。

（5）继承和创新原则。继承传统的造园艺术，吸收国外先进的造园经验创造具有时代风格的公园绿地。

（6）远近兼顾的原则。正确处理近期景观与远期规划之间的关系。

设计成果：

总平面图纸1张，鸟瞰图1张，道路分析图1张，功能分区图1张，节点详图，小品意向图，种植意向图。

任务二：公园场地分析与功能分区

教学目标：

（1）掌握场地分析内容。

（2）掌握公园各类用地情况。

（3）掌握公园设置相关设施。

（4）掌握功能分区的要点。

技能要求：

（1）能够对公园设计用地进行场地分析。
（2）能够对公园进行合理的功能分区的划分。

任务目标：

（1）根据项目任务书上的相关信息，对公园用地进行场地分析，完成场地分析图和分析文字。
（2）根据场地情况、使用者年龄分析、使用功能的分析，提出合理的功能分区图。

完成任务的要点：

（1）场地分析的内容包括：场地跟周边用地的关系，城市道路与场地的关系。场地自身的条件例如土壤、地基、日照、气候等。
（2）对公园使用者的情况进行分析，满足使用要求和功能要求。
（3）完成场地合理的功能分区图，并列出各功能分区相应的设施。

工作情景：

工作地点：综合设计工作室

工作场景：采用学生设计操作、教师引导的学生主体、工学一体化教学方式。教师以公园设计为例，把设计任务完成过程进行逐步演示示范，学生根据教师演示操作和教材涉及步骤进行逐步设计操作。完成本次设计任务工作内容后，教师对学生设计过程和成果进行评价和总结，并布置与本次任务相关的实践训练进行拓展和巩固。

设计实践操作：任务设计过程与设计要点分析

第一步：公园现场分析

一、公园现状处理

（1）公园范围内的现状地形、水体、建筑物、构筑物、植物、地上或地下管线和工程设施，必须进行调查，作出评价，提出处理意见。
（2）在保留的地下管线和工程设施附近进行各种工程或种植设计时，应提出对原有物的保护措施和施工要求。
（3）园内古树名木严禁砍伐或移植，并应采取保护措施。
（4）有文物价值和纪念意义的建筑物、构筑物，应保留并结合到园内景观之中。

二、场地分析图

本项目的场地原为废弃的工厂,地势平坦,利用条件较好。在竖向设计上应注意排水坡度和高差与城市道路的衔接。

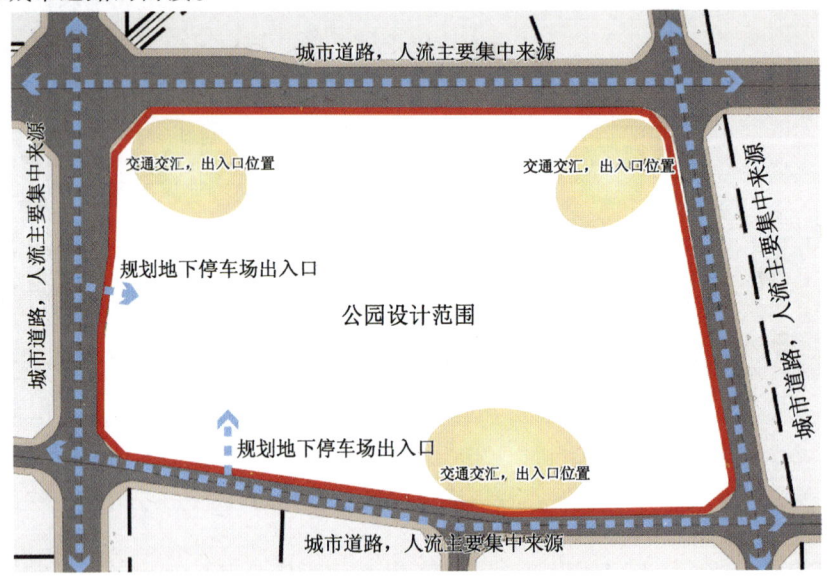

场地分析图

分析场地的道路情况,确定出人流的集中区域,寻找出设置出入口的最佳位置。并且按照规定设置停车位,本案中设施地下停车场,确定出地下停车场的出入口位置。

第二步:公园使用者的年龄分析

不同年龄的人对环境往往有不同的要求,针对老年人、中年人、少年以及儿童生理和心理特点的差异,城市公园的功能设计,也应有所不同。

使用人群—行为特征—需求分析

人群分类	行为特征	游憩中的需求
老年人	群体性活动、爱热闹	排遣寂寞、结识伙伴
中年人	活动以双休日为主,以小家庭为单位	亲子,释放工作压力
青少年	自发性群体活动	通过运动、娱乐、科普等形式释放学业压力
儿童	家长带领下的被动性活动	玩耍中认识世界、与人进行初步交流

功能分区—设施需求分析

人 群	游戏项目	配套设施	区 位
老年人	拳操、扇舞、棋牌、散步、垂钓、园艺观赏、交流交友	林荫广场、休闲亭廊、树木草坪、健身器械、亲水平台、卵石健步道、休闲桌椅	中央广场区、休闲活动区、绿荫散步区、滨水休憩区
中年人	羽毛球、网球、散步、园艺、喝茶、咖啡、约会	运动场、休闲亭廊、休闲散步道、树木草坪、茶室、咖啡吧、休闲桌椅	运动游戏区、休闲活动区、绿荫散步区、景观建筑区
青少年	篮球、板滑、旱冰、放风筝	运动场、林荫广场、大草坪、休闲亭廊、休闲桌椅	运动游戏区、休闲活动区、中央广场区、草坪活动区
儿 童	戏水、沙地滑滑梯、阳光浴、攀爬、自由嬉戏	滨水广场、细沙地、滑梯、攀爬架、大草坪、休闲桌椅	滨水休憩区、儿童活动区、草坪活动区、休闲活动区

在实际设计中，在有限的空间和设施条件下，可将同一区域限定出多种功能用途，产生更高的实用价值。如在城市公园的中央广场区：清晨，这里是老年人打太极拳的天地；中午，茶室、咖啡吧摆出露天座位，为上班的中青年人提供午餐盒、下午茶；傍晚，这里就成为青少年儿童的世界，可尽情玩耍；夜晚，这里又成为广阔的舞池，是中老年人健身、交友的场所。

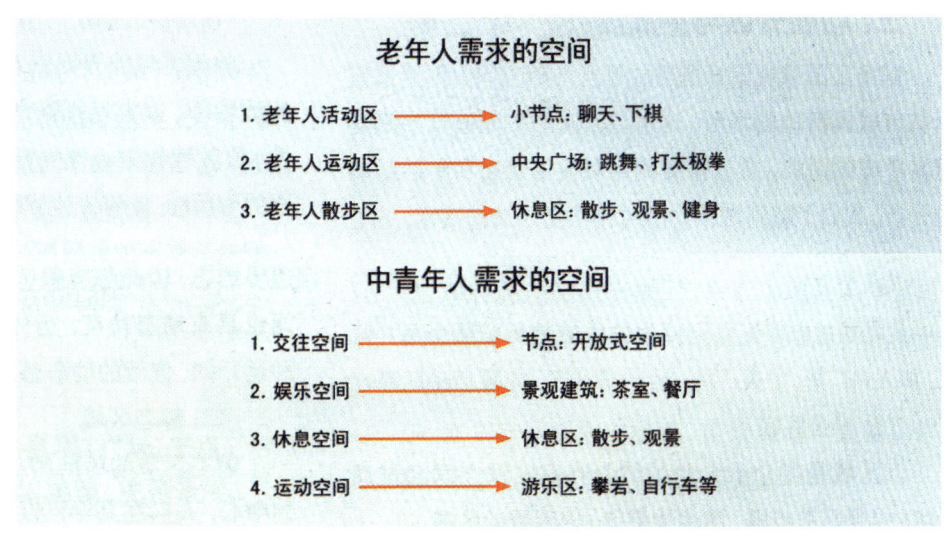

儿童需求的空间

年 龄	场地规模	最小面积	服务人数	设 施
小于3岁婴儿期	—	—	—	草坪
3～6岁幼儿期	150～450 m²	3.2 m²/名	20～30个儿童	草坪、沙坑、水池、硬质场地、座椅
7～12岁童年期	5～1 000 m²	8.1 m²/名	20～100个儿童	游戏器械、沙坑、滑梯
12～15岁少年期	1 500 m²左右	12.2 m²/名	90～120个儿童	小型体育场地、游戏场地、文化设施、科技中心等

儿童活动设施

第三步：公园的功能分区

一、公园的用地

公园内部用地比例应根据公园类型和陆地面积确定。其绿化、建筑、园路及铺装场地等用地的比例应符合下表的规定。

从表中可见，公园设计以绿化用地为主，园路铺装按照游览要求设置，适当的控制硬质铺装面积。小品建筑和公园设置按照功能和设计需要点缀其间。

公园内部用地比例 %

陆地面积（hm²）	用地类型	综合性公园	儿童公园	动物园	专类动物园	植物园	专类植物园	盆景园	风景名胜公园	其他专类公园	居住区公园	居住小区游园	带状公园	街旁游园
<2	Ⅰ	—	15~25	—	—	—	15~25	15~25	—	—	—	10~20	15~30	15~30
	Ⅱ	—	<1.0	—	—	—	<1.0	<1.0	—	—	—	<0.5	<0.5	—
	Ⅲ	—	<4.0	—	—	—	<7.0	<8.0	—	—	—	<2.5	<2.5	<1.0
	Ⅳ	—	>65	—	—	—	>65	>65	—	—	—	>75	>65	>65
2~<5	Ⅰ	—	10~20	—	10~20	—	10~20	10~20	—	10~20	10~20	—	15~30	15~30
	Ⅱ	—	<1.0	—	<2.0	—	<1.0	<1.0	—	<1.0	<0.5	—	<0.5	—
	Ⅲ	—	<4.0	—	<12	—	<7.0	<8.0	—	<5.0	<2.5	—	<2.0	<1.0
	Ⅳ	—	>65	—	>65	—	>70	>65	—	>70	>75	—	>65	>65
5~<10	Ⅰ	8~18	8~18	—	8~18	—	8~18	8~18	—	8~18	8~18	—	10~25	10~25
	Ⅱ	<1.5	<2.0	—	<1.0	—	<1.0	<2.0	—	<1.0	<0.5	—	<0.5	<0.2
	Ⅲ	<5.5	<4.5	—	<14	—	<5.0	<8.0	—	<4.0	<2.0	—	<1.5	<1.3
	Ⅳ	>70	>65	—	>65	—	>70	>70	—	>75	>75	—	>70	>70

续表

陆地面积（hm²）	用地类型	公园类型												
		综合性公园	儿童公园	动物园	专类动物园	植物园	专类植物园	盆景园	风景名胜公园	其他专类公园	居住区公园	居住小区游园	带状公园	街旁游园
10~<20	I	5~15	5~15	—	5~15	—	5~15	—	—	5~15	—	—	10~25	—
	II	<1.5	<2.0	—	<1.0	—	<1.0	—	—	<0.5	—	—	<0.5	—
	III	<4.5	<4.5	—	<14	—	<4.0	—	—	<3.5	—	—	<1.5	—
	IV	>75	>70	—	>65	—	>75	—	—	>80	—	—	>70	—
20~<50	I	5~15	—	5~15	—	5~10	—	—	—	5~15	—	—	10~25	—
	II	<1.0	—	<1.5	—	<0.5	—	—	—	<0.5	—	—	<0.5	—
	III	<4.0	—	<12.5	—	<3.5	—	—	—	<2.5	—	—	<1.5	—
	IV	>75	—	>70	—	>85	—	—	—	>80	—	—	>70	—
≥50	I	5~10	—	5~10	—	3~8	—	—	3~8	5~10	—	—	—	—
	II	<1.0	—	<1.5	—	<0.5	—	—	<0.5	<0.5	—	—	—	—
	III	<3.0	—	<11.5	—	<2.5	—	—	<2.5	<1.5	—	—	—	—
	IV	>80	—	>75	—	>85	—	—	>85	>85	—	—	—	—

注：Ⅰ——园路及铺装场地；Ⅱ——管理建筑；Ⅲ——游览、休憩、服务、公用建筑；Ⅳ——绿化园地。

二、公园常设置设施

根据公园活动的功能需求，一般公园的设施分为四类：游憩设施、服务设施、公用设施、管理设施。其中，游憩设施为主要的休闲活动提供需要的设施，包括：亭、廊、厅、榭、码头、棚架、园椅、园凳等。服务设施主要提供餐饮等服务行业设施，包括：小卖部、茶座、咖啡厅、餐厅、摄影部、售票房，这类设施在图上表现多为园林小品建筑。公用设施，包括：厕所、园灯、公用电话、果皮箱、饮水站、停车场等。管理设施主要位于管理区域，包括：管理办公室、垃圾站等。

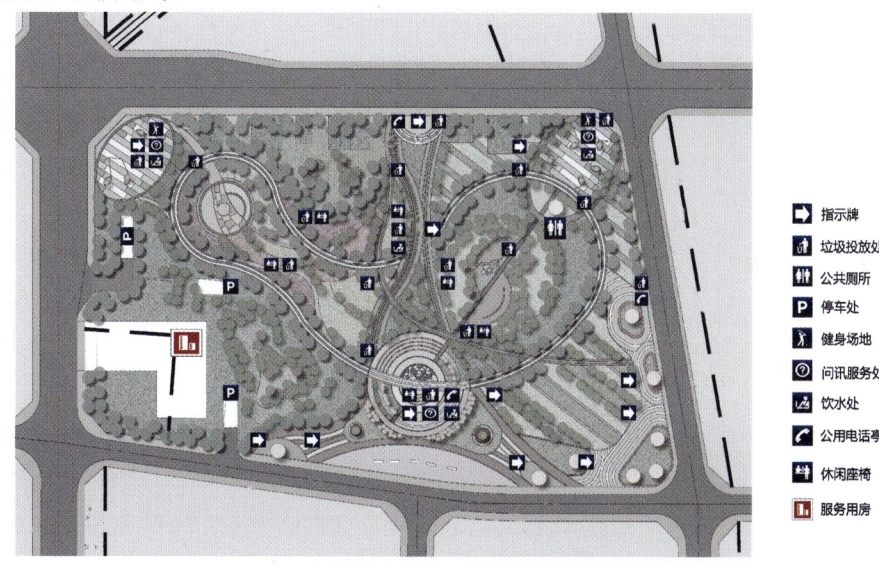

本项目公园公共设施分布图

本项目中，公共设施有指路的指示牌、垃圾投放、公厕、饮水处、公共电话、休闲座椅等，方便游人的使用。

公园常规设施

设施类型	设施项目	陆地规模（hm²）					
		＜2	2～＜5	5～＜10	10～＜20	20～＜50	≥50
游憩设施	亭或廊	○	○	●	●	●	●
	厅、榭、码头	—	○	○	○	○	○
	棚架	○	○	○	○	○	○
	园椅、园凳	●	●	●	●	●	●
	成人活动场	○	●	●	●	●	●
服务设施	小卖店	○	○	●	●	●	●
	茶座、咖啡厅	—	○	○	○	●	●
	餐厅	—	—	○	○	●	●
	摄影部	—	—	○	○	○	○
	售票房	○	○	●	●	●	●
公用设施	厕所	○	●	●	●	●	●
	园灯	○	●	●	●	●	●
	公用电话	—	○	●	●	●	●
	果皮箱	●	●	●	●	●	●
	饮水站	○	○	○	○	○	○
	路标、导游牌	○	○	●	●	●	●
	停车场	—	—	○	●	●	●
	自行车存车处	○	○	●	●	●	●
管理设施	管理办公室	○	●	●	●	●	●
	治安机构	—	—	○	●	●	●
	垃圾站	—	—	○	●	●	●
	变电室、泵房	—	—	○	○	●	●
	生产温室荫棚	—	—	○	○	○	●
	电话交换站	—	—	—	○	○	●
	广播室	—	—	●	●	●	●
	仓库	—	○	●	●	●	●
	修理车间	—	—	—	○	●	●
	管理班（组）	—	○	○	●	●	●
	职工食堂	—	—	○	○	○	●
	淋浴室	—	—	—	○	○	●
	车库	—	—	—	○	○	●

注："●"表示应设；"○"表示可设。

公园内各种游憩设施

公园设施设计要求：

厕所：

游人使用的厕所面积大于 10 hm² 的公园，应按游人容量的 2%设置厕所蹲位（包括小便斗位数），小于 10 hm² 者按游人容量的 1.5%设置；男女蹲位比例为（1~1.5）∶1；厕所的服务半径不宜超过 250 m；各厕所内的蹲位数应与公园内的游人分布密度相适应；在儿童游戏场附近，应设置方便儿童使用的厕所；公园宜设方便残疾人使用的厕所。

座椅：

公用的条凳、座椅、美人靠（包括一切游览建筑和构筑物中的在内）等，其数量应按游人容量的 20%~30%设置，但平均每 1 hm² 陆地面积上的座位数最低不得少于 20，最高不得超过 150。分布应合理。

停车场：

停车场和自行车存车处的位置应设于各游人出入口附近，不得占用出入口内外广场，其用地面积应根据公园性质和游人使用的交通工具确定。

三、公园的活动功能划分

1. 从使用性质上分

根据不同的使用性质，可将公园功能分为以下几种区域：

1）公共区

凡是可以由市民共同使用的区域都可以称为公共区域，如入口广场、中央广场、运动游戏区、儿童活动区等。

2）半公共区

该区域是指介于公共区域与私密区域之间的过渡区域。如绿荫散步区、滨水休憩区、休闲活动区等。

3）私密区

由个人或少数人占有的区域都可称为私密区域。如动植物园的研究和保护区、办公管理区、安静休憩区等。

2. 从空间态势上分

通过人们的主观感受和体验，这种空间会产生某种态势，形成动与静的区别，还会具有某种流动性。

休息区域为静态区域，人行区域为流动区域

1）动态区域

动态区域指场地中没有明确的中心，具有很强的流动性。能产生强烈的动势交错组合在一起的空间也具有动态特征。另外，曲线界面的空间也可产生一种运行的、连续的动态感。

2）静态区域

静态区域的场地相对较为稳定，该区域有一定的控制中心，人们在其中可以产生较强烈的驻留感。一般来说，如口袋一样深入的空间，边界是规则几何形体的区域更具有稳定性和安全性。

3）流动区域

场地内采用垂直或水平方向上的象征性分隔，保持最大限度的交融与连续，视线通透，交通无阻隔性或极小阻隔性的区域称为流动区域。其追求的是连续的、运动的特征。

3. 从功能类型上分

1）文化娱乐区

参与人数多、比较喧哗。该区包括露天剧场、游戏广场、技艺表演场或舞池等。一般该区域接近公园入口。考虑设置足够的道路广场和生活服务设施。

2）观赏游览区

供人游览、赏景参观。开阔的水面，或临水。地形起伏，植被丰富。

3）安静休息区

游人密度较小，与喧闹活动分开。位于景色和植被情况良好的地方。

4）儿童活动区

在儿童活动区内可根据不同年龄的少年儿童进行分区，一般可分为学龄前儿童区和学龄儿童区。主要活动内容和设施有：游戏场、戏水池、运动场、障碍游戏、少年宫等。

5）老年人活动区

可建立老年人体育锻炼区、棋艺区、园艺区等。同时设置休息椅子等设施。

6）体育活动区

跟随地形，可设置小型的活动场地，如乒乓球台、篮球场、缓坡草坪看台等。

7）园务管理区

一般设置有管理办公室、广播室、苗圃、仓库、垃圾站等。一般园务管理区需要设置专门的出入口，和城市道路连接。

四、功能组织

公园景观的基本设计要素可以分为以下几类：第一，交通要素，包括入口广场、公园内主干道与次干道、室外停车场、自行车停放点等。第二，场地要素，包括儿童、老人活动场、游泳池、羽毛球场、中心广场、平台硬地等。第三，绿地水面要素，包括行道树、花坛、草地、水池等。

在组织功能时，将同一类要素联系在一起，使同类要素在公园景观内布局合理、联系紧密，使整体的功能性得到充分发挥。

功能或景区划分应根据公园性质和现状条件，确定各分区的规模及特色。每个功能景区需要占用多大面积的用地。

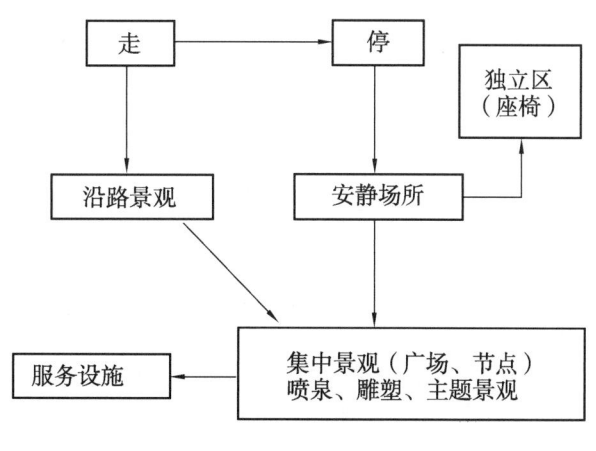

功能分区泡泡图

五、场地功能分区设计

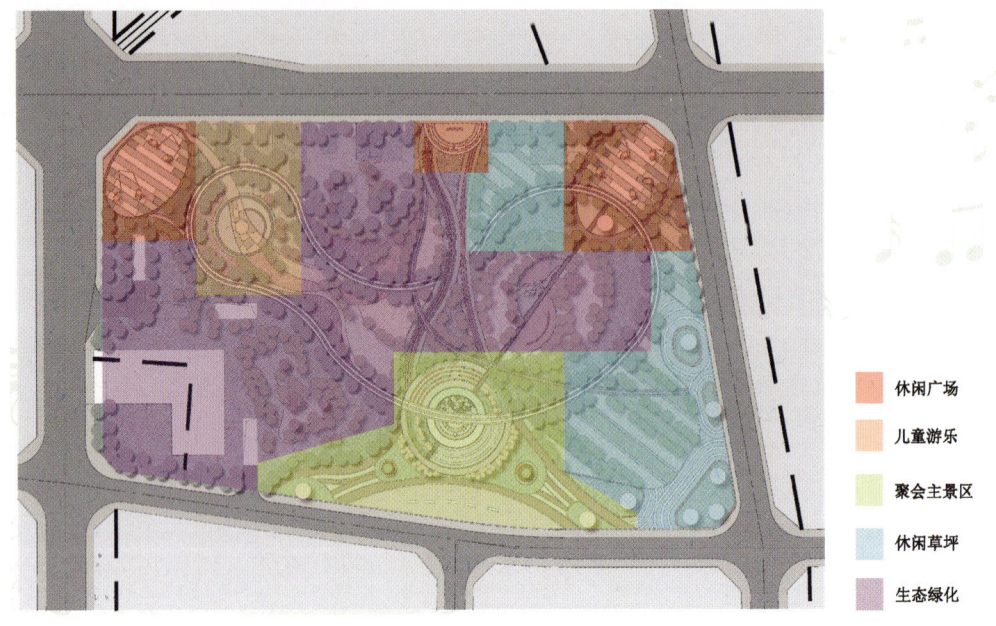

本项目公园功能分区图

根据功能分区要点，本项目中，可分为休闲文化广场区、儿童游乐区、主题主景区、休闲草坪区、生态绿化区。在功能配置上，将相似的功能放在一起，相斥的功能放在远的地方。喧闹的区域放置在一起，安静的区域和其分开。人员活动较多的区域靠近出入口和城市道路。

任务三：公园景观方案设计

教学目标：

（1）掌握公园总体规划布局原则。
（2）掌握公园道路系统布置方式。
（3）掌握公园种植设计原则。
（4）合理地进行公园规划。

设计技能要求：

（1）能够将各设计要素综合设计运用，根据场地总体规划设计。
（2）能够运用CAD、Photoshop等设计软件完成公园规划与景观设计的总平面彩图。

任务目标：

（1）能够独立地进行公园的规划设计，景观小品建筑的设计。

（2）能够合理地进行种植绿化设计。

完成任务的要点：

（1）在草图纸上完成公园的总平面设计，确定道路系统通顺，整体布局合理，设计内容满足功能需要，总平面设计美观。

（2）用CAD完成总平面图的线稿绘制，用Photoshop进行后期上色渲染处理。

（3）用Photoshop等软件在总平面图上用虚线或者圆圈等符号进行设计分析说明，完成相应的道路分析、景观节点分析等。

（4）提供种植意向的乔、灌、草植物种类。

（5）完成200字左右的设计说明。

工作情景：

工作地点：综合设计工作室

工作场景：采用学生设计操作、教师引导的学生主体、工学一体化教学方式。教师以公园设计为例，把设计任务完成过程进行逐步演示示范，学生根据教师演示操作和教材涉及步骤进行逐步设计操作。完成本次设计任务工作内容后，教师对学生设计过程和成果进行评价和总结，并布置与本次任务相关的实践训练进行拓展和巩固。

设计实践操作：任务设计过程与设计要点分析

公园的总体设计应根据批准的设计任务书，结合现状条件对功能或景区划分、景观构想、景点设置、出入口位置、竖向及地貌、园路系统、河湖水系、植物布局以及建筑物和构筑物的位置、规模、造型及各专业工程管线系统等作出综合设计。

第一步：地形处理

公园地形处理，应以公园绿地需要为前提，充分利用原地形、景观，创造出自然和谐的景观骨架，结合公园外围城市道路规划标高及部分公园分区内容和景点建设要求进行，要以最少的土方量丰富园林地形。

《园冶》中讲"高方欲就亭台，低凹可开池沼"的"挖湖堆山"法，在一片平地上，挖湖，将挖出的土方堆成人造山。

地形设计和功能分区相结合，安静休息区可以和山林地区、溪流蜿蜒的小水面结合。主要活动区，地势变化不要太过强烈，以便开展大量的集散活动。

第二步：出入口设计

公园的出入口一般分为主要出入口、次要出入口和专用出入口三种。主要出入口是公园大多数游人出入公园的地方。次要出入口是方便周围居民使用、为园内局部地区或某些设施服务的。专用出入口是园务管理需要的，不供游览使用，位置可偏僻，方便管理不影响游人活动。

应根据城市规划和公园内部布局要求，确定游人主、次和专用出入口的位置；需要设置出入口内外集散广场、停车场、自行车存车处者，应确定其规模要求。

公园游人出入口宽度应符合下列规定：

公园游人出入口总宽度下限　　　　　　　　　　　　　　　　　m/万人

游人人均在园停留时间	售票公园	不售票公园
>4 h	8.3	5.0
1～4 h	17.0	10.2
<1 h	25.0	15.0

注：单位"万人"指公园游人容量。

出入口，欲扬先抑的障景手法

出入口常见的设计手法包括：

（1）欲扬先抑。适用于面积较小的园子，在出入口设置障景，或通过空间的开合对比，使游人在入园后有豁然开朗之感。

（2）开门见山。通常面积较大的园子或追求庄严雄伟的纪念性园林多采用这种手法。

（3）外场内院。这种手法一般是以公园大门为界限，外为交通场地，内为步行内院。

（4）T字形障景。进门后广场与主要园路"T"字形连接，并设置障景。

第三步：园路系统设计

一、人车分行

公园的路网布局方面应遵循以下原则：

（1）进入公园后步行道和车行道在空间上分离，设置步行道与车行道两个独立的路网系统。

（2）车行路应分级明确，可采用围绕公园布置的方式，并以枝状尽端路或环状尽端路的形式延伸到游憩场地出入口。

（3）在车行道路周围或尽端，应设置适当数量的停车位。在车行路的尽端应设置回车场。

（4）步行道应尽量在景区内部，将绿地、活动绿地、公共服务设施串联起来，并延伸到游憩活动场地的入口。

二、园路分级

应根据公园的规模、各分区的活动内容、游人容量和管理需要，确定园路的路线、分类分级和园桥、铺装场地的位置和特色要求。

（1）主要园路：应具有引导游览的作用，易于识别方向。游人大量集中地区的园路要做到明显、通畅、便于集散。通行养护管理机械的园路宽度应与机具、车辆相适应。通向建筑集中地区的园路应有环行路或回车场地。生产管理专用路不宜与主要游览路交叉。

（2）次要园路：为游步道，一般 1.2～2.0 m 宽度。供人行使用，为景区支路。

（3）专用道：多为园务管理使用，在园内与游览路分开，应减少交叉，以免干扰游览。

公园道路宽度应符合下列规定：

园路宽度   m

园路级别	陆地面积（hm²）			
	<2	2～<10	10～<50	>50
主路	2.0～3.5	2.5～4.5	3.5～5.0	5.0～7.0
支路	1.2～2.0	2.0～3.5	2.0～3.5	3.5～5.0
小路	0.9～1.2	0.9～2.0	1.2～2.0	1.2～3.0

本项目公园道路系统分析图

公园所在地四周为城市道路，设计 2 个以上出入口和城市道路相接。设有地下停车场，保证地下停车场 100 个停车位有 2 个出入口。公园内部道路分主路和小路。主路回环将公园连通，小路深入到各个园区，完善整个园路系统。

三、停车场设计

停车场的位置，一般设在公园入口大门附近，原则上应该分开设置。停车场出入口不宜太宽，一般设计为 7~10 m。停车场应与公园、风景区内部空间相互隔离，要尽量少对园林内部环境的不利影响，因此应该在停车场周围设置高围墙或隔离绿带。

停车场内车辆的通行路线及倒车、回车路线必须合理安排。车辆的停放方式，按照车辆沿着停车场中心线、边线或者道路边线停放时有 3 种：平行式、垂直式、斜角式。（见下图）

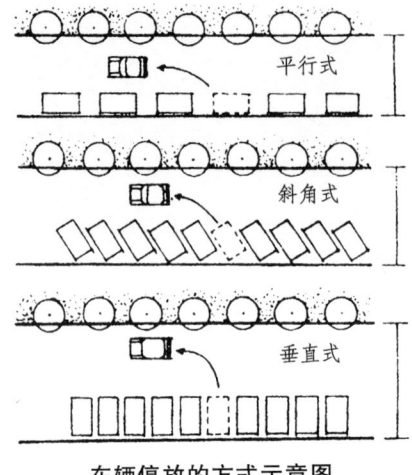

车辆停放的方式示意图

停车场的布置形式，可以分为如图所绘制的停车道式、转角式、浅盆式和袋式等。（见下图）

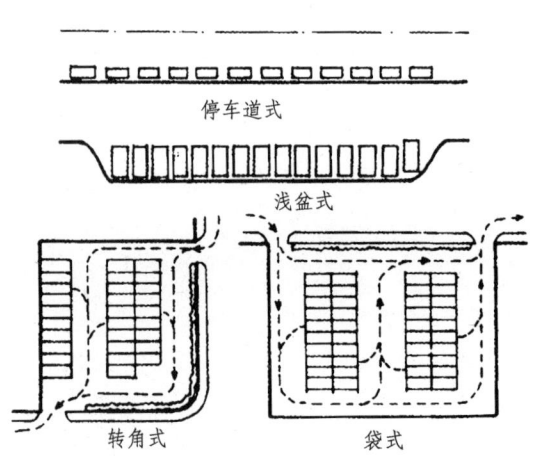

停车场布置示意图

停车场可以采用不同的铺装形式，可以采用混凝土整体现浇铺装，也常采用预制透水砖，减少铺砖面积过大的热岛效应。

第四步：河湖水系设计

水体的设计按其外形轮廓可分为自然式、规则式和混合式。自然式的水体是保持天然的或者模仿天然形成的河、湖、溪、涧等，富于变幻。规则式水体是人工开凿成几何形状的水面外轮廓，如几何喷泉等。混合的水体形式是两种形式的交替穿插使用。

应根据水源和现状地形等条件，确定园中河湖水系的水量、水位、流向，水闸或水井、泵房的位置，各类水体的形状和使用要求。游船水面应按船的类型提出水深要求和码头位置；游泳水面应划定不同水深的范围；观赏水面应确定各种水生植物的种植范围和不同的水深要求。

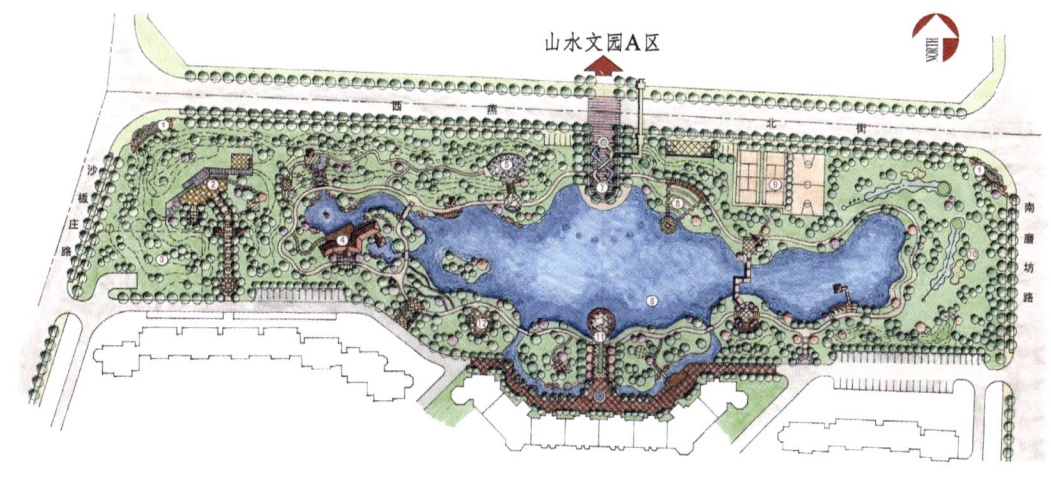

某休闲公园规划总平面图，水体为全园的中心位置区域。
水体的设计有收有放，以桥和岛屿划分水域面

第五步：小品建筑布局及设计

建筑布局：应根据功能和景观要求及市政设施条件等，确定各类建筑物的位置、高度和空间关系，并提出平面形式和出入口位置。

公园管理设施及厕所：位置，应隐蔽又方便使用。

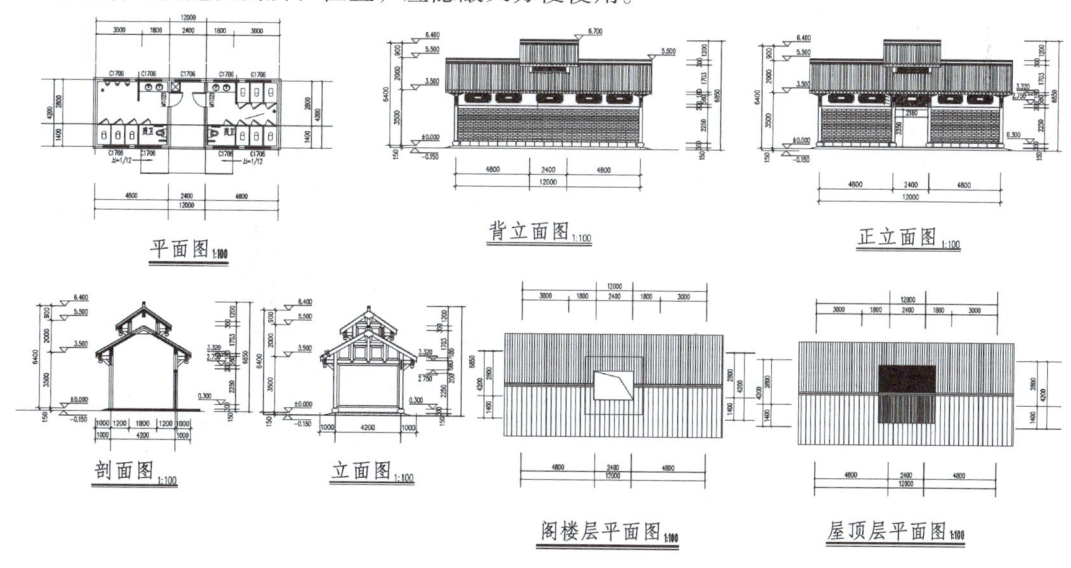

某公园厕所设计

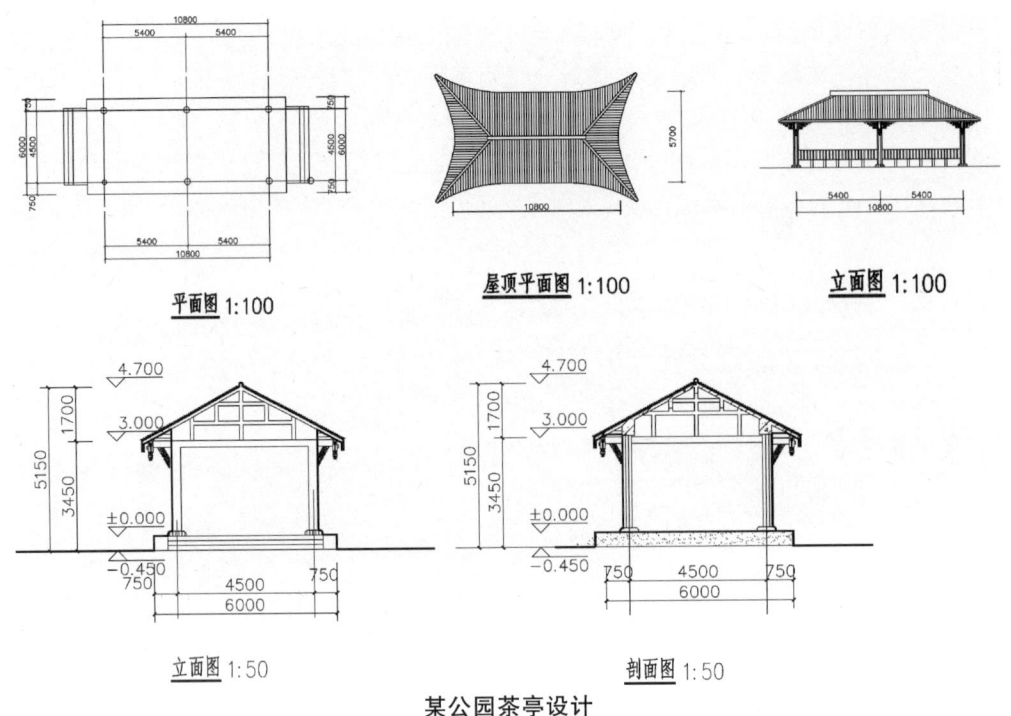

某公园茶亭设计

第六步：种植设计

全园的植物组群类型及分布，应根据当地的气候状况、园外的环境特征、园内的立地条件，结合景观构想、防护功能要求和当地居民游赏习惯确定，应做到充分绿化和满足多种游憩及审美的要求。

一、种植设计参考要点

（1）种植方式要适应公园的功能要求，植物要适合所在地区的气候、土壤条件和自然植被分布特点，应选择抗病虫害强、易养护管理的植物，体现良好的生态环境和地域性。

1. 圆冠阔叶大乔木
2. 高冠阔叶大乔木
3. 高塔形常绿乔木
4. 低矮塔形常绿乔木
5. 圆冠形常绿乔木
6. 球类常绿灌木
7. 修剪色带
8. 小乔木
9. 竖形灌木
10. 团形灌木
11. 可密植成片的灌木
12. 普通花卉形地被
13. 长叶形地被

从地被到小乔木层的自然式配植，叶形地被与修剪绿球交叉种植

（2）充分发挥植物的各种功能和观赏特点，合理配置，常绿与落叶、速生与慢生相结合，构成多层次的复合生态结构，达到人工配置的植物群落的自然和谐。

（3）植物品种的选择要在统一的基调上力求丰富多样。

（4）要注重种植位置的选择，以免影响室内采光通风和其他设施的管理维护。

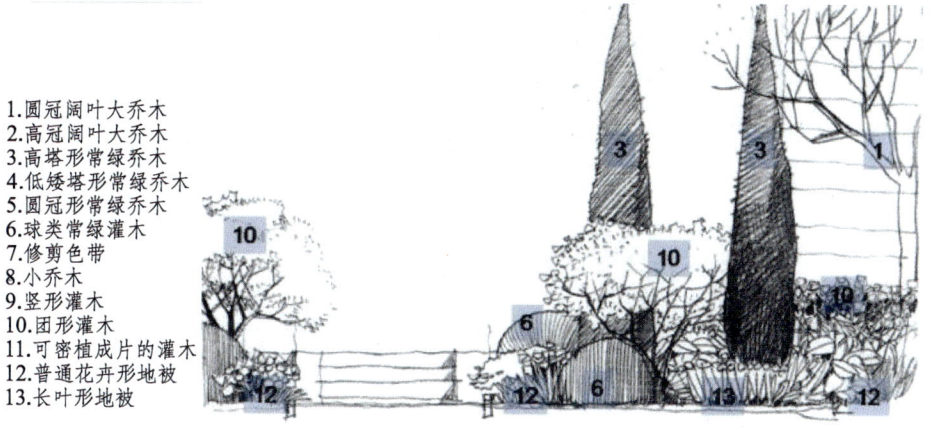

1. 圆冠阔叶大乔木
2. 高冠阔叶大乔木
3. 高塔形常绿乔木
4. 低矮塔形常绿乔木
5. 圆冠形常绿乔木
6. 球类常绿灌木
7. 修剪色带
8. 小乔木
9. 竖形灌木
10. 团形灌木
11. 可密植成片的灌木
12. 普通花卉形地被
13. 长叶形地被

在建筑边缘、墙角等处的植物处理：层次丰满，越狭窄处植物越密实，抱角处往往以铅笔柏配合花灌木破除建筑的棱角感

二、强调种植的竖向层次

种植效果要考虑竖向的层次。上层为乔木为主，包括阔叶落叶大乔木或针叶常绿乔木。中层为小乔木、花灌木。下层为灌木及地被植物。共同打造具有生态效益的植物群落。

植物竖向设计时，需要考虑树形搭配上的对比和调和，颜色上的协调与变换。例如，松树的塔形和阔叶乔木、修剪成卵圆形的灌木形成对比。松树的深绿色，作为背景色，能增加景色和层次。

第七步：给排水处理

一、给　水

根据灌溉、湖、池水体大小，游人饮用水量、卫生和消防的实际供需确定。给水水源、管网布置、水量、水压应做配套工程设计，给水以节约用水为原则。喷泉设计时应采用循环水，并防止水池渗漏。喷泉设计可参照《建筑给水排水设计规范》（GBJ15）的规定。

植物养护的灌溉系统应与种植设计配合，喷灌或滴管设施应分段控制。喷灌设计应符合《喷灌工程技术规范》（GBJ85）的规定。

二、排　水

污水应接入城市活水系统，不得在地表面排泄，或直接排泄到湖水中。雨水应该有明确的引导取向，地表排水应有防止径流冲刷的措施。

第八步：声光电处理

夜景需要灯光营造氛围

公园提供晚上的活动使用，所以需要对园内的灯光进行布置，分区控制。同时园内需要布置音响广播，让人游览的同时享受音乐，也方便园务的管理。强弱电的配置，应遵循国家相关标准规定。

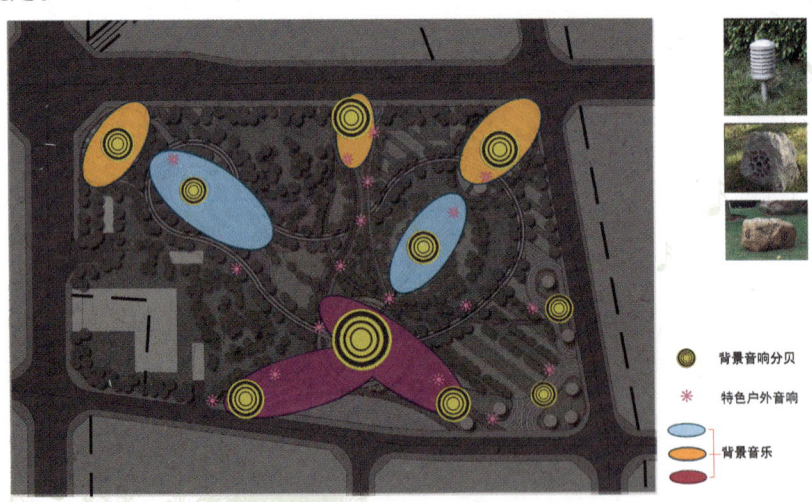

音响分布设计

第九步：方案设计比较

在设计过程中，一般会给甲方提供 2～3 个方案供选择比较。甲方最后确定一个他们最接近满意的方案，再在此基础上进行调整修改。例如以下的公园设计。

美国克利夫兰 Perk 公园方案一：

方案一，以多边形几何造型为主，中间为开阔的草地，休息区和小景围绕中心景观展开。

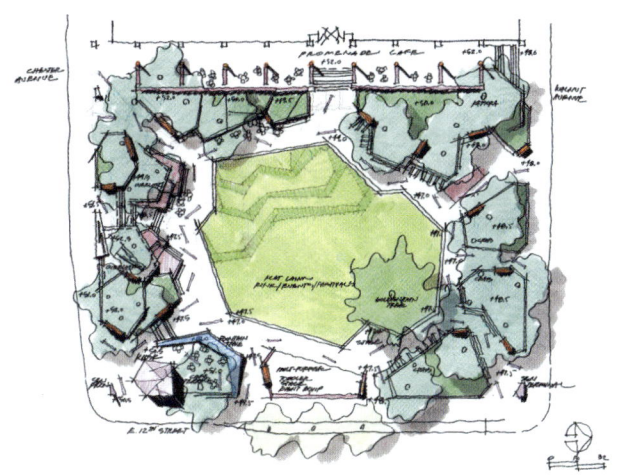

美国克利夫兰 Perk 公园方案二：

方案二，将草坪和树阵区独立分开，在树阵区提供休憩设施。整个场地功能分区明确。

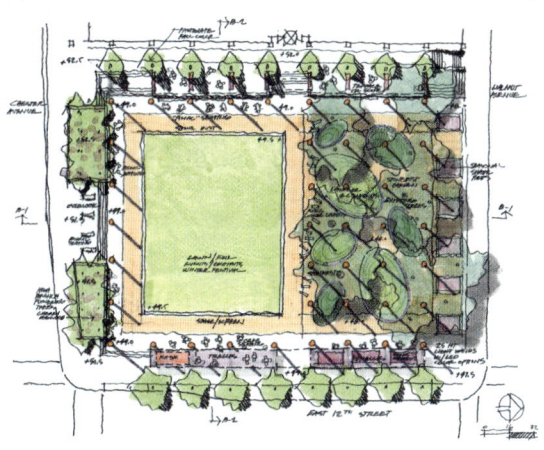

美国克利夫兰 Perk 公园方案三：

方案三，在方案二的基础上增加开阔草坪的地形起伏。微地形的运用打破了草坪的单一性。

最终定稿的方案

建成后实景图片

第十步:公园综合设计方案

本项目中的公园为市政公园,以公共绿地为主,在设计上既能道路满足消防和游园的需要,又有一定的创新意识,使公园更加的现代化和融入城市。景观上注重文化性和多样性,分区明确,植物配置合理丰富,疏密有致,既有生态效益又有人文性。集聚观赏、感受、锻炼、嬉戏于一体。最大限度地满足居民的健康生活,为新时代的地标性特色公园。

本项目设计时以音乐文化为主题。音乐能够让人放松、感受、享受休闲的时光。音乐对人的情绪具有治疗作用。将音乐设计融入公园中,在平面布局、立面小品和节点细节处都有体现。

整体道路布局以富有节奏感的形式展开,线条感较强,疏密相间,在植物搭配和草坪的规划上用键盘深浅相间和高低起伏的形式表达音乐的感觉。在铺装和小品上用音乐符号的变化以最直白的形式展现。

主体活动广场上设置有音乐小品雕塑,道路暗藏音乐符号,让游人在游览的时候,处处感受到音乐的愉快。

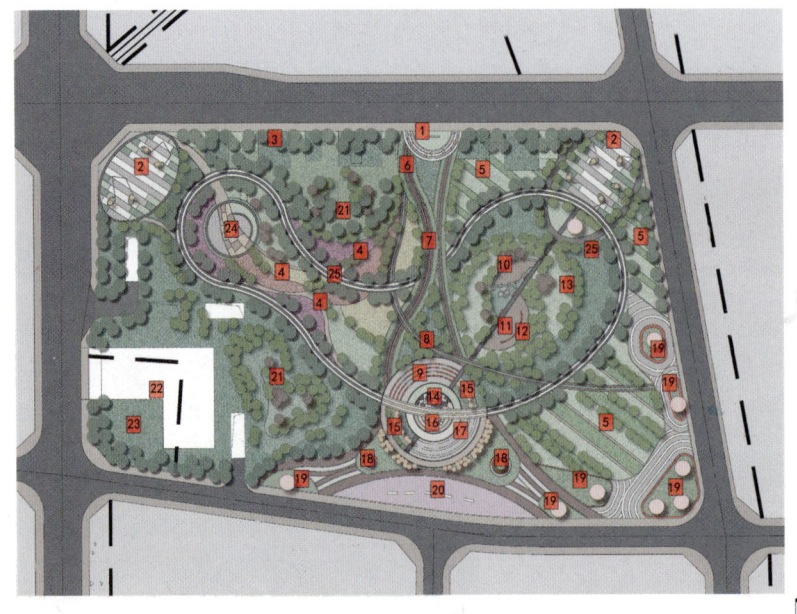

总平面布置图

1 入口LOGO景墙
2 音符广场
3 键盘绿篱
4 花卉灌木区
5 休闲草坪区
6 音符构架
7 主要景观散步道
8 健身步道
9 景观座椅
10 弧形景墙
11 半圆形广场
12 景观廊架
13 休闲绿地
14 音乐旱喷
15 景观树阵
16 景观音符座椅
17 音乐构架小品
18 休闲木平台
19 景观造型树池
20 音符造型小品
21 生态绿化区
22 公共用房
23 地上停车位
24 儿童游乐区
25 环线步道(消防道)

公园鸟瞰图

骑游步道适宜图

基本技能训练四　公园设计

技能训练题目：公园设计
技能训练学时：8学时

技能训练目的：

（1）通过本次实践性教学的学习，使学生能够掌握公园景观设计的要点。
（2）能够合理地进行功能分区，能够合理地进行道路、广场规划。
（3）能够熟练的运用设计软件进行设计表现。

技能训练条件：

（1）设计软件 CAD、Photoshop、Sketchup。
（2）A3 图纸、草图纸、绘图铅笔、针管笔、马克笔。

技能训练内容：

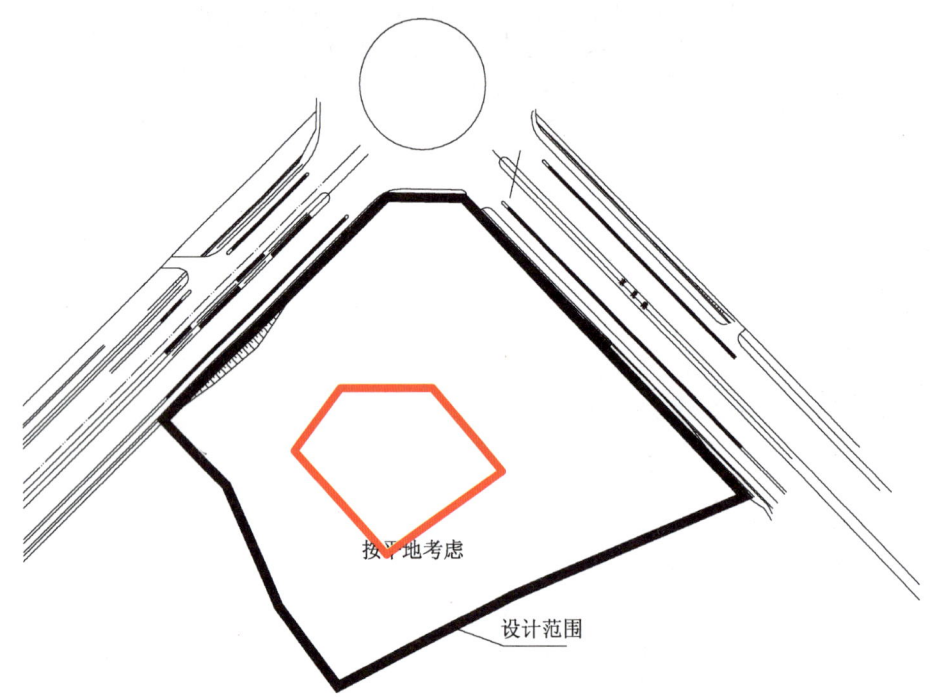

CAD 线稿底图。场地按照平地考虑，粗线框范围为设计范围

（1）本公园位于道路交叉口的一个街角处，占地面积约 4 万平方米。
（2）此用地为街心公园，服务于周围的居民活动。
（3）场地平坦，土壤良好。

技能训练要求：

（1）完成场地分析图。用箭头、泡泡图在现存场地上绘制场地分析图。
（2）总平面设计图。A3 图纸大小，彩色平面。需要配以设计说明文字，以及总平面指引文字。
（3）设计需要考虑道路系统畅达，需要设置居民相应的游览休闲活动，造型优美，布局自然式和规则形式不限。设计应充分考虑经济和生态型，配置相应的造景植物。

（4）局部透视效果图。可以用设计软件或者手绘表现来绘制局部透视图，表达设计想法。

（5）将场地分析图、总平面设计图、局部透视图布置在 A1 的图纸上。要求版式布置美观。最后上交彩色 A1 图纸电子版本（PDF 或者 JPG 格式），像素要求 100 像素/英寸。

技能训练方法：

分小组（每小组不超过 3 个人），进行实训。在机房进行设计指导。完成设计后，在多媒体教室进行设计汇报。

考核方法：

此部分实训考核学生的分析能力、规划设计能力以及设计表现能力。

设计内容	评分标准
场地分析	（1）用箭头、泡泡图等图例和文字表达场地分析要点 （2）分析合理 （3）功能分区和场地分析相适宜
总平面设计	（1）功能空间布局合理 （2）造型协调、统一 （3）比例、尺度合适 （4）道路系统通畅 （5）园林要素搭配适当 （6）种植搭配要合理 （7）图面表达干净、清晰
局部透视图	（1）能够清楚的表达景观设计想法 （2）能够熟练运用设计软件或者手绘的方式进行表达 （3）透视关系正确 （4）图纸美观
方案文本	（1）版式布局美观，主次安排合理 （2）逻辑顺序清楚 （3）设计说明辅助设计图纸进行设计表达

项目五　单位附属绿地设计

单位绿地是指在某一部门或单位内，由该部门或单位投资、建设、管理、使用的绿地。单位绿地的服务对象主要是本单位的员工，一般不对外开放，因此单位绿地又常被称为专用绿地或单位环境绿地。

单位绿地是城市建设用地中绿地之外各类用地中的附属绿化用地，常见的单位绿地主要包括机关团体、部队、学校、医院、工矿企业等单位内部的附属绿地。单位绿地需要满足本单位人员的使用、休闲外，同时反映了本单位的文化氛围、精神面貌、单位特色，所以具有强烈的专属特点。

项目阶段　学校绿地方案设计

任务：承接项目任务书

教学目标：

（1）了解设计任务书的内容和最后需要提交的成果。
（2）掌握单位绿地景观设计的方法及特点。
（3）掌握特殊校园——幼儿园的设计要点。

技能要求：

（1）能够理解和分析设计任务书的要求。
（2）能够依据特点的单位环境进行绿地景观的设计。

任务目标：

（1）根据项目任务书的要求，开始准备幼儿园景观设计资料。
（2）根据经典案例的分析，能够对本项目用地提出概念性的开发意向关键词。

完成任务的要点：

（1）分析项目任务书。
（2）提出公园景观设计的意向关键词。

工作情景：

工作地点：综合设计工作室

工作场景：采用学生设计操作、教师引导的学生主体、工学一体化教学方式。教师以公园设计为例，把设计任务完成过程进行逐步演示示范，学生根据教师演示操作和教材涉及步骤进行逐步设计操作。完成本次设计任务工作内容后，教师对学生设计过程和成果进行评价和总结，并布置与本次任务相关的实践训练进行拓展和巩固。

设计实践操作：任务设计过程与设计要点分析

第一步：承接项目任务书

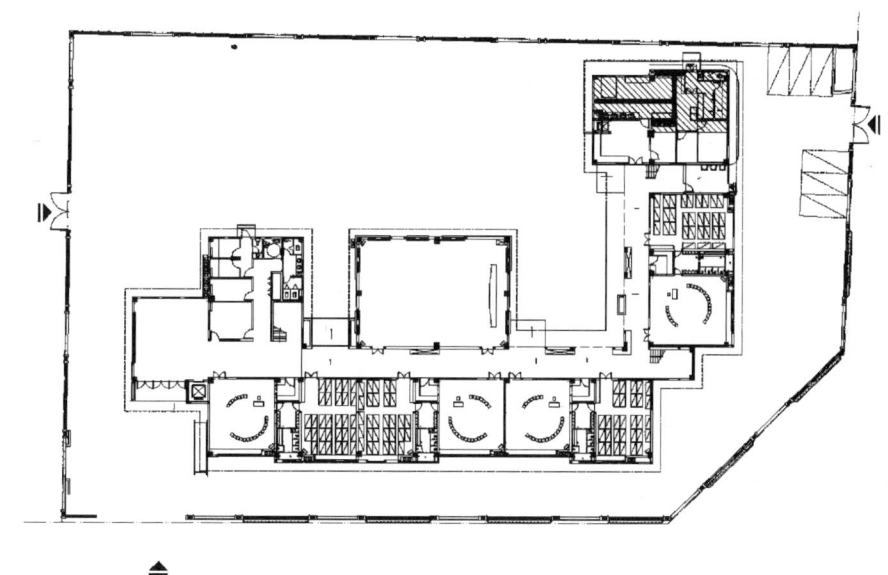

某幼儿园场地平面图

1. 场地和建筑

某幼儿园景观设计，场地如上图。场地为规则几何场地，图中上为北向，下为南向。幼儿园主入口位于图中左下方，与城市道路相接。正对主入口为幼儿园建筑的出入口大厅。后勤入口位于图中的右上方，设有后勤的停车场，与建筑的厨房相接。

幼儿园建筑分班教室朝向南侧和东南侧。建筑北侧为办公、检查室和音体活动室。

2. 设计要求

设计需要考虑设置符合幼儿活动的设施和活动场地。

设计风格需要符合幼儿的身心特点，具有趣味性。

植物配置需要颜色鲜艳，满足儿童的求知欲，并且避免带刺和带毛植物给幼儿造成伤害。

3. 设计成果

方案设计：A3文本一套，包括场地分析、方案总平面图、方案分析图、节点效果图，及设计说明文字。

施工图设计：完整的一套施工图纸。

第二步：空间分析功能分区

幼儿园主要承担学龄前幼儿的教育，一般正规的幼儿园包括室内班级活动场地、室内音体活动室、室外活动场地、30米跑道等。根据活动要求，室外活动场地又分为公共活动场地、自然科学基地、生活杂物用地等。

公共活动场地是儿童游戏活动场地。该区域主要承担朝会升旗、体育运动健身、课外的游戏活动。该场地应该开阔、平坦，视线通畅，不能带尖角的构筑物，不能影响儿童活动。可布置跑道、篮球架、游乐器具、沙坑等。活动器械附近，以遮阳的落叶乔木为主，角隅处也可适当点缀花灌木。

菜园、果园及小动物饲养地，可以培养儿童热爱劳动、热爱科学。一般设置在园区的角落，种植少量的果树、经济作物，或饲养少量的家禽家畜，并设有知识性标示牌。

园区入口，是家长接送孩子的场地，需要具有集散的功能。有条件的场地，可以在角落设置装饰小景，以增加园区的活泼。

整个室外活动场地，应尽量铺设耐践踏的草坪，或采用塑胶铺地，在周围种植成行的乔灌木，形成浓密的防护带，起防风、防尘和隔离噪声作用。

第三步：方案设计

1. 幼儿园环境设计原则

1）功能性原则

在设计时要充分考虑设计对象应具有的目的和功效。幼儿园的环境设计，主要以幼儿的活动、寓教于乐为主，所以在设计功能时要特别突出儿童的活动。

2）适宜性原则

幼儿园设计应该符合幼儿的身心特点。在尺度设计上应该满足幼儿的身高要求，不宜过高。一般环境色彩上，用色鲜艳活泼，图案卡通。

幼儿园设施小品设计上色彩鲜艳，图案卡通，有童趣

2. 设计要素

1）道　路

幼儿园场地较小，主要解决出入口的问题。场地内无明显的道路，主要以塑胶场地铺设。

在中小学以至大学校园内，需要对道路人车进行合理规划。现代校园道路一般分为主路、支路、小路和步行道、车行道。主路为车行和人行道，一般 10～15 m，是校园与城市或者校园各区域的主要交通干道。支路是联系各区域各组团的道路，多为混行或步行道，一般 6～10 m。小路是联系组团内的空间道路，一般为 3～6 m，能够满足消防的需要，有更小的小于 3 m 的步行道，形成亲切的尺度。

2）植　物

幼儿园植物选择，要考虑儿童的心理特点和身心健康，要选择形态优美、色彩鲜艳、适应性强、便于管理的植物。禁用有飞毛、飞絮、毒、刺及引起过敏的植物，如花椒、黄刺玫、漆树、凤尾兰等。同时，教室周围的树木注意采光通风。

3）水　景

幼儿园的水景设计切忌水过深，造成的安全隐患。可以设置浅水区，或水钵，供儿童戏水。

幼儿园主要出入口处，可设置水景，作为点景，比如小型喷泉、跌水，体现生动活泼的特点。

4）雕塑小品

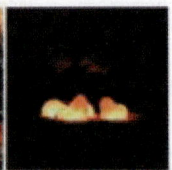

雕塑小品意向图

学校的入口和广场的景观雕塑往往是学校精神和文化的体现，具有深刻的意义。比如学校的历史浮雕、文化名人浮雕墙、趣味小品等都是校园景观环境中不可缺少的元素。借助适当的空间序列，结合绿化、灯光照明，可以强化其主导作用。

此点睛之笔，需要反映所属单位的特点、文化和传统，提升区域的可辨识度，切记生搬硬套。

3. 方案设计图

1）功能分区

公共集散空间：在主要入口或主要道路的交叉口起疏散引导作用的广场空间。校园中要尽量减少纯粹的交通空间，应该强化空间本身的场所特质，通过景观设计激发人的兴趣，引入师生的参与，使场所更加有生机。

交流交往空间：校园里有适当的区域，满足活动、交流使用。是人员经常聚集的区域。

景观休闲区：此区域通常环境幽静，有丰富的植被，自然景观突出。景观休闲区有共享性、可达性，也有一定的私密性。

校园文化区：学校具有文化氛围和文化底蕴。在校园里需要有能够体现校园历史、文化的景区，展示、表现校园的教育理念。

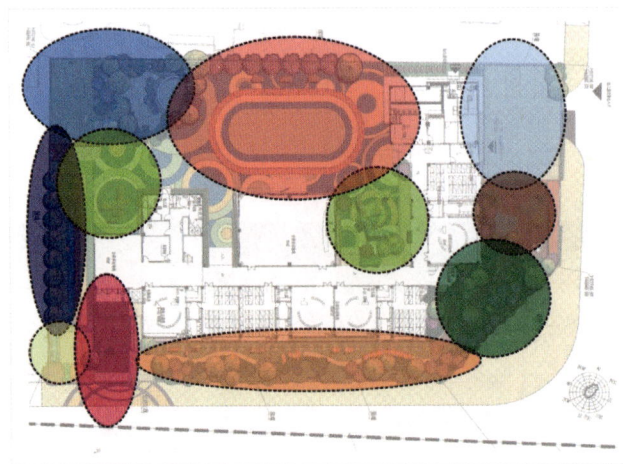

功能分区图

本方案的功能区域根据幼儿的活动特点应该设置有直线跑道区、综合活动区、游乐器械区、丛林探险区、菜地等。

根据场地的具体情况，将以上这些区域合理分布，结合主出入口和后勤出入口位置，设置主入口景观区和后勤区域。

2）设计方案

总平面设计图

幼儿园以致中小学的校园环境主要包括道路、绿地及供学生早操、升旗、运动、游戏、劳作所需的各类场地。特别是运动场地，设计时一定要遵照规范要求和量化标准，如篮球场地的大小。一般幼儿园有一个 30 m 的跑道。中小学的田径场地有 200 m 或者 400 m 的环形跑道；其中的直线跑道，中小学至少设置 60 m，中学至少设置 100 m。幼儿园、中小学的室外活动场地占校园环境面积比较大，剩余空间，以绿化、休息、后勤等功能进行设计。

在本方案中，大面积的是室外活动场地，包括篮球场、30 m 跑道、小型环形跑道，供高年级的孩子活动。同时设置有滑梯、沙坑，供低年级的孩子活动。

结合后勤出入口，设置硬质铺装为主的停车区。

3）节点透视效果图

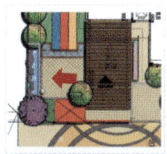

幼儿园出入口节点景观

在入口的地方设置迎宾的小景，有一定的趣味性。同时入口设置花架，丰富环境的色彩和气味。花架下，有家长接送小孩可以休息的地方。

入口作为主要集散地，要求空间开阔，短时间内能够疏散人流。

幼儿园操场节点图

中间大面积的综合活动空间，要满足每个班的室外活动场地。在朝会的时候承担集会、升起等活动。占地面积大。同时为了提供遮阴，在场地周围可种植高大的分枝点高的乔木。

沙坑活动场地

在综合场地的角落里，设置有沙坑嬉戏。沙坑周围有围合的花坛，分割空间，起着保护的作用，同时也为老师和孩子们提供休息的座椅。活动场地和种植相结合，提供遮阴，花草的颜色和花香吸引孩子。

菜园和戏水池

幼儿园里的菜园，为孩子们提供动手劳作的地方，也成为孩子们的户外课堂。培养他们接触大自然的乐趣，对生活劳作的乐趣，身心健康的发展。

4）种植设计

种植应该符合遮阴、造景的作用。在本方案中，种植不能选择带刺、掉毛的植物。大多应该选择冠幅大、形态优美的乔木，开花的小乔木及灌木。

可选用的点景树有：

朴树　　　　　　　　　香樟　　　　　　　　　蓝花楹

可选用的主景树有：

桃树　　　　　　　樱花　　　　　　　腊梅　　　　　　　玉兰

可选用的行道树有：

银杏　　　　　　　桂花　　　　　　　国槐

点景的植物应该以孤植的方式，放在视线焦点、广场中心。主景树，应该布置在造景突出的地方，以突出环境。行道树，应布置在出入口，道路两侧，及长条形空间的地方。种植上应该注重季相的变化，开花植物、结果植物，以及叶色改变的植物应该交相辉映。

本方案植物种植区域位置如下图。

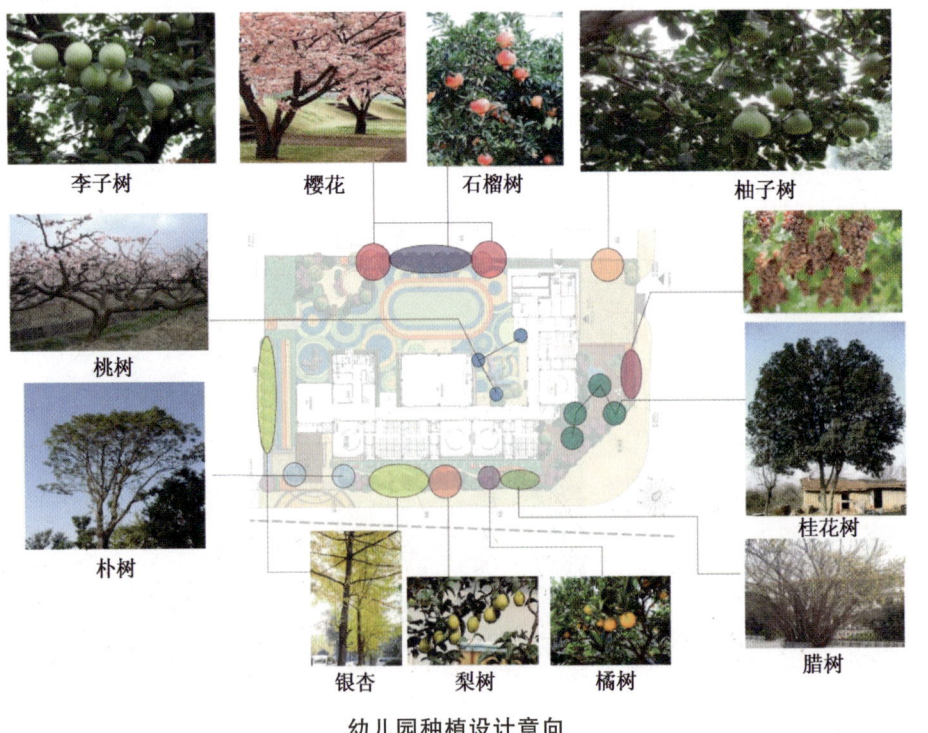

幼儿园种植设计意向

拓展设计：工厂附属绿地规划

一、工厂企业的组成部分

1. 厂前区

厂前区是全厂的行政、技术、科研中心，是连接城市和生产区的枢纽，是连接职工居住区与工厂的纽带。厂前区一般由出入口、门卫、行政办公楼、科学研究楼、中心实验楼以及食堂、托儿所、医疗所等组成。这里的环境面貌很大程度上体现工厂的形象，反映出工厂的特点。

2. 生产区

生产区是企业的核心。生产车间和生产装置应该根据生产操作、工艺流程、安全生产规程等要求进行布置。生产区是工人在生产过程中活动频繁的地段，占企业用地的很大一部分，也是会产生污染的集中地方。生产区的环境好坏，直接影响到工人的身体健康和工厂周围的生态环境。

3. 露天堆料场及仓库区

工厂生产过程中，大量原料、燃料、材料进厂，大量成品、半成品出厂，往往用很大的地面间仓库。按形式分为仓库、露天堆放场、半露天堆放场、储罐器等。

二、工厂绿地的功能及特点

1. 工厂绿地的作用

1）生态作用

工厂的生产过程中会产生一定环境污染与破坏，造成灾难，甚至威胁人们的生命，例如钢铁工厂、化学工厂、造纸工厂灯。环境质量影响着人们的身体健康、工作效率和精神面貌。绿色植物能够吸入二氧化碳、排出氧气，对有害气体、粉尘和噪声有吸附、阻滞、过滤的作用，可以净化环境，调剂小气候。

2）文化作用

现代工厂出了生产活动，也是一个反应工厂企业文化、生产管理的地方。良好的工厂环境衬托出企业的精神面貌。同时优美的环境，让工人在紧张的劳动之余，得到一种高尚趣味的精神享受。

2. 工厂绿地的特点

1）选择适应性强的植物

工厂生产过程中常常会排放有害的气体、粉尘、烟尘，使得空气、水、土壤会受到不同程度的污染，造成植物生长发育的自然环境较差。因此，需要根据不同类型的工程选择相适应的植物，选择对恶劣条件适应性强的植物。

抗性较强的植物有：大叶黄杨、小叶女贞、构骨、夹竹桃、白蜡、侧柏、刺槐、国槐、毛白杨、地锦、八角金盘、柿树、海棠、月季、雪松、油松、丁香、山茶、朴树、龙柏等。

2）用地紧凑

工厂的绿地面积较小，见缝插针，灵活运用绿化布置手法，争取绿化用地。在硬质铺装上，设置树池，开辟屋顶花园，都是增加工厂绿化面积的方法。

3）绿化要保证工厂的生产安全

工厂绿化要有利于生产的正常运行，有利于产品质量的提高。工厂里空中、地上、地下有着种类繁多的管线，不同性质和用途的建筑物、构筑物、铁路、道路纵横交叉。因此绿化植树时要根据不同的安全要求，既不影响生产安全，又要使得植物能够有正常的生长空间。

有些企业的空气洁净程度直接关系到产品质量，如精密仪表厂、光学仪器厂、电子工厂等，不但要增加绿地面积，土地覆盖植物以减少飞尘，同时还要尽量避免选择那些有绒毛飞絮的树木，如悬铃木、杨树、柳树等。

三、工厂区域绿化设计要点

1. 厂前区绿化设计

厂前区的办公楼、餐厅及管理用房一般靠近工厂大门，是整个工厂的门面，反映工厂的文化，是重点绿化造景的区域。厂前区一般靠近风向的上方，管线较少，绿化形式较好。绿化的形式应该和建筑的形式相协调，靠近办公行政楼，一般以几何的方式布景，办公楼门口可设置花坛、草坪、雕塑、水池等。远离大楼的地方则可根据地形的变化采用自然式布局，设计草坪、树丛、树林等。

办公楼的东西侧，为避免太阳的直晒，可种植大乔木遮阴，北侧应种植常绿耐阴乔灌木，以防冬季的严寒。房屋南侧应该流出光线，栽植花灌木。在办公楼上可考虑设置屋顶花园，以利于工作人员的休闲。

在办公区和车间之间种植常绿阔叶树，以阻止噪声、污染物。

2. 工厂道路绿化设计

厂区道路是交通运输的枢纽，地上地下管线纵横，给绿化带来一定的困难。宜选择生长健壮、适应能力较强、分枝点高、冠幅整齐、耐修剪、遮阴好、无污染、抗性强的乔木。

3. 车间周围绿化设计

车间周围的绿化要选择抗性强的树种，并注意不要妨碍上下管道。可以设置一些花坛、种植鲜艳的开花植物，姿态优美。设置亭、廊供人休息。

污染较大的工厂车间，不适宜栽植成片的树林，应多种植低矮的花卉或草坪，利于通风、对流，促进有害物质的尽快排散。

四、工厂设计案例

1. 设计背景

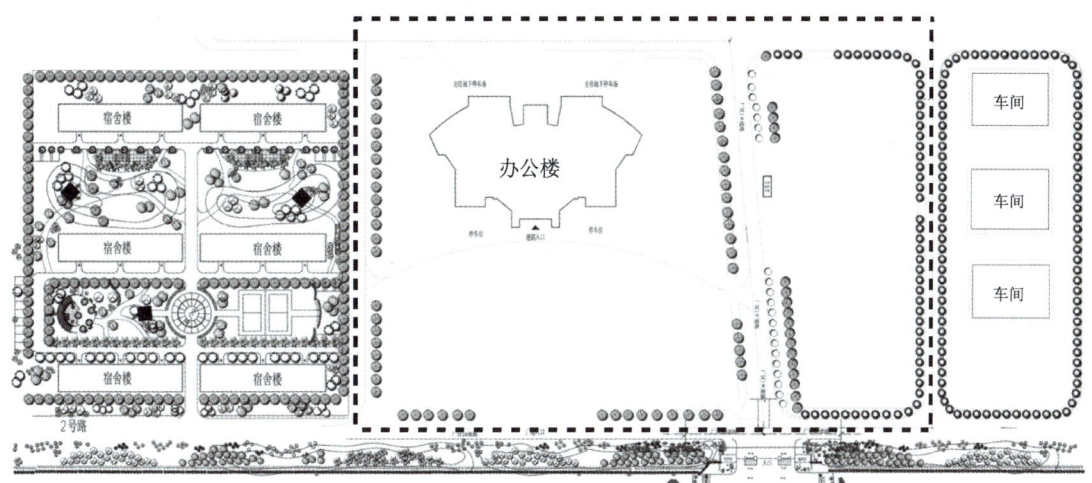

设计总平面图及设计区域

设计区域为北方的某化工厂的厂前区主办公楼的景观设计，占地 5 万平方米。景观需要突出办公楼主体建筑，要体现企业的文化。对办公楼的前区域做重点的设计。同时，又要满足员工的休闲活动。种植设计上要适地适树。

2. 场地分析

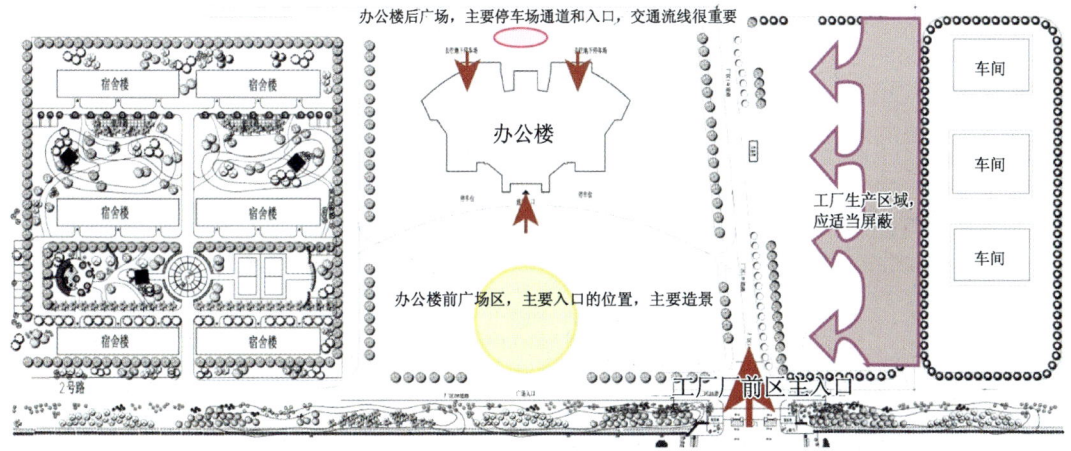

场地分析

本场地，靠近厂前区出入口，是整个厂区的形象，需要重点考虑和打造。右侧靠近生产车间，需要考虑适当的屏蔽。根据办公楼的布置，分为前广场和后广场，前广场靠近厂区大门，需要设置点景的雕塑、喷泉、企业的名字牌等。前广场需要提供车辆进入办公楼的道路，和少量的停车位。后广场靠近建筑的地下车库出入口，需要考虑车辆的行进和地面的停车。

3. 设计方案

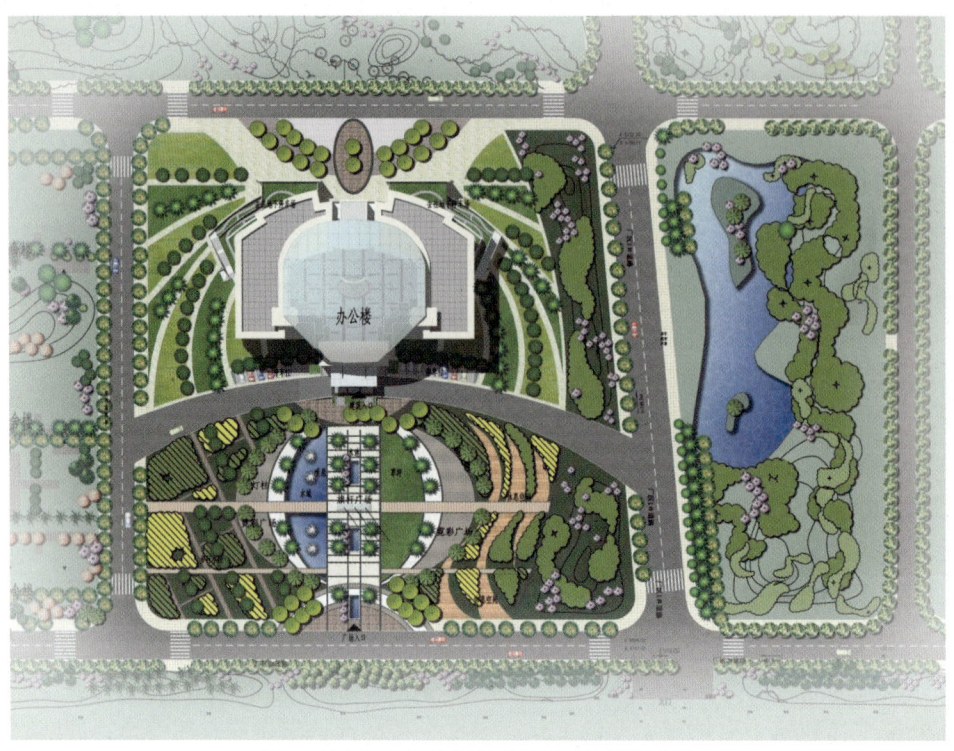

某工厂厂前区办公楼总体规划及景观设计

厂前区办公前广场鸟瞰图

本工厂景观设计，重点是厂前区的办公楼附近，包括办公楼的前广场、后广场和办公楼旁的休闲景观区。设计时，遵从造型统一，与建筑形态相结合，反映出企业的精神面貌，尺度大气。

前广场为主景区，设置有和场地尺寸相协调的大型水池及中型喷泉。并设置有旗杆广场、企业的铭牌。建筑的东西向以绿化种植为主，道路的弧形线条，与建筑的弧线想呼应。绿化种植应该适应北方以及化工厂恶劣的环境。

建筑的东侧空地，设计为休闲绿地，有自然的水景、茂密的树丛、座椅花架。

东侧做小地形处理，设置缓坡，以阻挡东侧生产车间的有害物质，并密植灌木和乔木，减少有害物质扩散到办公区。

植物种植有：榆叶梅、枫杨、暴马丁香、红瑞木、白蜡、忍冬、珍珠梅、连翘等。

1）空间序列的组织

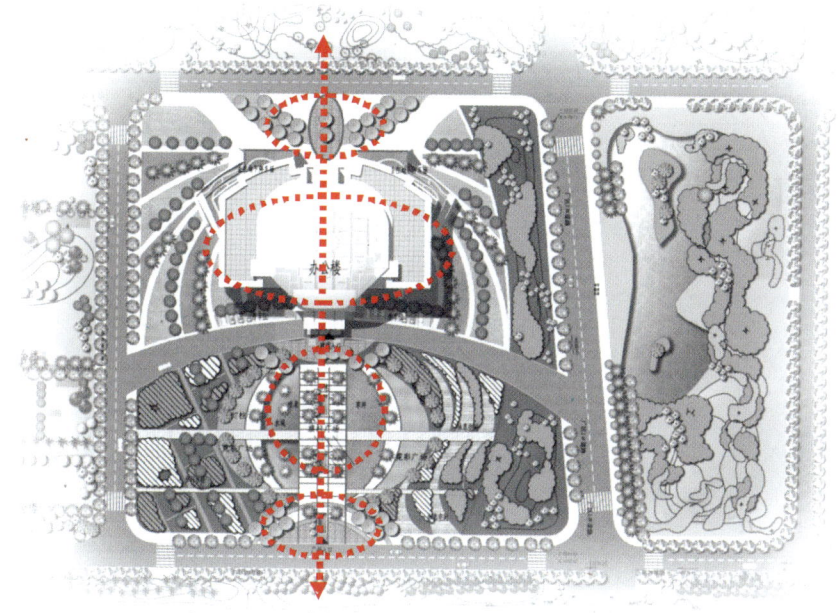

景观空间序列分析图

厂前区办公楼的景观设计以一般序列为空间组织顺序。开始为入口广场，发展为中轴线两侧的水景喷泉，以及中心的升旗广场，高潮为办公楼建筑，最后结束在建筑后广场。整个景观区围绕建筑展开，烘托主体办公楼，符合建筑的形态。

2）造景手法的运用

利用园林小品及绿化布置来造景，丰富建筑轮廓线，美化环境。在建筑周围造型以几何的方式为主，以建筑为中心，建立中轴线，体现出办公楼的气势。广场水池以几何水池形式，配有生动活泼的喷泉，烘托气氛，动与静、刚与柔相结合。

靠近办公楼的休闲绿地，以自然的方式设计，配有亭台花架，满足工作人员的休闲放松，供人们停留、休息、赏景。

不同的使用空间，自然与人工的对比，既表现企业的大气，也满足活动的需要。

基本技能训练五 单位绿地景观设计

技能训练题目：大学校园景观设计
技能训练学时：8学时

技能训练目的：

能够根据环境特点完成校园景观方案设计图纸及设计表现图。

技能训练条件：

设计工作室（机房）。
设计软件 CAD、Photoshop、Sketchup。
A3 图纸、草图纸、绘图铅笔、针管笔、马克笔。

训练内容及要求：

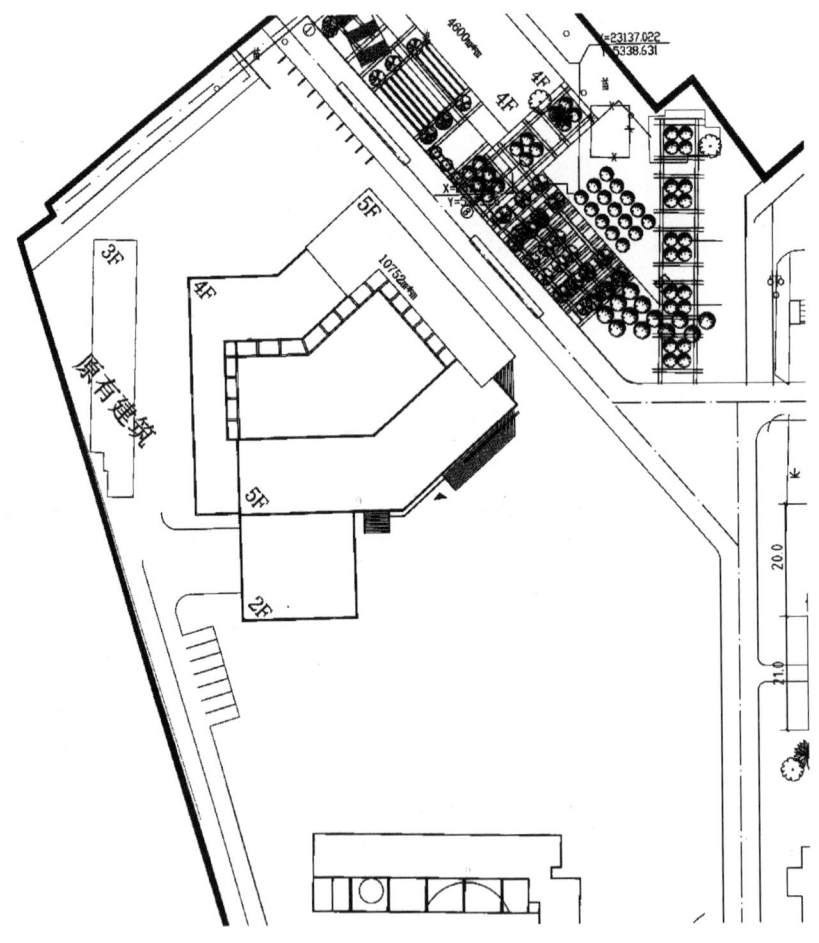

大学校园景观方案设计：

某大学校园图书馆环境设计。运用造园构成的各要素，按照景观设计布局的一般顺序，设计一个符合大学校园环境的景观，符合图书馆安静、学习文化氛围的场所。并且能够用图纸表达出设计意图和设计构想。

图纸及设计要求：

（1）彩色总平面图一张，A3图纸大小，比例自定。可以电脑绘制也可以手绘，最终需要上色。电脑制图，需要打印后上交。总平面中，需要标明景观节点名称，小品、建筑的名称。并配以设计说明文字，字数不少于200。

（2）透视效果图或节点详图一张，A3图纸大小，比例自定。可以电脑绘制也可以手绘。透视效果图需要能够表现出重要景观节点的设计内容，造景要素的布局方式，给人以直观的感受。节点详图需要对重要的景观节点，或建筑小品设计进一步深化设计。确定尺寸、材料、颜色、构造等内容。

考核方法：

此部分考核学生的分析能力、规划设计能力以及设计表现能力。

设计内容	评分标准
总平面设计	（1）功能空间布局合理 （2）造型协调、统一 （3）比例、尺度合适 （4）道路系统通畅 （5）园林要素搭配适当 （6）种植搭配要合理 （7）图面表达干净、清晰
局部透视图	（1）能够清楚的表达景观设计想法 （2）能够熟练运用设计软件或者手绘的方式进行表达 （3）透视关系正确 （4）图纸美观

项目六　庭院景观设计

项目阶段　庭院景观方案设计

任务：庭院景观方案设计

教学目标：

（1）掌握庭院设计的布局要点。
（2）掌握功能性、美观性、创新性兼具的设计手法。
（3）掌握用平面图、透视图表达设计理念的手法。

技能要求：

（1）能够对场地进行现场分析。
（2）能够完成小尺度的景观布局和设计。
（3）能够有一定的创新性，并且注重设计满足实际和功能性的要求。

任务目标：

完成一张小型庭院景观设计彩色总平面图及节点透视图。场地 10 m×10 m。

完成任务的要点：

（1）对场地进行分析，确定主要活动区的位置，种植区域，园路走向，设置的小品。
（2）在造型布局上提出新颖富有创新的设计方式，参考借鉴现代的景观设计手法和景观设计师的设计理念。
（3）手绘或者电脑绘制完成庭院景观的彩色平面图设计。

工作情景：

工作地点：综合设计工作室

工作场景：采用学生设计操作、教师引导的学生主体、工学一体化教学方式。教师以庭院设计为例，把设计任务完成过程进行逐步演示示范，学生根据教师演示操作和教材涉及步骤进行逐步设计操作。完成本次设计任务工作内容后，教师对学生设计过程和成果进行评价和总结，并布置与本次任务相关的实践训练进行拓展和巩固。

设计实践操作：任务设计过程与设计要点分析

· 第一步：承接项目任务书

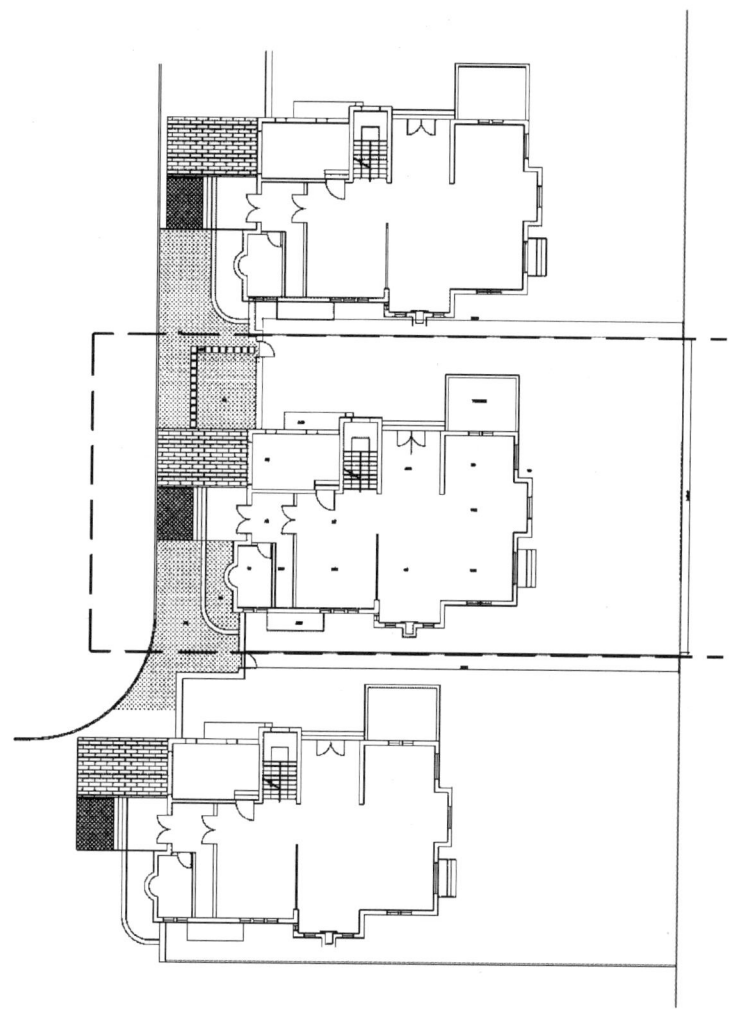

图中虚线框内为需要设计的庭院空间

某庭院方案设计：

设计一个 10 m×10 m 的庭院空间。运用造园构成的各要素，按照景观设计布局的一般顺序，设计一个环境优美的，供人休憩的庭院场所。并且能够用图纸表达出设计意图和设计构想。

别墅属于别墅主人一家 5 口人，人员组成为主人的爸爸妈妈，主人和其夫人以及一个小孩。主人的父母希望可以在花园里有廊架可以种茄子、丝瓜等藤本蔬菜，也有可以养鱼的地方。主人周末喜欢有朋友到家里来BBQ（烧烤），聚会、喝茶打牌。夫人提出需要室外晒衣服的地方，以及堆庭院杂物的地方。小孩子年龄4岁，主人希望孩子在室外能有一定的玩耍场地。

图纸及设计要求：

（1）彩色总平面图一张，A3图纸大小，比例自定。可以电脑绘制也可以手绘，最终需要上色。电脑制图，需要打印后上交。总平面中，需要标明景观节点名称，小品、建筑的名称。并配以设计说明文字，字数不少于 200。

（2）透视效果图或节点详图一张，A3 图纸大小，比例自定。可以电脑绘制也可以手绘。透视效果图需要能够表现出重要景观节点的设计内容，造景要素的布局方式，给人以直观的感受。节点详图需要对重要的景观节点，或建筑小品设计进一步深化设计。确定尺寸、材料、颜色、构造等内容。

第二步：场地分析

某庭院场地分析图如下。分析庭院与大景观环境之间的关系。庭院与建筑出入口之间的关系。建筑内起居室、卧室与庭院的视线关系。

出入口的位置区域，在以后的设计里应该考虑设置点景。视线的主要交汇点，需要设置优美的景观，种植花木，或提供主要的活动。

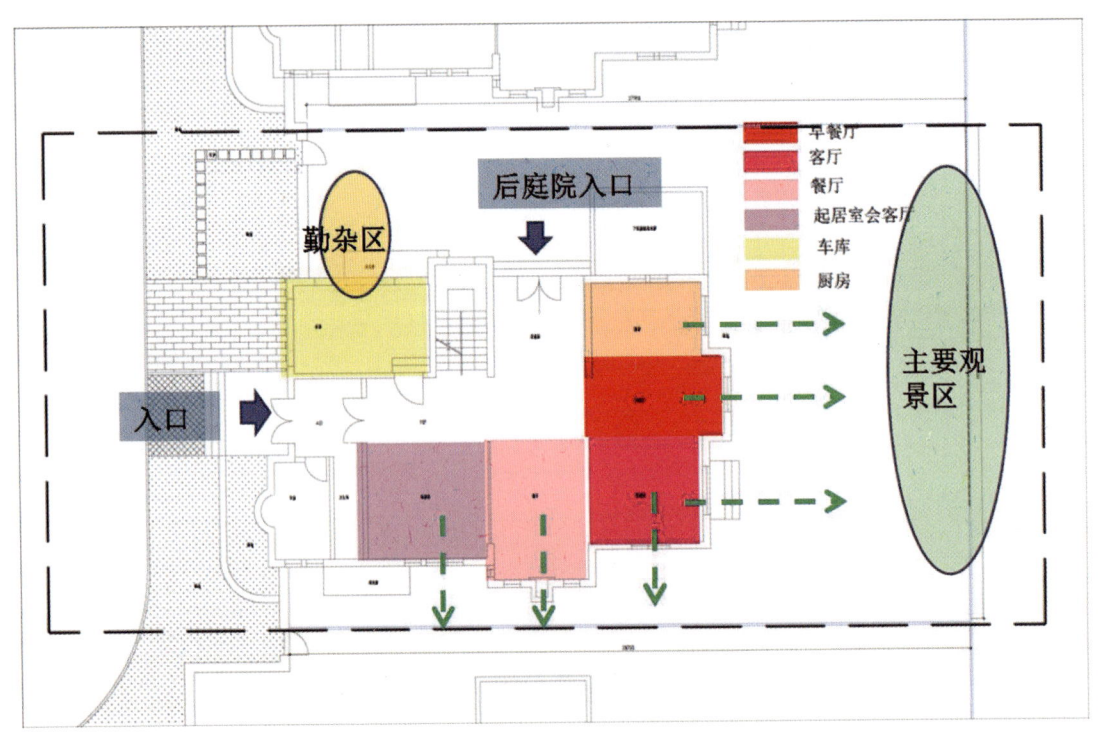

别墅庭院现状分析图

第三步：庭院功能分区

根据业主的任务书的要求，需要将庭院空间划分为：供家务的勤杂区，聚会的 BBQ 区，儿童活动的草坪区，幽静的廊架区等。这些区域根据庭院空间的场地相结合，做出如上图的布置。勤杂区和车库相结合，放置杂物晾晒衣服。BBQ 区和厨房相结合，及时的传递食物。草坪区结合优美的景观视线面，设置在会客厅外，赏心悦目。利用角落的小空间布置廊架，种植蔬菜，形成小的采摘园地。

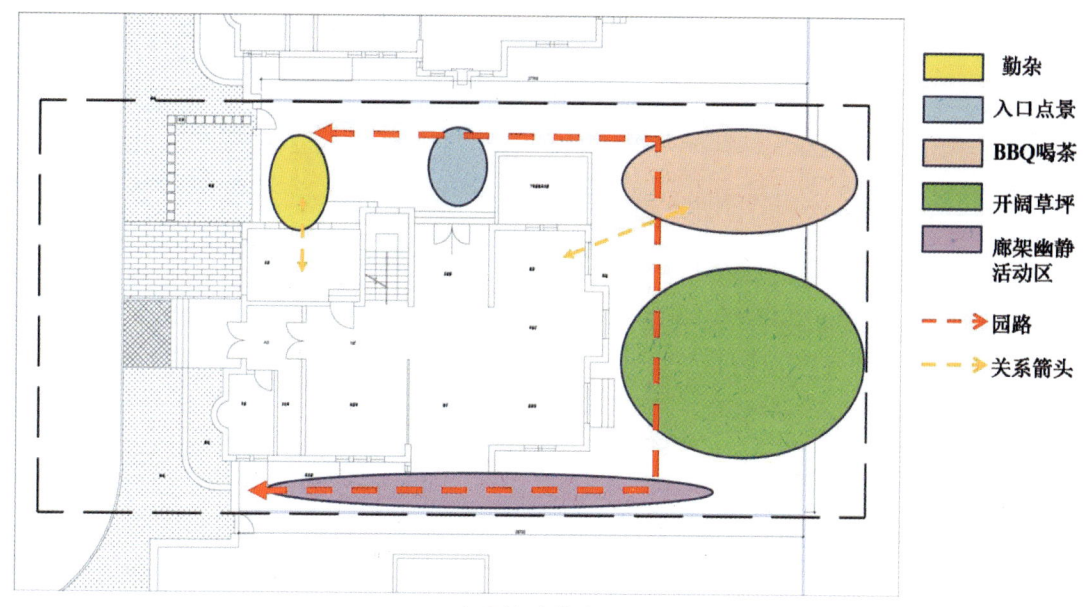

庭院的功能分区图

第四步：庭院总平面设计

庭院总平面方案设计

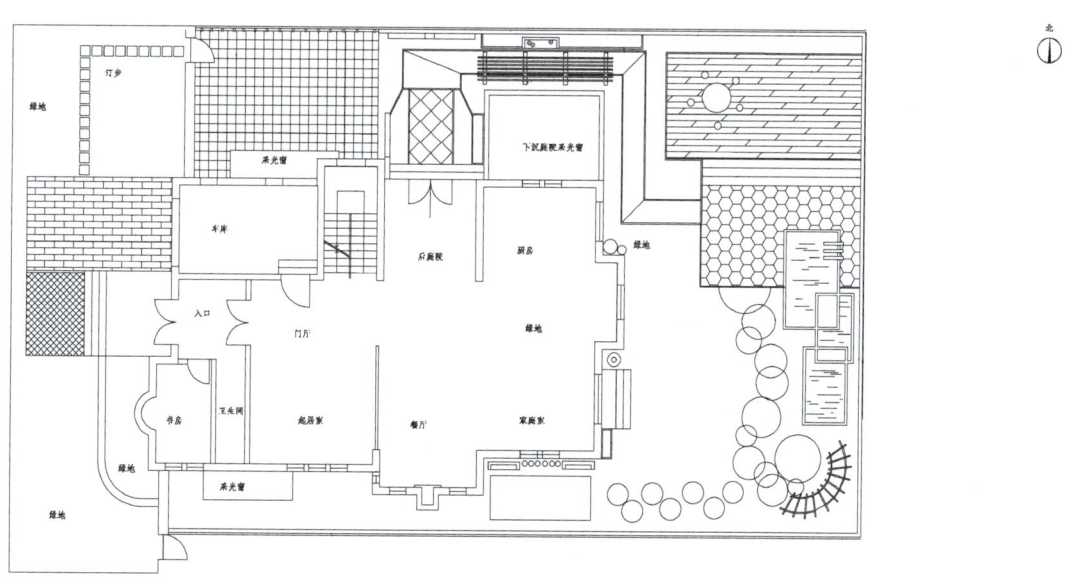

别墅庭院总平面图 CAD 定稿

本方案结合建筑、场地以及业主使用活动要求，完成布局设计。在本设计中，中央开阔的草坪保证了良好的观景视线，并且提供自然的活动场地。设计了休闲木平台、观景水池，以及花架等休闲设施。园路形式多变，采用石材，贴近自然。种植与活动区域相结合，高低错落，围合出相应的活动空间，利用植物的美创造优美的环境效果。

别墅庭院彩色总平面图，明显地表示出空间布局的关系

设计的表示方法可以用电脑制图，通过 CAD 出线稿，Photoshop 上色表现。也可以运用手绘上色表现。

某庭院空间手绘表现平面图

方案设计的知识点：

一、收集庭院设计资料

1. 现代设计的创新性

现代景观的设计受到了很多因素的影响：

（1）现代艺术，特别是立体派艺术（Cubist painters）。
（2）遵循自然的规律，满足人的需要。
（3）受到亚洲景观设计影响，特别是日本和中国景观对自然的理解，以及以小见大的抽象形式的象征手法。
（4）包豪斯工业设计的影响。

2. 代表人物以及代表项目

托马斯·丘奇（美国）

托马斯·丘奇是美国著名的景观设计师，"加州花园"的代表人物之一。丘奇的每一个设计都是独特的，都符合独特的场地性质和使用要求。他认为，景观的形式取决于场地的特性、建筑的风格和业主的生活方式，并反对绝对的形式主义。

托马斯·丘奇的设计项目：
Sullivan Garden

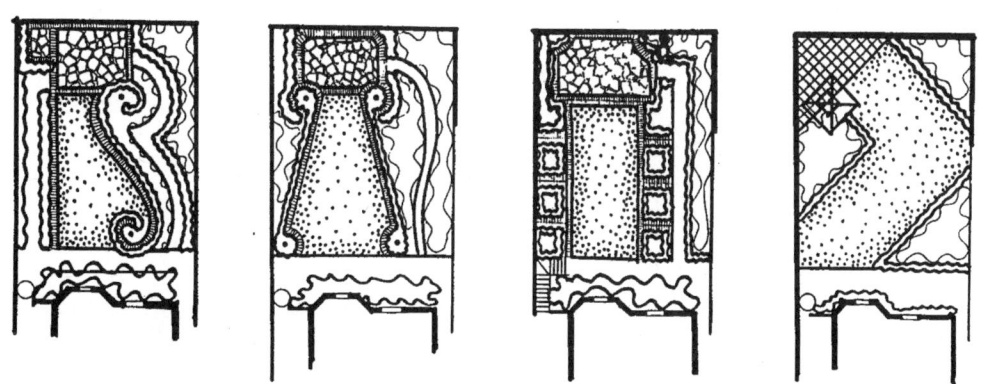

Sullivan Garden 的四种不同风格的设计平面图，供业主选择

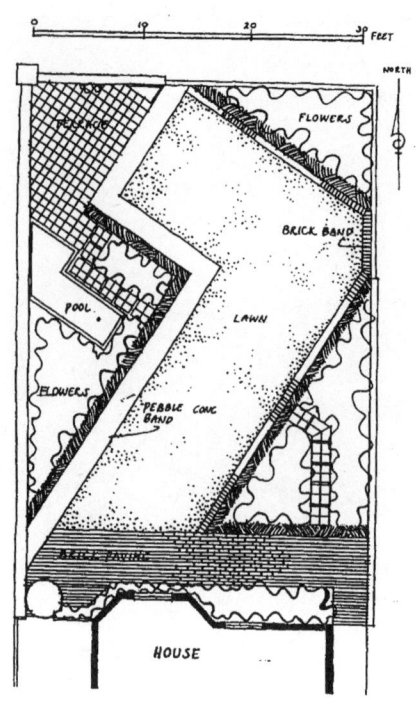

最后选中调整后的方案

  Sullivan Garden 设计于 1937 年，这一作品代表了他早期在处理小型别墅花园时的常用手法。托马斯曾经提出了 4 种不同的方案来供业主选择。在这 4 个方案中，有 3 个的形式是通过强烈倾斜的线来产生扭曲的通视感。在被选中并实施的方案中，两条显眼的，倾斜并相互垂直的直线引导着人们视线穿过这一不大的庭院，使人产生一种错觉，觉得空间更大。

唐纳花园（Donnel Garden）

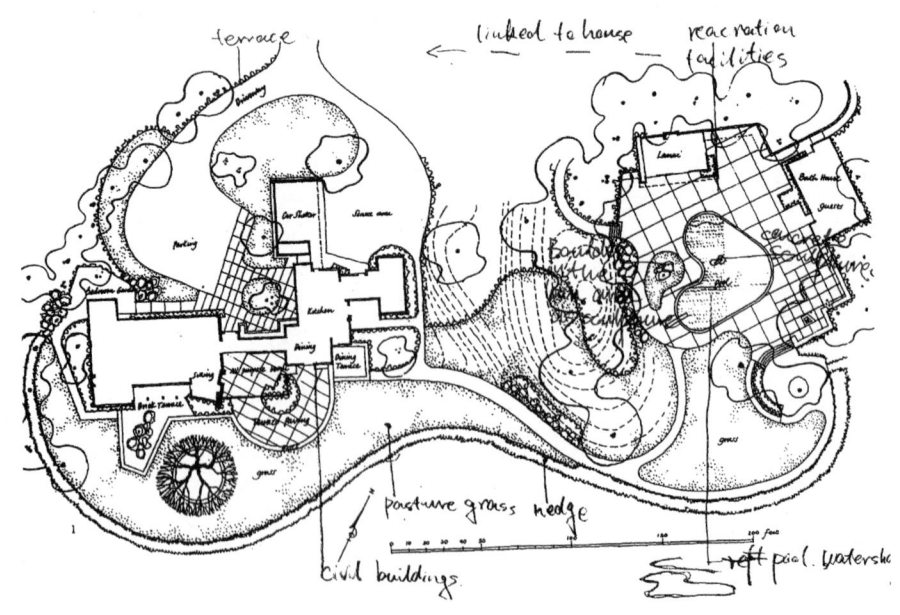

唐纳花园平面图

唐纳花园庭院由入口院子、游泳池、餐饮处和大面积平台组成。平台的一部分是美国杉木铺装地面，另一部分是混凝土地面。庭院轮廓以锯齿线和曲线相连，肾形泳池流畅的线条以及池中雕塑的曲线，与远处海湾的"S"形线条相呼应。树冠的框景将原野、海湾和旧金山的天际线带入庭院中。

肾形游泳池

唐纳花园的游泳池，是整个花园的中心，是娱乐活动和视觉上的焦点。丘奇把游泳池设计成了当时流行的肾形；在功能布局上作了一些分隔，使游泳池在同一个形式中产生了两个不同的区域。在游泳池的分界处设置了一座形状弯曲的雕塑。

马丁花园

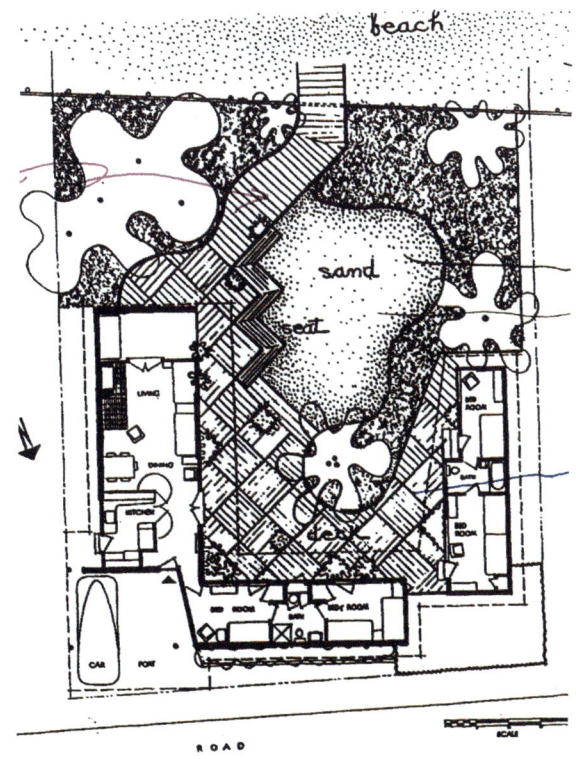

马丁花园（Martin Residence）平面图

托马斯·丘奇在马丁花园

马丁花园的三面建筑围合出的不大的花园中，视线都朝向了另一面远处的沙滩和之后的海湾。花园是由简单的材料构成的，在形式上重复了周围的景观。靠近房屋的部分都是木制的平台，其中一部分还形成了较大的、很实用的露台。为了拓展园内的生活空间，托马斯设计了一个棋盘式的木制平台和折形的长凳。

植物：

靠近平台一边，是一个不规则形状的种植池。丘奇在设计中考虑到海边的盐碱性，在种植池内栽植了一些耐盐碱的乡土植物。将花园和附近沙丘上的自然植被连接起来。花园里没有栽植树木，而是利用地被植物保证了朝向海湾美景的视线的开放。

沙坑：

在种植池和平台上的折形座位之间填满了沙子，成了一处小型的私人沙滩。一方面它形成几何平台和弯曲种植池之间的过渡，另一方面将远处的海滩延续到了园中，拉近了人和海滩之间的距离。

托马斯建造的花园都体现了他的两个设计原则：① 通过周围景观的形式和元素，来使场地和周围景观融为一体；② 小心地使用多种形式来使建筑生硬的几何线条与自然景观中流动的线条相融合。

二、庭院设计原则

庭院设计原则有如下原则：

（1）以人为本，追求"建筑、人、景观"相结合的概念。

庭院空间是住宅建筑室内的延续，需要注重室内室外自然的结合。服务对象是业主，需要考虑他们的日常生活习惯。将这些结合，找到设计的可能点，才能做出一个具有天人合一的设计。

（2）艺术性、实用性相结合原则。

在设计过程中，应该注意艺术表现力，有吸引人夺人眼球的亮睛之笔，但是不可脱离业主的实际需要。

（3）整体效果和生态效益结合原则。

设计应注重植物的选择搭配，避免单一的设计，应该体现群落的生态效益。

（4）经济与美观相结合原则。

庭院的设计应该考虑业主的造价预算，在有限的预算内，做出合理的、实用的、美观大方的设计。

（5）突出文化性原则。

设计不应该只是单纯景物的叠加，需要有深厚的文化底蕴，如苏州私家园林里的匾额牌坊的题名。注重意境的创作。

（6）小中见大，精益求精。

庭院空间不大，要在小的空间内体现江河山岳，需要移天缩地。以寓意借代的手法创作。空间小，所以更注意转角空间的处理，小景的设计体现出精细。

第五步：庭院设计分析图

分析图主要是对设计方案的进一步阐述，让甲方能够理解你的设计，并且认可设计是合理可行的。一般设计分析图包括：

（1）道路分析。

（2）功能分析。

（3）竖向分析。

（4）景观视线分析。

（5）景观节点分析。

分析图一般用虚线表示流线，用圆圈星号表示节点。完成分析图后，需要在图上标示上相应的图例，让人清楚明白符号表示的意思。

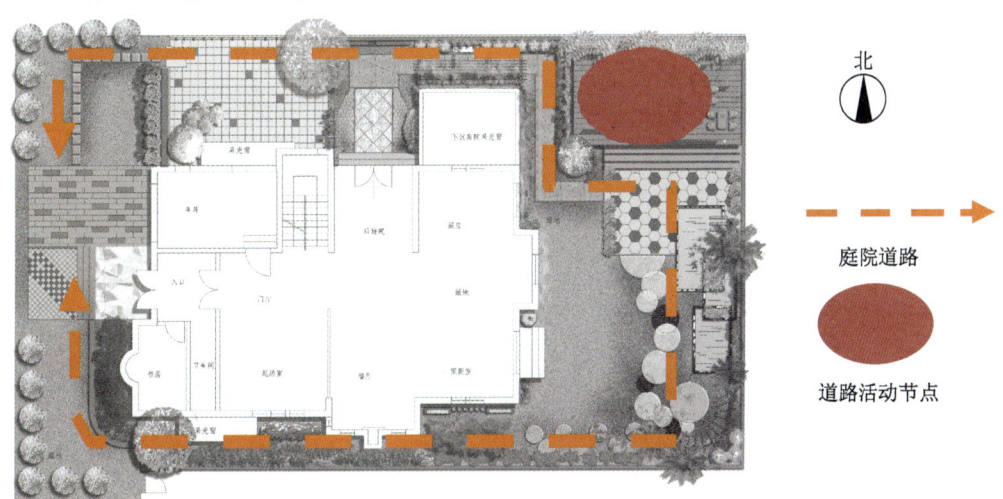

道路分析图

第六步：庭院设计透视效果图

透视效果图能够直观地表现施工完成后的效果，能够给甲方直观的印象，具有很强的说服力。

透视效果图可以用手绘，也可以用 Sketch up 建模完成。根据设计时间、成本和效果选择相应的表现方式。

主庭院透视效果图，BBQ 休息台，主水景区

侧庭院的廊架区

别墅入口区的景观效果图

别墅庭院鸟瞰图

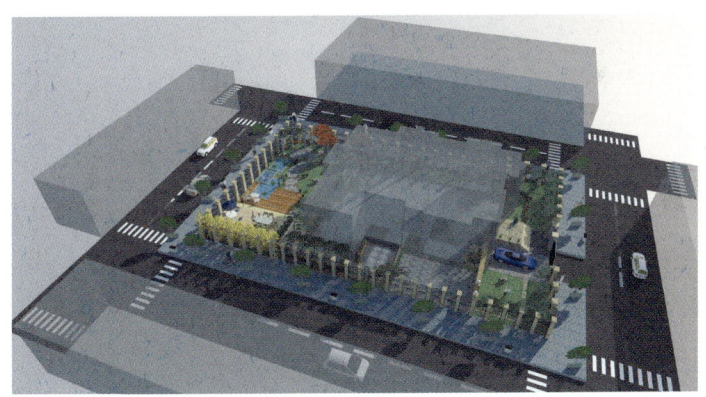

别墅和周围环境的示意模型

第七步：庭院设计意向图

一般小品、花架、亭、廊以及铺装选用的材质，可以配以和项目比较相似的意向图片，给甲方以选择的范围。

种植意向图需要提供种植苗木的名称，配以相应的植物图片。图片选择应该美观，有感染力。

小品意向图

花境设计

种植意向

基本技能训练六　庭院景观方案设计

技能训练题目：屋顶花园方案设计
技能训练学时：8 学时

技能训练目的：

能够完成小型庭院的景观方案设计图纸及设计表现图。

技能训练条件：

设计工作室（机房）。
设计软件 CAD、Photoshop、Sketchup。
A3 图纸、草图纸、绘图铅笔、针管笔、马克笔。

训练内容及要求：

1. 某庭院方案设计（8 学时）

庭院场地为仿真实训场地，大约有 10 m×10 m 大小，形状规则、地势平坦。运用造园构成的各要素，按照景观设计布局的一般顺序，设计一个环境优美的，供人休憩的庭院场所。并且能够用图纸表达出设计意图和设计构想。

2. 图纸及设计要求

（1）彩色总平面图一张，A3图纸大小，比例自定。可以电脑绘制也可以手绘，最终需要上色。电脑制图，需要打印后上交。总平面中，需要标明景观节点名称，小品、建筑的名称。并配以设计说明文字，字数不少于200。

（2）透视效果图或节点详图一张，A3图纸大小，比例自定。可以电脑绘制也可以手绘。透视效果图需要能够表现出重要景观节点的设计内容，造景要素的布局方式，给人以直观的感受。节点详图需要对重要的景观节点，或建筑小品设计进一步深化设计。确定尺寸、材料、颜色、构造等内容。

考核方法：

此部分考核学生的分析能力、规划设计能力以及设计表现能力。

设计内容	评分标准
场地分析	（1）用箭头、泡泡图等图例和文字表达场地分析要点 （2）分析合理 （3）功能分区和场地分析相适宜
总平面设计	（1）功能空间布局合理 （2）造型协调、统一 （3）比例、尺度合适 （4）道路系统通畅 （5）园林要素搭配适当 （6）种植搭配要合理 （7）图面表达干净、清晰
局部透视图	（1）能够清楚的表达景观设计想法 （2）能够熟练运用设计软件,或者手绘的方式进行表达 透视关系正确 （3）图纸美观
方案文本	（1）版式布局美观，主次安排合理 （2）逻辑顺序清楚 （3）设计说明辅助设计图纸进行设计表达

拓展设计：屋顶花园的设计

屋顶绿化

随着城市化的发展，绿地面积日益缩小，城市生态环境日益恶化。改善城市环境，需要见缝插针地寻找绿地空间。越来越多的屋顶、露台用作绿化场地，融入城市居民的日常生活中。

建造屋顶花园可以理解为在各类建筑物的屋顶、平台、阳台上进行造园，种植树木、花卉的统称。屋顶花园由于建造地点特殊，所以有其限制。

一、屋顶花园的起源及发展

古巴比伦空中花园

屋顶花园的历史可以追溯到公元前2000年左右，在古代幼发拉底河下游地区（即现在的伊拉克）的古代苏美尔人最古老的名城所建的"大庙塔"。20世纪20年代初，英国著名考古学家伦德·伍利爵士，发现该塔3层台面上有种植过大树的痕迹，真正的屋顶花园是在亚述古庙塔以后1500余年才发现的著名的巴比伦"空中花园"，被世人列为"古代世界七大奇迹"之一。

我国自20世纪60年代起，才开始研究屋顶花园和屋顶绿化的建造技术。随着我国改革开放的进程，旅游事业得到空前的发展。为了改善城市生态环境，增加城镇的人均绿地面积等的需要，屋顶花园、屋顶绿化、屋顶养花才真正进入城市的建设规划、设计和建造范围。

二、屋顶花园的作用

1. 保护建筑

绿化覆盖的屋顶吸收夏季阳光的辐射热量，有效地阻止屋顶表面温度升高，减轻屋顶的热胀冷缩，起到保护屋顶防水层、放止屋顶漏水、延长建筑寿命的作用。

2. 节能保温

建筑物屋顶绿化可明显降低建筑物周围环境温度0.5~4℃，而建筑物周围环境的气温每降低1℃，建筑物内部的空调容量可降低6%。低层大面积的建筑物，由于屋面面积比壁面面积大，夏季从屋面进入室内的热量占总围护结构的热量的70%以上，绿化的屋顶外表面最高温度比不绿化的屋顶外表面最高温度降低3℃以上。屋顶绿化是冬暖夏凉的"绿色空调"，大面积屋顶绿化的推广有利于缓解城市的能源消耗。

3. 生态效益

1) 缓和周边小气候,改善城市环境

城市空气因交通工具及住宅、写字楼的空调设备等造成的污染已成为一大环境问题,绿化屋顶的植物覆盖层可以吸收部分有害气体,吸附空气中的粉尘,具有净化空气的作用。同时,屋顶绿化可以抑制建筑物内部温度的上升,增加湿度,防止光照反射、防风,对小环境的改善有显著效果。而绿化场地周围的若干"小气候改善"的交叉作用使城市整体的气候条件得以改善,针对日益严重的"城市热岛",屋顶绿化是一条有效的解决途径。

2) 创造城市内的生物生息空间

人与自然的共生是现代城市发展的必然方向,而节能、可自我循环、完善的城市生态系统是城市可持续发展的基础。城市的不断扩张,扰乱当地的生态系统,破坏生态平衡,使很多当地固有物种消失,系统化的屋顶绿化设施可以偿还大自然有效的生态面积,为野生动植物提供新的生活场所,通过绿地的多样化来实现城市生态系统的多样性,从根本上改善城市环境。

4. 社会效益

屋顶花园能合理地利用和分配城市上层空间,美化城市高层建筑周围环境,创造与周围环境协调的城市景观。同时,可以软化硬质建筑线条给人带来的烦躁感,使城市更自然、更人性化,为人们开拓更多的休闲空间。

三、屋顶花园设计中应注意的问题

1. 屋顶花园的荷载问题

屋顶花园由于建筑在屋顶,受到屋顶荷载的限制,设计时,需要考虑屋顶结构,应采用整体浇筑或预制装配的钢筋混凝土屋面板做结构层。设计时以屋顶允许承载重量为依据。一般情况下,要求提供 350 kg/m^2 以上的外加荷载能力。除考虑屋面静荷载,还应该考虑非固定设施、人员数量流动、外加自然力等因素。为了减轻荷载,应将亭、廊、花坛、水池、假山等重量较大的景点设计在承重结构或跨度较小的位置上,同时尽量选择人造土、泥炭土、腐殖土等轻型材料。必须做到:屋顶允许承载重量>一定厚度种植层最大湿度重量+一定厚度排水物质重量+植物重量+其他构筑物重量。

2. 屋顶绿化的防水排水

为了保证种植屋面上的植物既能培育生长,又要防水和排除积水,做到不渗不漏,才能满足房屋建筑的使用功能。如果一旦发生渗漏现象,整个屋面必须翻工重做,不但工程量大,费用也较昂贵,因此,防水排水问题是解决好荷载问题之后最重要的问题了。在本设计中的屋顶防水处理采用的是 1:2.5 水泥砂浆铺好厚度为 20 mm~30 mm 的找平层;用 3 mm 厚的 APP 聚酯卷材和 3 mm 厚的抗根卷材做好防水层,用 1:3 水泥砂浆做好厚 30 mm 的保护层;

用 10～15 cm 厚的卵石做好排水层；用每平方米 250～300 g 的聚酯无纺布做好过滤层；最后是 25 cm 厚的植物土壤层。如此选材和施工，就可根治屋顶花园的渗漏问题。

1）防水处理

屋顶花园的防水要比一般住宅防水要求高一级，至少为二级防水，二层柔性防水层。种植屋面各构造层次可分为 7 层：种植介质、隔离过滤层、排水层、耐根系穿刺防水层、卷材或涂膜防水层、找平层和找坡层。隔离过滤层是在种植介质和排水层之间，采用无纺布或玻纤毡，可以透水，又能阻止泥土流失。隔离过滤层的下部为排水层，排水层可采用专用的、留有足够空隙并有一定承载能力的塑料排水板、橡胶排水板或粒径为 20～40 mm、厚度 80 mm 以上的鹅卵石组成。耐根系穿刺防水层是起隔断根系以免破坏防水层作用的，通常采用铝合金卷材、高密度聚乙烯和低密度聚乙烯土工膜、聚氯乙烯等作为耐根系穿刺防水层。卷材或涂膜防水层是在耐根系穿刺防水层下部再铺设的 1～2 道具有耐水、耐腐蚀、耐霉烂和对基层伸缩或开裂变形适应性强的卷材（如高分子卷材）或防水涂料等的柔性防水层。找平层是用水泥砂浆等找平以便在其上铺设柔性防水层。找坡层则是为了便于迅速排除种植屋面的积水，宜采用结构找坡，其坡度宜为 1%～3%。

屋顶层次的构造，从上而下为植物层、种植介质、滤层、排水层、防水层、混凝土屋顶板

2）排水处理

防水层中排水系统的设计和安装非常重要，它将直接影响到防水问题。一般通过屋面坡度排至屋面排水沟或排水管，如排水不畅会引起植物烂根现象。

屋面排水的设计原则是排水通畅、简捷，排水口负荷均匀。

屋面排水设计：首先将屋面划分为若干个排水区，然后通过适宜的排水坡和排水沟，分别将雨水引向各自的落水管再排至地面。

单坡排水的屋面宽度不宜超过 12 m，矩形天沟净宽不宜小于 20 cm，天沟纵坡最高处离天沟上口的距离不小于 12 cm。落水管的内径不宜小于 75 mm，落水管间距一般为 18～24 m，每根落水管可排除约 200 m² 的屋面雨水。

3. 种植土的选择

种植介质是屋面种植的植物赖以生长的土壤层。由于屋顶承重所限，要求所选用的种植介质应具有自重轻、不板结、保水保肥、适宜植物培育生长、施工简便和经济环保等性能。一般可选用种植土、草炭、膨胀蛭石、膨胀珍珠岩、细砂和经过发酵处理的动物粪便等材料，按照一定比例混合配制而成。泥炭可作为主要的栽培基质，它的容重很小，一般干重为 $0.2 \sim 0.3$ g/cm^3，而普通土壤的容重是 $1.25 \sim 1.75$ g/cm^3，湿重一般在 $1.9 \sim 2.1$ g/cm^3。由此可以推算出泥炭在干重时是普通土壤重量的 18%～20%，而湿重是普通土壤重的 33%，建造屋顶花园如果 100%用泥炭，则可减轻 2/3～3/4 的重量。当然，建造屋顶花园不可能全用泥炭。一则全用泥炭相对成本偏高，二则全用泥炭的最大缺陷是抗风固根力不够强。因此在实际使用中一般采用在 2 份普通土中渗入 1 份泥炭做成混合土来建造屋顶花园。或者还可加入适量的糠灰。这样不仅可减轻土基重量的 25%～30%，而且也改善了土基的透气性和土基的养分，所以说，泥炭是建造屋顶花园的理想材料。种植层的厚度一般依据种植物的种类而定：草本 15～30 cm，花卉小灌木 30～45 cm，大灌木 45～60 cm，浅根乔木 60～90 cm，深根乔木 90～150 cm。

4. 屋顶花园的植物配置

设计屋顶花园时应注意一个问题——负荷量有限。而屋顶花园往往比较高，所以风力也比较大，另外还有屋顶土层薄、光照时间长、昼夜温差大、湿度小、水分小，我们可以选择一些喜光，温差大，耐寒、耐热、耐旱、耐瘠，生命力旺盛的花草树木。最好是灌木、盆景、草皮之类的植物，总之使用须根较多的树种，水平根系发达，能适应土层浅薄的要求，尽量少使用高大有主根的乔木，若要使重、大的乔木，种植位置应设计在承重柱和主墙所在的位置上，不要在屋面板上。还应该注意屋顶的种植土是采用轻质的，再加上屋顶较高，所以高大乔木的抗风能力明显的弱于地面上，因此，要采取加固措施以利于植物的正常生长。可以使用无土栽培的草坪，应用带芳香和彩色的植物，这样我们不需要出门也一样能闻到花香。草地与灌木之间以斜坡过渡。最后我们还应该注意屋顶的乔木较少灌木和草本花卉较多，所以我们设计时特别要做到树木花草高矮疏密错落有致、色彩搭配和谐合理。

屋顶花园的植物以灌木地被为主，少乔木。植物要耐热、耐旱、耐瘠薄。合理配置植物的颜色、高低稀疏

5. 屋顶花园的建筑小品

屋顶花园的水景、假山、花架等建筑小品,需要质量轻、体量小,放置在建筑的承重结构上

1)水 景

屋顶花园的水景由于受到场地大小以及荷载的影响,水池面积较小,水深较浅(30～50 cm)。建造水池的材料一般为钢筋混凝土结构,为提高观赏价值,在水池外壁可用各种饰面装饰材料。

在施工过程中,必须做好防渗漏处理,注意水池位置的选择,一般在主体结构上。

水池中可以养殖水生植物,或者鱼,增加自然情趣。

2)假山置石

屋顶花园上的假山受到荷载的影响,体量小,只可观赏不可游览。应该布置在楼体承重柱、梁之上。利用人工塑石的方法来建造的假山,质量轻,外观可塑性强,观赏价值高。

3)园林建筑

园林建筑如亭、花架、廊等,体量小,建造材料轻便,如竹木等。建筑在楼体的承重结构上。

参考文献

[1] 叶徐夫，刘金燕，施淑彬. 居住区景观设计全流程[M]. 北京：中国林业出版社，2012.
[2] 谭晖. 城市公园景观设计[M]. 重庆：西南大学出版社，2011.
[3] 里德. 从概念到形式[M]. 陈建业，赵寅，译. 北京：中国建筑工业出版社，2007.
[4] 孟兆祯. 园林工程[M]. 北京：中国林业出版社，2006.
[5] 丘建，等. 景观设计初步[M]. 北京：中国建筑工业出版社，2010.
[6] 周维权. 中国古典园林史[M]. 北京：清华大学出版社，1999.
[7] 针之谷钟吉. 西方造园变迁史：从伊甸园到天然公园[M]. 北京：中国建筑工业出版社，2004.
[8] 赵建民. 园林规划设计. 北京：中国农业出版社，2010.
[9] 诺曼 K. 布思. 风景园林设计要素. 北京：中国林业出版社，1989.
[10] 景观黑皮书（共两册）. 香港日瀚国际文化. 香港：香港科文出版公司，2010.
[11] 中华人民共和国住房和城乡建设部发布. 公园设计规范 CJJ48—92.
[12] 中华人民共和国住房和城乡建设部发布. 中华人民共和国国家标准. 城市居住区规划设计规范 GB 50180—93.
[13] 中华人民共和国住房和城乡建设部发布. 城市绿地分类标准 CJJ/T 85—2002.
[14] 中华人民共和国住房和城乡建设部发布. 城市绿化条例.
[15] 中华人民共和国住房和城乡建设部发布. 城市道路绿化规范与设计规范 CJJ75—97.